亚/超临界水技术与原理

关清卿　宁 平　谷俊杰　著

北　京
冶　金　工　业　出　版　社
2014

内 容 提 要

超临界状态通常指物质处在超过临界温度及临界压力以上，呈现不同于常规状态的一种特殊的自然物质属性。在该状态下，物质的黏度、介电常数、扩散系数和溶解能力等都会发生巨大改变。目前，被广泛应用于分馏、化工合成、材料及聚合物合成、食品加工、制药和环境污染物控制等领域。

本书系统阐述了亚/超临界水中的氧化反应、脱氯等还原反应、气化过程、液化过程、部分有机化学反应及催化剂合成、腐蚀及装备中试等相关内容。

本书既可供材料、环境保护等专业的师生参考使用，也可供从事相关专业的技术人员参考使用。

图书在版编目(CIP)数据

亚/超临界水技术与原理/关清卿，宁平，谷俊杰著 . —北京：
冶金工业出版社，2014. 12
ISBN 978-7-5024-6798-2

Ⅰ.①亚… Ⅱ.①关… ②宁… ③谷… Ⅲ.①亚临界—
工业废水处理—研究 ②超临界—工业废水处理—研究
Ⅳ.①X703

中国版本图书馆 CIP 数据核字(2014) 第 276534 号

出 版 人 谭学余
地 址 北京市东城区嵩祝院北巷 39 号 邮编 100009 电话 (010)64027926
网 址 www.cnmip.com.cn 电子信箱 yjcbs@cnmip.com.cn
责任编辑 郭冬艳 美术编辑 杨 帆 版式设计 孙跃红
责任校对 郑 娟 责任印制 牛晓波
ISBN 978-7-5024-6798-2
冶金工业出版社出版发行；各地新华书店经销；三河市双峰印刷装订有限公司印刷
2014 年 12 月第 1 版，2014 年 12 月第 1 次印刷
169mm×239mm；13.75 印张；265 千字；209 页
49.00 元
冶金工业出版社 投稿电话 (010)64027932 投稿信箱 tougao@cnmip.com.cn
冶金工业出版社营销中心 电话 (010)64044283 传真 (010)64027893
冶金书店 地址 北京市东四西大街 46 号(100010) 电话 (010)65289081(兼传真)
冶金工业出版社天猫旗舰店 yjgy.tmall.com
(本书如有印装质量问题，本社营销中心负责退换)

前　言

　　近年来，有关亚/超临界水方面的研究受到广泛关注。一方面，在环境领域，亚/超临界水能广泛、高效地处理各种有毒、化学性质稳定的污染物；另一方面，随着新能源需求的驱使，超临界水作为有效媒介，被广泛用于高效萃取、反应合成相关能源气体、油料等。亚/超临界水技术已成为美国国家关键技术"能源与环境"领域中最有前途的处理技术之一，亚/超临界水从1978年麻省理工学院Modell教授开始研究到现在，不仅得到广泛研究，并已在部分领域进行商业运用。

　　但在国内，亚/超临界水技术还属于新兴领域，亚/超临界水方面的书籍甚少。对亚/超临界水体系中的化学、化工过程及原理，缺乏专业、系统的总结。特别是关于亚/超临界水的运用，更是缺乏相关书籍论述。因此，写一本专业书籍，系统总结亚/超临界水相关领域知识，为行业提供借鉴，是有必要的。

　　本书系统总结了亚/超临界水中的氧化反应、脱氯等还原反应、气化过程、液化过程、部分有机化学反应及催化剂合成、腐蚀及装备中试等相关问题。深入分析过程的原理、动力学过程，总结本课题在相关领域的工作，为该领域研究提供相关技术支持。

　　本书由昆明理工大学关清卿（副教授/博导）、宁平（教授/博导，国家特支人才）、谷俊杰（教授/博导，千人计划）主编。其他编写的人员为：韦朝海（华南理工大学，教授/博导）、段培高（河南理工大学，新世纪人才）、张秋林（副教授）、田森林（教授/博导）、陈秋玲（副教授）、庙荣荣（博士）、郭洋（西安交通大学，博士后）、魏光涛（广西大学，教授）、刘浔（华南理工大学，博士）等。美国密歇根大学 Phillip E. Savage 教授对本书编写提供了很好的建议，在此表示感谢。

本书的出版得到了"云南褐煤高效转化与资源化利用工程技术开发示范——高湿低阶褐煤超临界水直接液化关键技术研发"（2012ZB002）及"云南省高端科技人才项目"（2010CI110）的资助，在此向有关人员表示感谢。

由于编者水平有限，错误和不当之处，恳请广大读者批评指正。

作　者
2014 年 9 月

目　　录

1 绪 论

1.1 物质的超临界状态

超临界状态是物质的一种特殊状态[1]。超临界状态通常是指物质处在超过临界温度及临界压力以上,此时物质会呈现出不同于常规状态的特殊属性,如:当物质在超临界状态时,气体与液体的性质十分趋近,可使气体与液体甚至于气体与可溶解固体形成均匀相流体。因此,超临界流体类似气体具有可压缩性,可以像气体一样发生泄流,同时又兼具有类似液体的流动性。在物质的超临界状态下,密度一般都介于 $0.1 \sim 1.0 \mathrm{g/mL}$ 之间[2]。

超临界流体具有特殊、良好的属性。通常,超临界流体具有良好的溶解性,能实现气体、液体及有机固体间的互溶[3]。因此,在超临界流体中反应,将不存在液体及气体之间的相界限,不存在表面张力,从而减少物质反应过程中的传质阻力。在超临界体系中,反应通常能快速实现,或部分难以在常规条件下实现的反应在超临界体系中得以实现[4]。

事实上,超临界状态是一种特殊的自然物质状态。在 1822 年,法国物理学家——Baron Charles Cagniard de la Tour 在思考问题:"当你将液体在密闭容器中煮沸,那将发生什么?"他将乙醇与一个球放在一个密封的容器中,结果发现当温度高于某个值时,他摇晃容器却再也听不到液体碰撞器壁的声音。因为在这个时候,液体、气体等最终溶解为一个均相,成为超临界流体[5]。

之后,在 1879 年,Hannay 和 Hogarth 在英国皇家协会会议上(a meeting of the Royal Society(London))[6],报告了氯化钴,三氯化铁,溴化钾和碘化钾在超临界乙醇中迅速溶解的现象。在报告中,他们将该状态描述为固体被溶解在气体中,且溶解态远远超出了他们的预期。但当时,许多学者不能接受这样的结果,他们认为:"气体不能溶解固体,所以,研究者应该是犯了错误,事实应该是溶解在了高热的液体中。"但事实上,超临界流体能有效溶解许多种物质。

在 1906 年,E. G. Buchner 报道了萘等物质在超临界 CO_2 中的溶解现象,并成为第一位长期从事超临界相关研究的学者[7]。1937 年,Michel 等人准确地测量了 CO_2 超临界点状态。之后,Michel 及其合作者们分析了 CO_2 在近临界附近的相关特性[8]。

事实上,大部分物质都存在超临界状态(见图 1-1)。对于纯物质,一般流

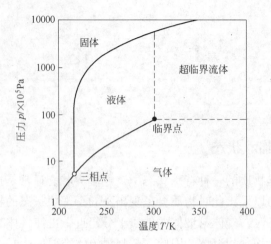

图 1-1 二氧化碳的压力-温度相图[8]

体的气-液平衡线都有一个终点，即临界点，也就是温度和压力在临界温度（T_c）和临界压力（p_c）。当流体的温度和压力处于 T_c 和 p_c 之上时，那么流体就成为超临界流体（Supercritical Fliuds，简称 SCF）。部分物质的超临界温度、压力、体积及偏心指数如表 1-1 所示。

表 1-1 部分物质的超临界温度、压力、体积及偏心指数[9]

部 分 物 质	T_c/K	$p_c/\times10^5\,Pa$	$v_c/cm^3 \cdot mol^{-1}$	ω
Elements（基本元素）				
Argon（氩）	150.8	48.7	74.9	0.001
Bromine（溴）	588	103	127.2	0.108
Chlorine（氯）	416.9	79.8	123.8	0.09
Fluorine（氟）	144.3	52.2	66.3	0.054
Helium-4（氦）	5.19	2.27	57.4	-0.365
Hydrogen（氢）	33	12.9	64.3	-0.216
Iodine（碘）	819	116.5	155	0.229
Krypton（氪）	209.4	55	91.2	0.005
Neon（氖）	44.4	27.6	41.6	-0.029
Nitrogen（氮）	126.2	33.9	89.8	0.039
Oxygen（氧）	154.6	50.4	73.4	0.025
Xenon（氙）	289.7	58.4	118.4	0.008
Hydrocarbons（碳氢化合物）				
Acetylene（乙炔）	308.3	61.4	112.7	0.19

部 分 物 质	T_c/K	$p_c/\times10^5\,Pa$	$v_c/cm^3\cdot mol^{-1}$	ω
Benzene（苯）	562.1	48.9	259	0.212
n-Butane（丁烷）	425.2	38	255	0.199
1-Butene（丁烯）	419.6	40.2	240	0.191
Cyclobutane（环丁烷）	460	49.9	210	0.181
Cyclohexane（环己烷）	553.8	40.7	308	0.212
Cyclopropane（环丙烷）	397.8	54.9	163	0.13
Ethane（乙烷）	305.4	48.8	148.3	0.099
Ethylene（乙烯）	282.4	50.4	130.4	0.089
n-Heptane（庚烷）	540.3	27.4	432	0.349
n-Hexane（庚烯）	507.5	30.1	370	0.299
Isobutane（异丁烷）	408.2	36.5	263	0.183
Isobutylene（异丁烯）	417.9	40	239	0.194
Isopentane（异戊烷）	460.4	33.9	306	0.227
Methane（甲烷）	190.4	46	99.2	0.011
Naphthalene（萘）	748.4	40.5	413	0.302
n-Octane（辛烷）	568.8	24.9	492	0.398
n-Pentane（戊烷）	469.7	33.7	304	0.251
Propadiene（丙二烯）	393	54.7	162	0.313
Propane（丙烷）	369.8	42.5	203	0.153
Propylene（丙烯）	364.9	46	181	0.144
Toluene（甲苯）	591.8	41	316	0.263
m-Xylene（m-二甲苯）	617.1	35.4	376	0.325
o-Xylene	630.3	37.3	369	0.31
p-Xylene	616.2	35.1	379	0.32
Miscellaneous inorganic compounds（含杂无机物）				
Ammonia（氨）	405.5	113.5	72.5	0.25
Carbon dioxide（二氧化碳）	304.1	73.8	93.9	0.239
Carbon disulfide（二硫化碳）	552	79	160	0.109
Carbon monoxide（一氧化碳）	132.9	35	93.2	0.066
Carbon tetrachloride（四氯化碳）	556.4	45.6	275.9	0.193
Carbon tetrafluoride（四氟化碳）	227.6	37.4	139.6	0.177
Chloroform（三氯甲烷）	536.4	53.7	238.9	0.218
Hydrazine（联氨）	653	147	96.1	0.316

部 分 物 质	T_c/K	$p_c/\times10^5\,\text{Pa}$	$v_c/\text{cm}^3\cdot\text{mol}^{-1}$	ω
Hydrogen chloride （氯化氢）	324.7	83.1	80.9	0.133
Hydrogen fluoride （氟化氢）	461	64.8	69.2	0.329
Hydrogen sulfide （硫化氢）	373.2	89.4	98.6	0.081
Nitric oxide （一氧化氮）	180	64.8	57.7	0.588
Nitrous oxide （一氧化二氮）	309.6	72.4	97.4	0.165
Sulfur dioxide （二氧化硫）	430.8	78.8	122.2	0.256
Sulfur trioxide （三氧化硫）	491	82.1	127.3	0.481
Water （水）	647.3	221.2	57.1	0.344
Miscellaneous organic compounds （含杂有机物）				
Acetaldehyde （乙醛）	461	55.7	154	0.303
Acetic acid （乙酸）	592.7	57.9	171	0.447
Acetone （丙酮）	508.1	47	209	0.304
Acetonitrile （乙腈）	545.5	48.3	173	0.278
Aniline （苯胺）	699	53.1	274	0.384
n-Butanol （丁醇）	563.1	44.2	275	0.593
Chlorobenzene （氯苯）	632.4	45.2	308	0.249
Dichlorodifluoromethane （Freon 12）（氟利昂-12）	385	41.4	216.7	0.204
Diethyl ether （乙醚）	466.7	36.4	280	0.281
Dimethyl ether （甲醚）	400	52.4	178	0.2
Ethanol （乙醇）	513.9	61.4	167.1	0.644
Ethylene oxide （环氧乙烷）	469	71.9	140	0.202
Isobutanol （异丁醇）	547.8	43	273	0.592
Isopropyl alcohol （异丙醇）	508.3	47.6	220	0.665
Methanol （甲醇）	512.6	80.9	118	0.556
Methyl chloride （氯甲烷）	416.3	67	138.9	0.153
Methyl ethyl ketone （甲乙酮）	536.8	42.1	267	0.32
Phenol （苯酚）	694.2	61.3	229	0.438
1-Propanol （1-丙醇）	536.8	51.7	219	0.623
Pyridine （吡啶）	620	56.3	254	0.243
Trichlorotrifluoroethane （Freon 113）（氟利昂-113）	487.3	34.1	325.5	0.256
Trichlorofluoromethane （Freon 11）（氟利昂-11）	471.2	44.1	247.8	0.189
Trimethylamine （三甲氨）	433.3	40.9	254	0.205

物质在超临界状态会发生巨大改变。由于超临界流体的密度一般都介于 0.1~1.0g/mL 之间，使得超临界流体的部分物理化学性质介于气体和液体之间，并具有两者的优点。一方面超临界流体具有与液体相近的溶解能力和传热系数，同时也具有与气体相近的黏度系数和扩散系数。

由于超临界流体在温度及压力的作用下，黏度、介电常数、扩散系数和溶解能力都发生了巨大改变，同时它还具有区别于气态和液态的明显特点。通常，通过压力的控制，可以使得超临界流体处于气态和液态之间的任一密度。在临界点附近，压力变化可显著改变其密度。另外由于黏度、介电常数、扩散系数和溶解能力都与密度、温度、压力有关，因此可以方便地通过调节压力及温度来控制超临界流体的物理化学性质[10]。

黏度、介电常数、扩散系数和溶解能力的改变使得部分物质在超临界状态下成为良好的溶剂。如超临界 CO_2[11]、H_2O[12] 及乙醇[13]，在超临界状态下呈现出对有机物的良好溶解能力。与常用的有机溶剂如苯、二氯甲烷、正己烷相比，这些超临界流体是一种环境友好的溶剂。基于上述这些优点，近年来超临界流体得到了广泛的应用，其中超临界流体萃取分离技术及合成技术在医药[14]、化工[15]、环境能源[16]等方面得到了商业应用。

19 世纪 50 年代典型工业运用案例：美国等进行以超临界丙烷去除重油中的柏油精并分离金属如镍、钒等，减轻后段炼解过程中触媒中毒的失活[17]。1978年后，欧洲陆续建立以超临界二氧化碳作为萃取剂的萃取提纯技术，以处理食品工厂中数以千万吨计的产品，例如以超临界二氧化碳去除咖啡豆中的咖啡因，以及自苦味花中萃取出可放在啤酒内的啤酒香气成分[18]。超临界发电技术的发展至今已有半个多世纪的历史。从 20 世纪 50 年代起，以英国、德国和日本为代表，开始了对超（超）临界发电技术的开发和研究。美国是世界上最早从事超（超）临界发电技术研究和应用的同家。1957 年世界上第一台超超临界机组在美国 Philo 电站建成投产。机组容量 125MW，蒸汽参数为 31MPa、621℃/566℃/566℃。目前，世界部分核电站发电传热使用的都是超临界水技术[19]。

典型部分商业运用方向如下：

（1）超临界流体色谱。超临界色谱作为一种重要的分析工具已被广泛应用[20]。超临界色谱通常通过对密度的控制，可实现对过程的有效控制。该技术主要用于分析聚合物及高分子聚合材料。在检测过程中，超临界流体作为萃取剂用于从固体中分离聚合碳化物。目前，超临界流体色谱萃取与检测技术已作为一种标准的方法，广泛运用于聚合物的检测。

（2）分馏。超临界流体可用于分馏低压挥发性油类及聚合物[21]。KerrMcGee公司创造了一种商用的分馏初油中重物质的工艺，该方法能有效分馏初油重成分[22]。超临界分馏也是有效从热聚合物质中提取聚合有效物质成分的一种有效手段，如超临界 CO_2 可用于聚合的纯化。

（3）化工合成。在超临界流体中，进行相关合成反应，如生物化学、聚合物化学及环境运用。超临界 CO_2 常作为聚合物合成反应的溶剂，由于在超临界流体中，自由基的作用明显增强，也使得聚合物合成速率加快[23]。当然，由于超临界水的特殊属性，也常用于物质的合成等相关反应，在下一章节中将具体论述。

（4）材料及聚合物合成。超临界流体广泛运用于材料及聚合物相关的工业体系中[24]。在超临界体系中，物质能快速高效地溶解，通过压力与状态的控制，可使物质迅速沉淀析出。并且，在催化剂合成的过程中，通过压力控制超临界流体的密度变化，最终控制催化剂在过程中的颗粒粒径大小与分布。另外，在聚合物的合成过程中，超临界流体的特殊属性有助于将物质传递至物质的空隙中，形成孔状结构或泡沫状结构。在工艺技术中，由于超临界 CO_2（$T_c = 31.26℃$，$p_c = 7.38MPa$）的操作温度较低，在室温左右即可高效合成泡沫材料[25]，因此，在新聚合物的合成方面得到了广泛运用。

（5）食品加工。在食品工业中的运用超临界 CO_2 技术，目前是超临界流体技术运用中最为普及、广泛运用的一种技术[26]。由于 CO_2 具有无毒性，可在食品的萃取过程中作为溶剂使用，并不在成品中残留。在食品的萃取过程中，超临界 CO_2 通常能有效控制对食品中的色泽、气味等提取，保持产品的芳香。另外，超临界 CO_2 技术是正己烷萃取豆油的一种有效替代技术，并且也用于玉米油、花生油等的萃取。另外，超临界 CO_2 技术也可改善食品质量，减少食物中的油酸，满足消费者对低脂食物的需求。典型案例如利用超临界 CO_2 技术对咖啡进行纯化与加工，在 1978 年，该技术手段已得到大规模的商业化运用。著名的食品公司 Kraft General Foods 公司不仅在美国建立了大量的生产工艺，在德国，也建立了数条超临界 CO_2 提取咖啡因的工艺。

（6）制药。超临界 CO_2 技术也可用于制药行业，从特别的材料中萃取有效的药物成分，在该领域中，已有很多方面的商业运用，如从植物中萃取并纯化维生素 E[27]。另外，超临界 CO_2 技术也可用于药物的溶解与重新结晶[28]。

（7）环境污染物控制。超临界水是污染物处理的有效手段，能有效处理 99% 以上的有机物。而且，部分难于在其他条件下处理的有机物得以快速降解。对于超临界水处理有机物废物的研究较多，并有许多相关运用，具体将在第 3 章中详尽论述。

尽管超临界技术存在高压等技术缺点，在大规模使用时对其工艺过程和技术的要求较高，设备费用也多等。但由于它优点众多，优势明显，也使得其成为新世纪重点研究技术之一。

1.2 亚/超临界水

超临界水（supercritical water，简称 SCW）的临界温度与压力分别为374.2℃，22.12MPa[29]。在自然界，存在超临界水状态（见图1-2）。2005年，德国科学家在对大西洋底一处高温热液喷口进行考察时发现，这个喷口附近的水温最高竟然达到464℃，这不仅是迄今为止人们在自然界发现温度最高的液体，也是第一次观察到自然状态下处于超临界状态的水。

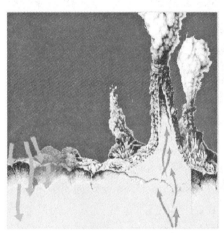

图1-2　自然界首次观察到超临界状态水

这个热液喷口位于大西洋中部山脊（mid-atlantic ridge），最早是由德国布莱梅雅各布大学（Jacobs University in Bremen）的地球化学家安德里亚（Andrea Koschinsky）教授和她的研究小组于2005年发现的，他们在接下来的几年里对这个热液喷口进行了长期的跟踪研究。他们对这个热液喷口周围液体的温度进行测量时，发现即使它的最低温度也有407℃，最高更是达到了惊人的464℃。

超临界水在自然界油的生产过程中起到重要作用。研究表明，油母质转化为石油发生在高温高压的水中。由于黏土等的催化作用，油母质在地层的水热环境中，最终形成了石油[30]。目前，部分研究模拟相似环境，利用藻类合成了石油原油。并且，在美国密歇根大学 Savage 教授的实验室里，利用超临界水快速催化裂解藻类，在几百秒内即可将藻类转化为生物原油，且生物原油的品质与自然界生成的部分原油品质接近[31]。

超临界水与通常状态下的水截然不同，其性质发生巨大变化。在超临界水反应中，水随着温度的升高，介电常数、黏度降低，使得其溶解性趋近于有机溶剂，而扩散系数、传质性趋近于高温气体。因此，水能有效溶解有机物及气体等，使得反应在均相中进行，从而加速了反应速率，如图1-3所示[32]。利用高温、高压水作为有机溶剂，不仅能有效加快反应速率，且水为无污染、可再生的绿色溶剂，更符合现代绿色化工的需求。

图1-3 纤维在高温、高压水中溶解图

a—0s，25℃，纤维素、气体在常规水中不互溶；b—24.4s，309℃，当温度在300℃左右，
气体、纤维素迅速溶解在水中；c—25.1s，314℃，当温度在300℃左右，气体、纤维素迅速
溶解在水中；d—25.5s，316℃，当温度在300℃左右，气体、纤维素迅速溶解在水中；
e—26.1s，318℃，当温度在320℃左右，纤维素、气体及水完全互溶

超临界水温度在374.2℃以上，压力在22.12MPa以上，因此对设备的要求很高。为降低对设备的要求，目前部分研究开始在亚临界条件下进行相关反应及有机物、材料的合成反应。亚临界水（subcritical water）通常是指温度在300℃以上，压力在12MPa以上的近超临界临界状态水。亚临界水的基本特性与超临界水接近，传质及对有机物的溶解性低于超临界水。尽管在亚临界状态中，亚临界水不能像超临界水那样完全互溶气体及有机物，但对气体及有机物依然具有良好的溶解性能。并且，在亚临界条件下，320℃左右，水的pH值会降低，使得亚临界水呈现强酸性，因此，能催化部分反应并具有绿色酸效应。

自从1978年，麻省理工学院Modell教授开始利用超临界水进行有机物处理及资源化反应相关研究以来，已经有近40年的相关历史[33]。在国际上及国内，该领域建立了一批优秀的实验室，对亚/超临界水反应进行细致研究，领域广泛涉及亚/超临界水中的氧化反应、脱氯等还原反应、气化过程、液化过程、有机合成反应及催化剂合成等相关领域。国家包括美国、日本、德国、英国、法国、西班牙、加拿大及中国等。著名的研究机构包括美国太平洋西北实验室、麻省理工大学、密歇根大学、加州大学洛杉矶分校、夏威夷大学、日本东京大学、京都大学、日本东北大学、德国应用化学所、英国利兹大学等。在国内，研究机构或大学包括中科院化学所、西安交通大学、同济大学、华南理工大学、昆明理工大学等单位。

目前，亚/超临界水的相关研究呈上升趋势。水在近临界点，其性质发生了显著变化，从常态水对无机盐溶解变为不溶，对有机物、气体不溶解变为溶解，使得其成为良好绿色溶剂。另外，由于超临界水具有良好的传质性，也使得其成为高效媒介。尽管超临界水条件较为苛刻，腐蚀性强。但由于其独特特性，也使

得其被广泛研究及运用。

1.3 亚/超临界水的研究与运用

亚/超临界水相关研究与运用比较广泛，其中最为主要的领域为亚/超临界水氧化反应（Sub/Supercritical Water Oxidation，简称 SCWO）、脱氯等还原反应（Reductive Reactions）、超临界水气化过程（Sub/Supercritical Water Gasification，简称 SCWG）、液化过程（Liquefaction）、部分有机合成反应（Chemical Synthesis）及催化剂合成（Catalyst Synthesis）等。

1.3.1 亚/超临界水氧化反应

亚/超临界水氧化反应（Sub/Supercritical water oxidation，简称 SCWO）是在亚/超临界水（SCW）中进行的氧化有机物反应。所用的氧化剂主要为空气、氧气、H_2O_2 等。由于亚/超临界水为有机物和氧气良好的溶剂，使得有机物及氧气在均相中进行反应，因而传质、传热不会因相界面的存在而受到限制。在氧量充足，反应温度高（500~700℃）时，反应速率快，能在几秒钟之内对有机物高效矿化，甚至将反应物彻底摧毁。如美国 Modar 公司研究表明，氯代有机物在 600~650℃，25MPa 条件下，PCB（Poly Chlorinated Biphenyl）氯代物在 SCWO 过程中几乎全部被氧化。数据显示，含 PCB 的废料在 640℃ 及停留时间仅 5s 时，有 99.99% 以上的 PCB 被降解[34]。

研究表明，在 SCWO 过程中，有机物 C，H 元素被完全氧化成 CO_2 和 H_2O；有机氮和无机氮通常被转化为 N_2 或硝酸盐；另外，Cl，P，S 及金属元素转化成 HCl，H_2SO_4，H_3PO_4 及盐析出。因此，通过 SCWO 处理的有机物最终排放物是 CO_2，H_2O，N_2 等，矿化彻底。

目前美国已应用 SCWO 技术进行火箭燃料残渣、核废料、化学武器残留物、爆炸物、易挥发酸、工业料浆、生理垃圾等处理[35]，远在 1992 年，已经开始商业化运行。德国、法国、瑞典、西班牙、日本及韩国等国家也将其运用于工业有毒废液、油渣、城市垃圾、聚合物的降解处理，其工业运用广泛[36]。

1.3.2 超临界水气化过程

超临界水气化（Sub/Supercritical water gasification，简称 SCWG）最早可追溯到 1985 年麻省理工大学 Modell 教授等在超临界水中将枫木锯屑快速气化降解[37]。超临界水气化过程利用超临界水（SCW）扩散系数大及溶解性强的特点，过程中，超临界水同时作为媒介与反应物，在高温高压条件下对有机物进行气化。因此，使得过程中生成的氢气含量高，产生的焦油少。通常超临界水气化过程包括蒸气重整反应（1-1）、水气转换反应（1-2）和甲烷化反应（1-3）[38]。

$$CH_nO_m + (1 - m)H_2O \longrightarrow (n/2 + 1 - m)H_2 + CO \tag{1-1}$$

$$CO + H_2O \longrightarrow CO_2 + H_2 \tag{1-2}$$

$$CO + 3H_2 \longrightarrow CH_4 + H_2O \tag{1-3}$$

目前，研究广泛涉及反应过程的机理、动力学、热力学及催化剂等。涉及的典型模型化合物有葡萄糖、甲醇、乙醇等，典型生物质如纤维素、木质素、藻类等，另外生物质还有秸秆、水葫芦、马铃薯和玉米淀粉等，其他研究还涉及如煤、市政污泥、皮革废物、垃圾等。

超临界水气化目前已有工业化运用。在日本，超临界水气化（SCWG）被报道用于处理过量的城市市政污泥[39]。而在我国，新奥集团已建立超临界水气化煤生产线，年处理煤量达 1000t 左右。

1.3.3　液化过程（liquefaction）

亚/超临界水液化研究始于 20 世纪 70 年代末。由于世界石油及能源的紧缺，SCW 液化技术的研究得到广泛关注。对有机质 SCW 液化的研究广泛，涉及木质生物质如纤维素、木质素及秸秆类等，高水分水草、藻类，还包括低阶煤炭[40]、有机废弃物[41]、高分子聚合物[42,43]等等。为提高效率，研究还涉及如 NaOH、Ni、Pt、ZrO_2 等均相、非均相的催化过程[44]。

SCW 液化过程较复杂，Kruse[45]将水液化通过如下反应表示：

$$A-B + H-OH \longrightarrow A-H + B-OH$$

SCW 由于具有酸催化特性，加之反应体系中反应物降解生成的 CO_2 溶于水，使得反应体系生成了更多的 H^+，从而加速了物质的"水解反应"。但最新研究发现，液化油的品质与物质及反应条件密切相关[46]。另外，提高液化效率及油品等问题仍然是当前所面临的难题。目前，美国石油公司已开始建立中试设备，对藻类的亚/超临界水液化进行相关研究工作。亚/超临界水液化被认为是最有可能工业化普及运用的能源技术。

1.3.4　有机合成反应及催化剂合成

有机物合成反应（chemical synthesis）主要包括在亚/超临界水体中的加氢（脱氢）反应、C—C 键合成反应、催化重组反应、水解（脱水）反应等。在亚/超临界特殊特性条件下，一方面，亚/超临界水为绿色溶剂；另一方面，在特殊亚临界水体中，水的酸性将产生特别的催化效应[47]。

另外，超临界水也被广泛用于催化剂的合成。在常温水中，金属盐将在水中溶解。而当温度升高到亚/超临界附近时，由于亚/超临界对金属盐不能溶解，可使得其从水中析出。且在亚/超临界水体，金属析出的颗粒非常微小，通常仅仅只有几个纳米。此外，该方法生成的颗粒分布均匀。因此该技术得到广泛的关注与研究。

1.4 小结

近年来亚/超临界技术受到广泛的关注。每年，在国内、国际上发表的学术成果都呈现上升的趋势。从本专业的专业杂志 *Journal of Supercritical Fluids* 的影响因子（IF）也可以看到，从 1989 年创刊的 0.2 左右，到目前的 2.5 左右，影响力依然呈现上升的趋势。在化工相关期刊如 Ind. Eng. Chem. Res.，AIChE Journal，能源相关杂志如 Energy & Fuels，Fuel，ChemSusChem 杂志，相关催化杂志如 Applied Catalysis：B Environmental 等，及相关顶级化学杂志 Energy & Environmental Science，JACS，Angew. Chem. Int. Ed. 等，甚至顶级杂志 Chemical Review，Science 等，经常能看到相关文献报道最新的一些研究成果。

基于亚/超临界水的特殊属性，也使得相关技术得到广泛关注。亚/超临界水在氧化反应（SCWO）、脱氯等还原反应（Reductive Reactions）、超临界水气化过程（SCWG）、液化过程（Liquefaction）、部分有机合成反应（Chemical Synthesis）及催化剂合成（Catalyst Synthesis）等诸多方面有极为广泛的运用。其中，亚/超临界水氧化反应（SCWO）、超临界水气化过程、液化过程（Liquefaction）等方面已进行工业或商业化运用。

在本书的后面章节中，将详尽论述亚/超临界水的独特化学特性，总结其在分子层面的相关特性；分析亚/超临界水氧化反应、脱氯等还原反应、超临界水气化过程、液化过程的基本过程、过程原理及相关催化技术，总结其过程的动力学相关参数，为工业运用提供基础数据；总结与概括在亚/超临界水体中有机合成反应及催化剂合成的相关成果，分析该领域的最新研究进展，为相关研究提供基础资料。另外，本书还将概括相关工业装备的相关基础知识，为最终工业设计提供基础。

总之，本书不仅总结该领域相关的研究成果，并将深入分析相关化学过程、机理。另外，本书的目标不仅仅为相关领域的研究提供详尽资料，并在相关知识的基础上，旨在为研究的工业或商业运用提供理论基础。

参 考 文 献

[1] M Joan Comstock. Supercritical Fluid Science and Technology [J]. ACS Symposium Series, Foreword, 1989.

[2] Tony Clifford. Fundamentals of supercritical fluids [M]. New York：Oxford University Press, 1999.

［3］ Charles A Eckert. Supercritical fluids as solvents for chemical and materials processing.［J］. Nature, 383(1996): 313～318.

［4］ Shaw R W, Thomas B B, Antony A C, et al. Supercritical Water-A Medium for Chemistry［J］. Chem. Eng. News, 1991.

［5］ Vinod Jain. Supercritical Fluids Tackle Hazardous Wastes［J］. Environ. Sci. Technol. , 27(1993): 806～808.

［6］ Hannay J B, Hogarth J. On the solubility of solids in gases［J］. The royal society of London, 1879.

［7］ John A Hyatt. Liquid and supercritical carbon dioxide as organic solvents［J］. J. Org. Chem. , 49 (1984): 5097～5101.

［8］ Jennifer Jung, Michel Perrut. Particle design using supercritical fluids: Literature and patent survey［J］. The Journal of Supercritical Fluids, 20(2001): 179～219.

［9］ Reid R C, Prausnitz J M, Poling B E. The Properties of Gases and Liquids［J］. 4th Ed. New York: McGraw-Hill, 1987.

［10］ Ronald T Kurnik1, Robert C Reid. Solubility of solid mixtures in supercritical fluids［J］. Fluid Phase Equilibria, 8(1982): 93～105.

［11］ Frank Rindfleisch, Todd P DiNoia, Mark A McHugh. Solubility of Polymers and Copolymers in Supercritical CO_2［J］. J. Phys. Chem. , 100(1996): 15581～15587.

［12］ Peter Kritzer, Eckhard Dinjus. An assessment of supercritical water oxidation(SCWO): Existing problems, possible solutions and new reactor concepts［J］. Chemical Engineering Journal, 83(2001): 207～214.

［13］ Yutaka Ikushima. Supercritical fluids: an interesting medium for chemical and biochemical processes［J］. Advances in Colloid and Interface Science. 71(1997): 259～280.

［14］ Ernesto Reverchon, Renata Adami, Stefano Cardea, et al. Supercritical fluids processing of polymers for pharmaceutical and medical applications［J］. The Journal of Supercritical Fluids, 47(2009): 484～492.

［15］ Phillip E Savage, Sudhama Gopalan, Thamid I Mizan, et al. Reactions at supercritical conditions: Applications and fundamentals. AIChE Journal, 41(1995): 1723～1778.

［16］ Michel Perrut. Supercritical Fluid Applications: Industrial Developments and Economic Issues ［J］. Ind. Eng. Chem. Res. , 39(2000): 4531～4535.

［17］ Cindy L Phelps, Neil G Smart, C M Wai. Past, Present, and Possible Future Applications of Supercritical Fluid Extraction Technology［J］. J. Chem. Educ. , 73(1996): 1163.

［18］ Raventós M, Duarte S, Alarcón R. Application and Possibilities of Supercritical CO_2 Extraction in Food Processing Industry: An Overview. Food Science & Technology［J］. 8(2002): 269～284.

［19］ Igor L Pioro, Hussam F Khartabill, Romney B Duffey. Heat transfer to supercritical fluids flowing in channels—empirical correlations (survey)［J］. Nuclear Engineering and Design. 230 (2004): 69～91.

［20］ Milos Novotny, Stephen R Springston, Paul A Peaden, et al. Capillary supercritical fluid chromatography [J]. Anal. Chem. , 53(1981): 407 ~414.

[21] James J Watkins, Thomas J McCarthy. Polymerization of Styrene in Supercritical CO_2-Swollen Poly(chlorotrifluoroethylene). Macromolecules [J]. 28(1995): 4067 ~4074.

[22] Gearhart J A, Garwin L. Resid-extraction process offers flexibility. [Kerr-McGee's residum oil supercritical extraction [J]. Annual NPRA meeting, San Antonio, TX, USA, 1976.

[23] Andrew I Cooper. Polymer synthesis and processing using supercritical carbon dioxide [J]. Mater. Chem. , 10(2000): 207 ~234.

[24] DeSimonel J M, Zihibin Guanl, Elsbernd C S. Synthesis of Fluoropolymers in Supercritical Carbon Dioxide [J]. Science 257(1992): 945 ~947.

[25] Ryo Kitaura, Kenji Seki, George Akiyama, et al. Porous Coordination-Polymer Crystals with Gated Channels Specific for Supercritical Gases [J]. Angewandte Chemie International Edition, 42(2003): 428 ~431.

[26] Gerd Brunner. Supercritical fluids: technology and application to food processing [J]. Journal of Food Engineering, 67(2005): 21 ~33.

[27] Yiqiang Ge, Hong Yan, Bodi Hui, et al. Extraction of Natural Vitamin E from Wheat Germ by Supercritical Carbon Dioxide [J]. Agric. Food Chem. , 50(2002): 685 ~689.

[28] Kordikowskil A, Yorkl P, Latham D. Resolution of ephedrine in supercritical CO_2: A novel technique for the separation of chiral drugs [J]. Journal of Pharmaceutical Sciences, 88 (1999): 786 ~791.

[29] Fois E S, Sprik M, Parrinello M. Properties of supercritical water: an ab initio simulation [J]. Chemical Physics Letters, 223(1994): 411 ~415.

[30] Siskin M, Katritzky A R. Reactivity of organic compounds in hot water: Geochemical and technological implications [J]. Science, 254(1991): 231 ~237.

[31] Tylisha M Brown, Peigao Duan, Phillip E Savage. Hydrothermal Liquefaction and Gasification of Nannochloropsis sp [J]. Energy Fuels, 24(2010): 3639 ~3646.

[32] Zhen Fang, Tomoaki Minow, Chun Fang, et al. Catalytic hydrothermal gasification of cellulose and glucose [J]. International Journal of hydrogen energy, 33(2008): 981 ~990.

[33] Modell M. Processing methods for the oxidation of organics in supercritical water [P]. US Patent 4338199, 1982.

[34] Carl N Staszak, Kenneth C Malinowski, William R Killilea. The pilot-scale demonstration of the MODAR oxidation process for the destruction of hazardous organic waste materials [J]. Environmental Progress, 6(1987): 39 ~43.

[35] Barner H E, Huang C Y, Johnson T, et al. Supercritical water oxidation: An emerging technology [J]. Journal of Hazardous Materials, 31(1992): 1 ~17.

[36] Helmut Schmieder, Johannes Abeln. Supercritical Water Oxidation: State of the Art [J]. Chemical engineering & technology, 22(1999): 903 ~908.

[37] Amin S I, Modell M, Reid R C. Gasification process [P]. US Patent 4113446, 1978.

[38] Kruse A, Henningsen T, Sınag A, et al. Biomass gasification in supercritical water: influence of the dry matter content and the formation of phenols [J]. Ind. Eng. Chem. Res. , 42(2003):

3711 ~ 3717.

[39] Matsumura Y. Evaluation of supercritical water gasification and biomethanation for wet biomass u-
tilization in Japan [J]. Energy Conversion and Management, 43(2002): 1301 ~ 1310.

[40] B Wu, H Hu, S Huang, et al. Extraction of weakly reductive and reductive coals with sub-and
supercritical water [J]. Energy and Fuels, 22(2008): 3944 ~ 3948.

[41] Yuan Shen, Haiyan Wu, Zhiyan Pan. Co-liquefaction of coal and polypropylene or polystyrene
in hot compressed water at 360 ~ 430℃ [J]. Fuel Processing Technology, 104(2012): 281 ~
286.

[42] Liuk L, Liuk H, Palu V, et al. Conversion of the Estonian fossil and renewable feedstocks in
the medium of supercritical water [J]. Analytical and Applied Pyrolysis, 85 (2009): 492 ~
496.

[43] Kozhevnikov V, Nuzhdin A L. Transformation of petroleum asphaltenes in supercriticalwater
[J]. Journal of Supercritical Fluids. 55(2010): 217 ~ 222.

[44] Fang Z, Minowa T, Smith R L. Liquefaction and Gasification of Cellulose with Na_2CO_3 and Ni
in Subcritical Water at 350℃ [J]. Ind. Eng. Chem. Res. , 43(2004): 2454 ~ 2463.

[45] Andrea Kruse. Supercritical water gasification [J]. Biofuels, Bioproducts and Biorefining, 2
(2008): 415 ~ 437.

[46] Brunner G. Near critical and supercritical water [J]. Part I. Hydrolytic and hydrothermal proce-
sses. The Journal of Supercritical Fluids, 47(2009): 373 ~ 381.

[47] Edward Lester, Paul Blood, Joanne Denyer, et al. Reaction engineering: The supercritical wa-
ter hydrothermal synthesis of nano-particles [J]. The Journal of Supercritical Fluids, 37
(2006): 209 ~ 214.

2 亚/超临界水特性、体系作用

2.1 亚/超临界水物理化学特性

温度与压力的变化，使得亚/超临界水的性质与常态水产生巨大差异。特别是在超临界水状态下，水的特性发生了巨大变化，也使得其具有独特特性。部分研究深入检测、分析及计算机模拟了超临界水特性[1~8]，为了解超临界水特性提供了基础。

超临界水的部分主要性质如图 2-1 所示。在 25MPa 及 374℃ 时水的密度为 0.323g/cm³，其密度为常态水密度的 1/3 左右，但远远高于气体的密度[10]。在

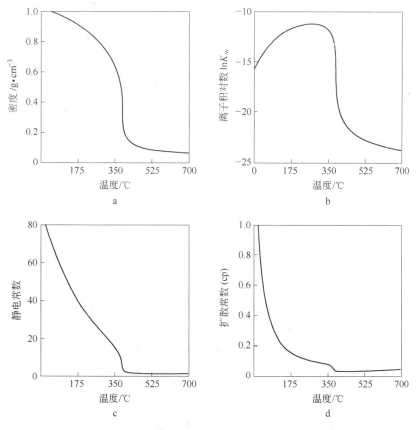

图2-1　不同温度下水的性质（25MPa）[9]

超临界区域中，超临界水的离子浓度较低，K_w 仅约为 10^{-23}，呈现出弱电解质的特性，因此，离子反应将减少而自由基反应增强[11]。在超临界状态时，水的介电常数从通常的 21 降低到约 4.1，因此，水从一种极性溶剂转变成为一种非极性溶剂，使得常温下与水不能互溶的有机物在超临界水中互溶，从而超临界水成为一种绿色的有机溶剂。在水的超临界状态下，其黏度仅为常温常压下水的黏度的 7%，因此，超临界水成为类似气体的高流动性、传质性物质，从而这使得化学反应在超临界水中快速进行，迅速达到反应的平衡状态[12]。

超临界水特性不同于常态水，主要原因是温度、压力等的升高对水分子结构的改变及分子间氢键的改变。相关空间函数对空间流体分子电密度结构的化学计算分析表明，水分子中的氧（或者中心物质）与氧之间相关空间函数随着温度及水密度的改变而改变[13~15]。如图 2-2 所示[3]，随着温度的升高，0.3nm 处最近距离峰变小，而 0.45nm 处第二个相邻峰变小甚至消失。因此，随着温度的升高，水间的氢键减少，使得水分子失去了常态的三角结构。同时，随着水密度的减少，水分子结构从液体逐步转变为单纯的气体。

随着温度和水密度的变化，水分子之间的氢键变弱、变少。而氢键是构成常态水特性的最重要原因之一。实验与计算机模拟的结果表明[16,17]，温度的升高及水密度的减少，使得氢键减少，但并未减少到零。即使温度高于 800K，密度小于 $0.1g/cm^3$，水处于气体状态，O—H 键产生的作用依然很明显。如在 773K，$0.1g/cm^3$ 时，10% ~ 14% 氢键存在于外环境中，而在 673K，$0.5g/cm^3$ 时，氢键 30% ~45% 存在。并且，在亚/超临界状态中，氢键使得水分子以族的

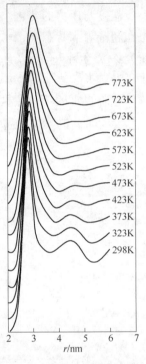

图 2-2　100MPa 时水对相关空间函数关系变化图

形式存在。随着温度的升高及水密度的减少，水分子族的平均数量将减少。在温度 773 ~ 1073K，密度 0.12 ~ 0.66g/cm³ 时，水分子族约由 20 个以上的水分子构成。

水分子自身结构的改变及分子间氢键的改变，使得亚/超临界水呈现出特别的属性，部分属性概述如下文所述。

2.1.1　密度

超临界水的密度随温度及压力的变化而变化，温度、压力对其密度影响巨大，如图 2-1 所示。特别指出的是，在临界点附近，水的密度随温度的变化改变

显著，如350℃时，水的密度为 0.574g/cm³，而当温度升到临界点 374℃时，密度为 0.323g/cm³[18]。

2.1.2 氢键

水分子氢键是构成水的许多独特性质的重要因素之一。随着温度和水密度的变化，水分子之间的氢键变弱、变少。如在温度 773K，密度 0.1g/cm³时，10% ~ 14% 氢键存在于外环境中，而在温度 673K，密度 0.5g/cm³ 时，氢键30% ~ 45% 存在。另外，在亚/超临界状态中，氢键使得水分子以族的形式存在。随着温度的升高及水密度的减少，水分子族的平均数量将减少。在温度 773 ~ 1073K，密度 0.12 ~ 0.66g/cm³时，水分子族约由20 + 分子构成。氢键变化如图2-3 所示[17]。

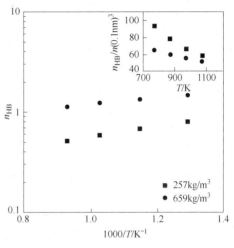

图 2-3　不同温度下每摩尔水分的氢键量

2.1.3 介电常数

介电常数的改变与氢键的改变相关。如图 2-1c 所示，随着温度的上升和密度的下降，水的介电常数将发生明显改变。Uematsu and Franck 提出公式（2-1）描述氢键与温度及水密度的关系[19]：

$$\varepsilon = 1 + \frac{A_1}{T}\rho + \left(\frac{A_2}{T} + A_3 + A_4 T\right)\rho^2 + \left(\frac{A_5}{T} + A_6 T + A_7 T^2\right)\rho^3 + \left(\frac{A_8}{T^2} + \frac{A_9}{T} + A_{10}\right)\rho^4$$

$$(2-1)$$

式中　T——温度；

ρ——水密度；

A——拟合参数（参见 Uematsu, M.；Franck, E. U. J. Phys. Chem. Ref. Data 1980.）。

在300℃，水的密度为 0.75g/cm³ 时，介电常数为 21；在温度 500℃、密度 0.30g/cm³ 时，介电常数为 4.1；而在常态水时，介电常数为 7.8。

2.1.4 离子积

随水的温度和密度变化，水的离子积（K_w）将发生较大改变。温度 250 ~ 360℃时，水的离子积随温度上升增至 10 ~ 11，呈现酸性。但当温度超过临界点时，K_w 随温度的上升而减少。Marshall 和 Franck 拟合了离子积与温度、密度的关系[20]：

$$\log K_w = A + \frac{B}{T} + \frac{C}{T^2} + \frac{D}{T^3} + \left(E + \frac{F}{T} + \frac{G}{T^2} \right)\log\rho \qquad (2\text{-}2)$$

式中，T 为温度；ρ 为密度，g/cm³；$A \sim G$ 为拟合参数。

因此，在 200 ~ 360℃时，SCW 是一种良好的酸催化介质，这时 K_w 大于 10 ~ 14，易于发生离子反应。当在超临界状态时，离子积比常态水低几十个数量级，将使得其自由基反应占主导。

2.1.5　溶解度

超临界状态时，由于氢键、离子积等的改变，使得溶解度发生巨大改变。在亚/超临界状态下，水能有效实现对有机物的溶解，特别是在超临界状态下，水能与有机物、气体等完全互溶。主要是因为 SCW 的行为与非极性压缩气体相近，其溶剂性质与低极性有机溶剂相似。通常非极性有机物苯常温下难溶于水，25℃时溶解度为 0.07%；当温度为 400℃时，苯-水可以任何比例完全互溶，形成均相。同理，SCW 可以与气体（N_2、O_2、空气等）及有机物以任意比例互溶。当然，亚/超临界水对无机盐在其中的溶解度极低，在亚/超临界体系中，无机盐将析出[21~23]。该特性常用于催化剂的合成，析出纳米颗粒，细节将在后面章节讨论。

2.1.6　黏度

水密度及温度的变化，使得黏度急剧减小。常态下，水的黏度大约为 $1.0 \times 10^{-3} \text{Pa} \cdot \text{s}$，而在温度 500℃、压力 25MPa 的超临界状态下，水的黏度只有常温常压下水的黏度的 5%[24]。因此，超临界水的黏度更接近于气体，近似于气体的高流动性物质。如图 2-1 所示，在超临界点附近，黏度的减少，也使得反应传质阻力减少，加快了反应的速率。

2.1.7　扩散系数

水密度、黏度及氢键的减少，会导致水的扩散系数随温度的上升显著增加。当密度从 1g/cm³ 降到 0.1g/cm³，扩散系数将增加 10 倍以上，因此，在超临界状态时扩散系数在数量上与高温理论气体一致[25]。

2.2　热力学特性

2.2.1　热力学计算基础

亚/超临界水的特殊属性，使得其呈现出特别的热力学属性。亚/超临界状态为高温、高压的介于气体与液体之间的一种特殊状态，也使得其不能用简单的气态方程描述。通过不断的实验研究，发现了通常适用的立方型状态方程，即将状态方程展开为体积的三次方。在1873年，van der waals 提出了第一个适用于真实气体的立方型方程，对理想气体方程进行校正：

$$p = \frac{RT}{V-b} - \frac{a^2}{V^2} \tag{2-3}$$

在 van der waals 提出的立方型方程的基础上，部分学者对方程进行了衍生，广泛运用于实际工程中，主要包括：

（1）Ridlich-Kwang 方程：

$$p = \frac{RT}{V-b} - \frac{a}{T^{0.5}V(V+b)} \tag{2-4}$$

（2）Soave-Ridlich-Kwang 方程：

$$p = \frac{RT}{V-b} - \frac{a(T)}{V(V+b)} \tag{2-5}$$

（3）Peng-Robinson 方程：

$$p = \frac{RT}{V-b} - \frac{a(T)}{V^2+2bV-b^2} \tag{2-6}$$

由于 PR 方程计算精度高，被广泛运用。因此，下面对 PR 方程进行详尽叙述[26]。

PR 方程的形式为：

$$p = \frac{RT}{V-b} - \frac{a(T)}{V^2+2bV-b^2}$$

式中，p，V，T 分别为压力、体积及温度；R 为理想气体常数，为方程的已知方程参数。

因此，方程需要求解的主要状态参数为 $a(T)$ 及 b。

不同物质具有不同的 $a(T)$ 及 b 值。对单纯物质的 PR 方程，首先需要确定的参数是 $a(T)$ 和 b。

计算方法为：

$$b = \frac{0.0778RT_C}{p_C} \tag{2-7}$$

式中，T_C 及 p_C 分别为物质的超临界状态时对应的温度（K）及压力。

$a(T)$ 按式（2-8）计算：

$$a(T) = a(T_C)\left\{1 + f_\omega\left[1 - \left(\frac{T}{T_C}\right)^{0.5}\right]\right\}^2 \tag{2-8}$$

首先要确定的参数为超临界状态时的 $a(T_C)$，可按超临界状态的物质压力及温度计算：

$$a(T_C) = \frac{0.45724R^2 T_C^2}{p_C} \tag{2-9}$$

另外一个需要确定的参数为 f_ω，利用偏心指数确定：

$$f_\omega = 0.37464 + 1.54226\omega - 0.26992\omega^2 \tag{2-10}$$

ω 为偏心指数。上述参数可查表 1-1。利用 PR 方程，可较为精确的气态参数。如利用 Matlab 等软件，可轻松求解相关状态方程，典型代码为：

```
syms V
R = 8.314
p = 24000000
T = 673
bm = 0.0778 * 8.314 * 647.1/22064000
aTcHO = 0.45724 * 8.3144^2 * 647.1^2/22064000
fwHO = 0.37464 + 1.5422 * 0.322 - 0.26992 * 0.322^2
am = aTcHO * (1 + fwHO * (1 - (T/647.1)^0.5))^2
Y = p - R * T * (V - bm)^(-1) + am * (V^2 + 2 * bm * V - bm^2)^(-1)
[z1] = vpa(solve(Y))
for k = 1:length(z1)
    idx(k) = isreal(z1(k,1));
end
V1 = z1(idx)
V = V1/0.018
Density = 1/V
```

部分网站也提供了相关计算软件，可求解超临界水状态 PR 方程，如 http://scyangyu.ys168.com/ 网站，提供了免费软件供下载。

在很多情况下，超临界水体系不仅仅存在水，还可能含有其他组分如 CO_2 等。特别是对于 CO_2 的萃取过程，通常涉及多种物质成分，因此，需要求解多种物质的状态方程。对于混合体系，即存在多种物质的混合状态，可以考虑使用 van der waals 混合方程来求解参数 a_m 及 b_m，即：

$$b_m = \sum_i x_i b_i \tag{2-11}$$

式中，x_i 为不同的物质摩尔分数，在计算 b_i 后，可求出混合体系的 b_m。

$$a_m = \sum_i \sum_j x_i x_j a_{ij} \tag{2-12}$$

计算 a_m 较为复杂，首先：

$$a_{ij} = (a_i a_j)^{0.5}(1 - k_{ij}) \tag{2-13}$$

式中，k_{ij} 可根据 Prausnitz 与 Chueh 方法计算[27]：

$$k_{ij} = 1 - \frac{8(V_{Ci}V_{Cj})^{1/2}}{(V_{Ci}^{1/3} + V_{Cj}^{1/3})^3} \tag{2-14}$$

根据两种物质间的 a_{ij}，最后求出混合体系的 a_m。

也可采用三次展开式求解。即将方程转化为压缩指数 Z 的计算形式：

$$Z^3 - (1 - B^*)Z^2 + (A^* - 2B^* - 3B^{*2})Z - (A^*B^* - B^{*2} - B^{*3}) = 0 \tag{2-15}$$

式中
$$A^* = \frac{a_m(T)p}{R^2T^2} \tag{2-16}$$

$$B^* = \frac{b_m p}{RT} \tag{2-17}$$

热力学计算的另外一个重要内容为计算体系的势能。势能的计算可了解系统的能量变化规律，并结合计算超临界状态下的 Gibbs 自由能最小化特征，最终确定物质的生成最后产物特征。目前，势能通常采用的方程为：

$$\mu_i = RT\Big[\ln\Big(\frac{\phi_i p}{p_0}\Big) + \ln x_i\Big] + G_i^{\ominus}(T, p_0) \tag{2-18}$$

式中，x_i 为的摩尔比。因此，需要求解的重要参数为 ϕ_i 逸度系数，可按式（2-19）计算：

$$\phi_i = \frac{1}{Z}\exp\Big[\frac{1}{RT}\int_V^{\infty}\Big[\frac{\partial p}{\partial n_i} - \frac{RT}{V}\Big]dV\Big) \tag{2-19}$$

对于混合体系，ϕ_i 采用式（2-20）计算：

$$\ln\phi_i = \frac{b_i}{b_m}(Z-1) - \ln(Z - B^*) - \frac{A^*}{2B^*\sqrt{2}} \times \Big(\frac{2\sum_j x_j a_{ij}}{a_m} - \frac{b_i}{b_m}\Big)\ln\Big(\frac{Z + (1+\sqrt{2})B^*}{Z + (1-\sqrt{2})B^*}\Big) \tag{2-20}$$

最终利用上述方程，可以求解出系统的 Gibbs 自由能：

$$G = \sum_i^{i=K} n_i\Big\{RT\Big[\ln\Big(\frac{\phi_i p}{p_0}\Big) + \ln x_i\Big] + G_i^{\ominus}(T, p_0)\Big\} \tag{2-21}$$

Gibbs 自由能的计算在超临界水气化计算过程中有着重要作用。通常，通过对 Gibbs 自由能的最小优化，可以预测最终生成的气体组分如 H_2、CO、CH_4、CO_2 等相关气体的最终生成比重。当然，由于气化过程中还会存在结焦、炭化等反应，因此会对最终的结果产生影响[28]。但总体上看，Gibbs 自由能的预算，是预测气体最终组分的有效手段。

另外，热力学的计算也是分析能量平衡的基础，为未来工业能耗控制提供基础。目前，ASPEN 软件中也提供了相关计算模块，为上述研究提供了强大的工具，其中集成了许多重要的工具及相关的 PR 方程、RK 方程及 S-R-K 方程等，可用于亚/超临界相关的热力学分析。

2.2.2 亚/超临界水体系下的自热过程

自热过程是指在放热的亚/超临界体系中，反应过程中（特别是氧化过程中）释放的能量能维持能量的损失及系统升温等需要的能耗，最终能维持过程的热平衡，使该过程不再依赖外界的加热，实现自主供热运行。

事实上，在亚/超临界水氧化过程中，有机物的浓度大于 2% 时，可实现自主供热，相关技术与工程案例已有报道[29~31]。最近，理论研究显示，在生物质的气化过程中，采用部分氧化技术，即加入部分氧，使得生物质等部分氧化为中间产物如酸类、一氧化碳等，中间产物在氧消耗后能继续与水发生气化产生氢气、甲烷等燃料气体。由于部分氧化过程为放热过程，因此，释放的能量存在维持系统自热运行的可能。可知，通过部分氧化的生物质气化手段，不仅充分利用了过程中产生的能量，节省了系统的能耗，并且，由于过程是产生能源气体如氢气、甲烷、一氧化碳的过程，因此，也降低了制备能源气体的成本，为新型制能源的一种有效方式。

Guan 等人[32]构建了在超临界水系统中生物质的部分氧化过程热量分析模型，分析了工艺参数对自热过程的影响。模型基于典型的连续式反应的反应器，其反应工艺过程如图 2-4 所示。过程中，生物质通过泵与水混合经热交换器进入反应器中，而氧气通过气泵直接注入反应器进行部分氧化反应。最终产物经过热交换器进一步冷却后，再次分离并收集气体，而水可以回用处理。

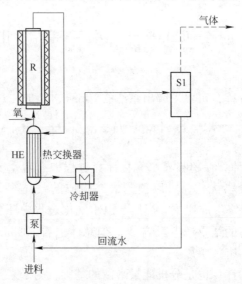

图 2-4　典型连续式气化反应器工艺流程图

可见，在部分氧化过程中，维持系统运行的主要热力学相关过程发生在预热器及反应器中。因此，系统的热交换过程如图 2-5 所示。

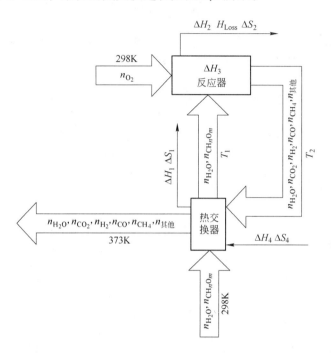

图 2-5 系统热交换与物质平衡图

在计算过程中，考虑真实气体的焓变：

$$H = H^* + H^R \qquad (2-22)$$

对真实气体的焓计算方法为：

$$H^* = H_0^* + \int_{T_0}^{T} C_p^* \, \mathrm{d}T \qquad (2-23)$$

部分气体的真实焓值如表 2-1 所示[33]。

表 2-1 部分物质的真实热计算温度焓

物 质	T/K	$C_p/\mathrm{J} \cdot (\mathrm{mol} \cdot \mathrm{K})^{-1}$
$H_2O(g)$	$298 \sim 600$	$33.570 - 4.20E^{-3}T + 14.760E^{-6}T^2$
	$600 \sim 1600$	$21.870 + 22.560E^{-3}T - 8.490E^5T^{-2} - 4.00E^{-6}T^2$
$CO_2(g)$	$298 \sim 3000$	$42.388 + 15.100E^{-3}T - 8.891E^5T^{-2} - 2.908E^{-6}T^2$
$O_2(g)$	$298 \sim 1600$	$25.594 + 13.251E^{-2}T - 0.421E^{-5}T^2$
CO	$298 \sim 3000$	$25.694 + 8.293E^{-3}T + 1.109E^5T^{-2} - 1.477E^{-6}T^2$
CH_4	$298 \sim 3000$	$12.447 + 76.689E^{-3}T + 1.448E^5T^{-2} - 18.004E^{-6}T^2$
$H_2(g)$	$298 \sim 1600$	$28.280 + 0.418E^{-3}T + 0.820E^5T^{-2} - 1.469E^{-6}T^2$
$C_6H_{12}O_6$	$298 \sim 1000$	$176.667 + 0.406843T - 59.818E^5T^{-2} - 51.538E^{-6}T^2$

在计算过程中，物质的压力、状态变化产生的剩余焓的计算公式为：

$$H^R = \int_{V_0}^{V} \left[T \left(\frac{\partial p}{\partial T} \right)_V - P \right] \mathrm{d}V + RT(Z - 1)$$

在计算过程中，压力、物质的体积变化采用 PR 方程求解。对于部分氧化过程，最关键的热变化发生在交换器及反应器中。在交换器中，热变化为进料的预热变化：

$$\Delta H_1 = \int_{298}^{T_1} \sum_{i=1}^{j} n_i C_{pi} \mathrm{d}T + H_1^R$$

式中

$$H_1^R = \int_{V_1}^{V_2} p \mathrm{d}V + RT_0(Z - 1)$$

及反应后产物的降温带来的热交换：

$$- \Delta H_4 = \int_{373}^{T_2} \sum_{i=1}^{k} n_i C_{pi} \mathrm{d}T + H_4^R$$

式中

$$H_4^R = \int_{V_4}^{V_3} p \mathrm{d}V + RT_2(Z - 1)$$

根据热交换效率，考虑为：

$$\Delta H_1 = \eta \Delta H_4$$

在反应器中，物质变化及温度改变的焓按下式计算：

$$\Delta H_2 = \int_{298}^{T_2} \sum_{i=1}^{l} n_i C_{pi} \mathrm{d}T + \int_{T_1}^{T_2} \sum_{i=1}^{m} n_i C_{pi} \mathrm{d}T + H_2^R$$

式中

$$H_2^R = \int_{V_2}^{V_3} p \mathrm{d}V + RT_0(Z - 1)$$

对于反应放热，焓为：

$$H_{i(T_2)}^{\ominus} = H_i^{\ominus} + \int_{298}^{T_2} \sum_{i=1}^{k} n_i C_{pi} \mathrm{d}T - \int_{298}^{T_2} \sum_{i=1}^{n} n_i C_{pi} \mathrm{d}T$$

另外，反应器热损失焓为：

$$H_{\mathrm{Loss}} = KS(T_2 - T_0)$$

因此，在自热系统中，反应的自供热量为：

$$H_S = \Delta H_3$$

而系统的能耗为：

$$H_{\mathrm{RE}} = \Delta H_2 + H_{\mathrm{Loss}}$$

超临界水过程中，通常热计算较为复杂。对热交换过程，可采用 ASPEN 相关计算模块进行计算，也可以通过软件自主编程计算。特别是采用 Matlab 软件，能较为轻松地计算出相应结果。典型代码为：

```
Tin = 298;
T2 = 873;
p = 25000000;
R = 8.314;
EXeff = 0.75;
Rate = 0.028421;
yH2O = 2.6;
yCO2 = 2.2;
yH2 = 0.36;
yCO = 1;
yCH4 = 0.09;
RateO2 = 2.4;
ENERGY = -733;
GE = 0.56;
K = 25;
S = 0.000627;
syms T x V T1 V01 V02 V03 V04 V05
%%%%%%%%%%%%%%%%%%%%%%%%%%%%%%
H4H2O = vpa(int(33.57 + 0.0042 * T-0.00001476 * T^2,373,600) * 0.001...
    + int(21.87 + 0.02256 * T-849000 * T^-2-0.000004 * T^2,600,T2) * 0.001);
H4CO2 = vpa(int(42.388 + 0.0151 * T + 889100 * T^-2-0.000002908 * T^2,373,T2) * 0.001);
H4H2 = vpa(int(28.28 + 0.000418 * T + 82000 * T^-2-0.000001469 * T^2,373,T2) * 0.001);
H4CO = vpa(int(25.694 + 0.008293 * T + 110900 * T^-2-0.000001477 * T^2,373,T2) * 0.001);
H4CH4 = vpa(int(12.447 + 0.076689 * T + 144800 * T^-2-0.000018004 * T^2,373,T2) * 0.001);
H4C6H12O6 = vpa(int(176.667 + 0.406843 * T-5981800 * T^-2-0.000051538 * T^2,373,T2) *
0.001);


bH2O = 0.0778 * 8.3144 * 647.3/22050000;
bCO2 = 0.0778 * 8.3144 * 304.2/7390000;
bH2 = 0.0778 * 8.3144 * 33/1300000;
bCO = 0.0778 * 8.3144 * 133/3500000;
bCH4 = 0.0778 * 8.3144 * 191.1/4580000;


bm2 = ((1 + Rate * yH2O) * bH2O + Rate * yCO2 * bCO2 + Rate * yH2 * bH2 + Rate * yCO
    * bCO...
    + Rate * yCH4 * bCH4) * (1 + (yH2O + yCO2 + yCO + yH2 + yCH4) * Rate)^-1;


aTcH2O = 0.45724 * 8.3144^2 * 647.3^2/22050000;
fwH2O = 0.37464 + 1.5422 * 0.348-0.26992 * 0.348^2;
```

aTH2O = aTcH2O * (1 + fwH2O * (1-(T2/647. 3)^0. 5))^2;

aTcCO2 = 0. 45724 * 8. 3144^2 * 304. 2^2/5040000;
fwCO2 = 0. 37464 + 1. 5422 * 0. 42-0. 26992 * 0. 42^2;
aTCO2 = aTcCO2 * (1 + fwCO2 * (1-(T2/159. 6)^0. 5))^2;

aTcH2 = 0. 45724 * 8. 3144^2 * 33^2/1300000;
fwH2 = 0. 37464;
aTH2 = aTcH2 * (1 + fwH2 * (1-(T2/33)^0. 5))^2;

aTcCO = 0. 45724 * 8. 3144^2 * 133^2/3500000;
fwCO = 0. 37464 + 1. 5422 * 0. 041-0. 26992 * 0. 041^2;
aTCO = aTcCO * (1 + fwCO * (1-(T2/133)^0. 5))^2;

aTcCH4 = 0. 45724 * 8. 3144^2 * 191. 1^2/4580000;
fwCH4 = 0. 37464 + 1. 5422 * 0. 013-0. 26992 * 0. 013^2;
aTCH4 = aTcCH4 * (1 + fwCH4 * (1-(T2/191. 1)^0. 5))^2;

kH2OH2O = 1-8 * (0. 056 * 0. 056)^0. 5 * (0. 056^0. 33333 + 0. 056^0. 33333)^-3;
kH2H2 = 1-8 * (0. 064 * 0. 064)^0. 5 * (0. 064^0. 33333 + 0. 064^0. 33333)^-3;
kCO2CO2 = 1-8 * (0. 094 * 0. 094)^0. 5 * (0. 094^0. 33333 + 0. 094^0. 33333)^-3;
kCOCO = 1-8 * (0. 093 * 0. 093)^0. 5 * (0. 093^0. 33333 + 0. 093^0. 33333)^-3;
kCH4CH4 = 1-8 * (0. 099 * 0. 099)^0. 5 * (0. 099^0. 33333 + 0. 099^0. 33333)^-3;
kH2OCO2 = 1-8 * (0. 056 * 0. 094)^0. 5 * (0. 056^0. 33333 + 0. 094^0. 33333)^-3;
kH2OH2 = 1-8 * (0. 056 * 0. 064)^0. 5 * (0. 056^0. 33333 + 0. 064^0. 33333)^-3;
kH2OCO = 1-8 * (0. 093 * 0. 064)^0. 5 * (0. 093^0. 33333 + 0. 064^0. 33333)^-3;
kH2OCH4 = 1-8 * (0. 099 * 0. 064)^0. 5 * (0. 099^0. 33333 + 0. 064^0. 33333)^-3;
kH2CO2 = 1-8 * (0. 064 * 0. 094)^0. 5 * (0. 064^0. 33333 + 0. 094^0. 33333)^-3;
kH2CO = 1-8 * (0. 064 * 0. 093)^0. 5 * (0. 064^0. 33333 + 0. 093^0. 33333)^-3;
kH2CH4 = 1-8 * (0. 064 * 0. 099)^0. 5 * (0. 064^0. 33333 + 0. 099^0. 33333)^-3;
kCOCH4 = 1-8 * (0. 093 * 0. 099)^0. 5 * (0. 093^0. 33333 + 0. 099^0. 33333)^-3;
kCOCO2 = 1-8 * (0. 093 * 0. 094)^0. 5 * (0. 093^0. 33333 + 0. 094^0. 33333)^-3;
kCO2CH4 = 1-8 * (0. 094 * 0. 099)^0. 5 * (0. 094^0. 33333 + 0. 099^0. 33333)^-3;

aH2OH2O = (aTH2O * aTH2O)^0. 2 * (1-kH2OH2O);
aH2H2 = (aTH2 * aTH2)^0. 5 * (1-kH2H2);
aCO2CO2 = (aTCO2 * aTCO2)^0. 5 * (1-kCO2CO2);
aCOCO = (aTCO * aTCO)^0. 5 * (1-kCOCO);
aCH4CH4 = (aTCH4 * aTCH4)^0. 5 * (1-kCH4CH4);

aH2OCO2 = (aTH2O * aTCO2)^0. 5 * (1-kH2OCO2) ;

aH2OH2 = (aTH2O * aTH2)^0. 5 * (1-kH2OH2) ;

aH2OCO = (aTH2O * aTCO)^0. 5 * (1-kH2OCO) ;

aH2OCH4 = (aTH2O * aTCH4)^0. 5 * (1-kH2OCH4) ;

aH2CO2 = (aTH2 * aTCO2)^0. 5 * (1-kH2CO2) ;

aH2CO = (aTH2 * aTCO)^0. 5 * (1-kH2CO) ;

aH2CH4 = (aTH2 * aTCH4)^0. 5 * (1-kH2CH4) ;

aCOCH4 = (aTCO * aTCH4)^0. 5 * (1-kCOCH4) ;

aCOCO2 = (aTCO * aTCO2)^0. 5 * (1-kCOCO2) ;

aCO2CH4 = (aTCH4 * aTCO2)^0. 5 * (1-kCO2CH4) ;

am2 = ((1 + Rate * yH2O) * (1 + (yH2O + yCO2 + yCO + yH2 + yCH4) * Rate)^-1)^2 * aH2OH2O

+ (Rate * yCO2 * (1 + (yH2O + yCO2 + yCO + yH2 + yCH4) * Rate)^-1)^2 * aCO2CO2. . .

+ (Rate * yH2 * (1 + (yH2O + yCO2 + yCO + yH2 + yCH4) * Rate)^-1)^2 * aH2H2 + (Rate * yCO

* (1 + (yH2O + yCO2 + yCO + yH2 + yCH4) * Rate)^-1)^2 * aCOCO. . .

+ (Rate * yCH4 * (1 + (yH2O + yCO2 + yCO + yH2 + yCH4) * Rate)^-1)^2 * aCH4CH4. . .

+ 2 * (1 + Rate * yH2O) * (1 + (yH2O + yCO2 + yCO + yH2 + yCH4) * Rate)^-1 * Rate * yCO2 *

(1 + (yH2O + yCO2 + yCO + yH2 + yCH4) * Rate)^-1 aH2OCO2. . .

+ 2 * (1 + Rate * yH2O) * (1 + (yH2O + yCO2 + yCO + yH2 + yCH4) * Rate)^-1 * Rate * yH2 * (1

+ (yH2O + yCO2 + yCO + yH2 + yCH4) * Rate)^-1 * aH2OH2. . .

+ 2 * (1 + Rate * yH2O) * (1 + (yH2O + yCO2 + yCO + yH2 + yCH4) * Rate)^-1 * Rate * yCO * (1

+ (yH2O + yCO2 + yCO + yH2 + yCH4) * Rate)^-1 * aH2OCO. . .

+ 2 * (1 + Rate * yH2O) * (1 + (yH2O + yCO2 + yCO + yH2 + yCH4) * Rate)^-1 * Rate * yCH4 *

(1 + (yH2O + yCO2 + yCO + yH2 + yCH4) * Rate)^-1 * aH2OCH4. . .

+ 2 * Rate * yH2 * (1 + (yH2O + yCO2 + yCO + yH2 + yCH4) * Rate)^-1 * Rate * yCO2 * (1 +

(yH2O + yCO2 + yCO + yH2 + yCH4) * Rate)^-1 * aH2CO2. . .

+ 2 * Rate * yH2 * (1 + (yH2O + yCO2 + yCO + yH2 + yCH4) * Rate)^-1 * Rate * yCO * (1 +

(yH2O + yCO2 + yCO + yH2 + yCH4) * Rate)^-1 * aH2CO. . .

+ 2 * Rate * yH2 * (1 + (yH2O + yCO2 + yCO + yH2 + yCH4) * Rate)^-1 * Rate * yCH4 * (1 +

(yH2O + yCO2 + yCO + yH2 + yCH4) * Rate)^-1 * aH2CH4. . .

+ 2 * Rate * yCO * (1 + (yH2O + yCO2 + yCO + yH2 + yCH4) * Rate)^-1 * Rate * yCH4 * (1 +

(yH2O + yCO2 + yCO + yH2 + yCH4) * Rate)^-1 * aCOCH4. . .

+ 2 * Rate * yCO * (1 + (yH2O + yCO2 + yCO + yH2 + yCH4) * Rate)^-1 * Rate * yCO2 * (1 +

(yH2O + yCO2 + yCO + yH2 + yCH4) * Rate)^-1 * aCOCO2. . .

+ 2 * Rate * yCO2 * (1 + (yH2O + yCO2 + yCO + yH2 + yCH4) * Rate)^-1 * Rate * yCH4 * (1 +

(yH2O + yCO2 + yCO + yH2 + yCH4) * Rate)^-1 * aCO2CH4 ;

H4R01 = p * (V^2 + 2 * bm2 * V-bm2^2) * (V-bm2)-R * T2 * (V^2 + 2 * bm2 * V-bm2^2) + am2 *

(V-bm2) ;

```
[ z1 ] = vpa( solve( H4R01 ) ) ;
for k = 1 ;length( z1 )
    idx( k ) = isreal( z1( k,1 ) ) ;
end
V4 = z1( idx ) ;

H4R02 = p * ( V01^2 + 2 * bm2 * V01-bm2^2 ) * ( V01-bm2 ) -R * 373 * ( V01^2 + 2 * bm2 * V01-bm2
^2 ) + am2 * ( V01-bm2 ) ;
[ z2 ] = vpa( solve( H4R02 ) ) ;
for k = 1 ;length( z2 )
    idx( k ) = isreal( z2( k,1 ) ) ;
end
V3 = z2( idx ) ;

H4R = ( p * ( V3-V4 ) ) * 0. 001 * ( 1 + Rate * ( yH2O + yCO2 + yH2 + yCO + yCH4 ) ) ;

H4 = -vpa( ( Rate * yH2O + 1 ) * ( H4H2O + 40. 8 ) + Rate * ( ( yCO2 * H4CO2 + yH2 * H4H2 + yCO
 * H4CO + yCH4 * H4CH4 ) + ( 1-GE ) * H4C6H12O6 ) ) + H4R
%%%%%%%%%%%%%%%%
Tx = 373 ;
bm21 = bH2O ;
am21 = aTH2O ;

H1R01 = p * ( V02^2 + 2 * bm21 * V02-bm21^2 ) * ( V02-bm21 ) -R * 298 * ( V02^2 + 2 * bm21 *
V02-bm21^2 ) + am21 * ( V02-bm21 ) ;
[ z3 ] = vpa( solve( H1R01 ) ) ;
for k = 1 ;length( z3 )
    idx( k ) = isreal( z3( k,1 ) ) ;
end
V1 = z3( idx ) ;

H1R02 = p * ( V03^2 + 2 * bm21 * V03-bm21^2 ) * ( V03-bm21 ) -R * Tx * ( V03^2 + 2 * bm21 * V03-
bm21^2 ) + am21 * ( V03-bm21 ) ;
[ z4 ] = vpa( solve( H1R02 ) ) ;
for k = 1 ;length( z4 )
    idx( k ) = isreal( z4( k,1 ) ) ;
end
V2 = z4( idx ) ;
H1R = ( p * ( V2-V1 ) ) * 0. 001 ;
```

```
H1H2O = vpa( int( 33. 57 + 0. 0042 * T-0. 00001476 * T^2,298,Tx) * 0. 001) ;
H1C6H12O6 = vpa( int ( 176. 667 + 0. 406843 * T-5981800 * T^-2-0. 000051538 * T^2,298,Tx) *
0. 001) ;
H1 = vpa( ( H1H2O + 40. 8) * 1 + Rate * H1C6H12O6) + H1R;
%%%%%%%%%%%%%%%%%%%%%%%%
Tx = 500;
a = H1;
b = H4;
c = abs( H1 + EXeff * H4) ;


while double( c) > double( 0. 2)
Tx = Tx + 0. 1;
bH2O = 0. 0778 * 8. 3144 * 647. 3/22050000;
bm21 = bH2O;


aTcH2O = 0. 45724 * 8. 3144^2 * 647. 3^2/22050000;
fwH2O = 0. 37464 + 1. 5422 * 0. 348-0. 26992 * 0. 348^2;
aTH2O = aTcH2O * ( 1 + fwH2O * ( 1-( T2/647. 3)^0. 5) )^2;
am21 = aTH2O;
H1R03 = p * ( V03^2 + 2 * bm21 * V03-bm21^2) * ( V03-bm21)-R * Tx * ( V03^2 + 2 * bm21 * V03-
bm21^2) + am21 * ( V03-bm21) ;
[ z5] = vpa( solve( H1R03) ) ;
for k = 1 :length( z5)
    idx( k) = isreal( z5( k,1) ) ;
end
V5 = z5( idx) ;
H1R = ( p * ( V5-V1) ) * 0. 001;


H1H2O = vpa( int( 33. 57 + 0. 0042 * T-0. 00001476 * T^2,298,Tx) * 0. 001) ;
H1C6H12O6 = vpa( int ( 176. 667 + 0. 406843 * T-5981800 * T^-2-0. 000051538 * T^2,298,Tx) *
0. 001) ;
H1 = vpa( ( H1H2O + 40. 8) * 1 + Rate * H1C6H12O6) + H1R;

a = H1;
c = abs( H1 + EXeff * H4) ;
    end


T1 = Tx
```

```
H1 = a;
%%%%%%%%%%%%%%%%%%%%%%%%%%%%%%
H2O2 = vpa( int( 25. 594 + 0. 13251 * T-0. 00000421 * T^2,298,T2) * 0. 001);
H2H2O = vpa( int( 33. 57 + 0. 0042 * T-0. 00001476 * T^2,T1,T2) * 0. 001);
H2C6H12O6 = vpa( int( 176. 667 + 0. 406843 * T-5981800 * T^-2-0. 000051538 * T^2,T1,T2) *
0. 001);
H2R = ( p * ( V4-V5)) * 0. 001 * ( 1 + Rate * ( yH2O + yCO2 + yH2 + yCO + yCH4));
H2 = vpa( H2H2O + Rate * H2C6H12O6 + Rate * H2O2 * RateO2) + H2R

H3H2O = vpa( int( 33. 57 + 0. 0042 * T-0. 00001476 * T^2,298,600) * 0. 001...
+ int( 21. 87 + 0. 02256 * T-849000 * T^-2-0. 000004 * T^2,600,T2) * 0. 001);
H3CO2 = vpa( int( 42. 388 + 0. 0151 * T + 889100 * T^-2-0. 000002908 * T^2,298,T2) * 0. 001);
H3H2 = vpa( int( 28. 28 + 0. 000418 * T + 82000 * T^-2-0. 000001469 * T^2,298,T2) * 0. 001);
H3CO = vpa( int( 25. 694 + 0. 008293 * T + 110900 * T^-2-0. 000001477 * T^2,298,T2) * 0. 001);
H3CH4 = vpa( int( 12. 447 + 0. 076689 * T + 144800 * T^-2-0. 000018004 * T^2,298,T2) * 0. 001);
H3C6H12O6 = vpa( int( 176. 667 + 0. 406843 * T-5981800 * T^-2-0. 000051538 * T^2,298,T2) *
0. 001);

H3O2 = vpa( int( 25. 594 + 0. 13251 * T-0. 00000421 * T^2,298,T2) * 0. 001);
H3C6H12O6 = vpa( int( 176. 667 + 0. 406843 * T-5981800 * T^-2-0. 000051538 * T^2,298,T2) *
0. 001);

H3 = Rate * ENERGY-Rate * H3O2 * RateO2-Rate * H3C6H12O6 + Rate * ( yH2O * H3H2O + yCO2
* H3CO2 + yH2 * H3H2 + yCO * H3CO + yCH4 * H3CH4)

KLoss = K * S * ( T2-298)
%%%%%%%%%%%%%%%%%%%%%%%%%%%%%%%%%
HS = H3
HRE = KLoss + H2
    %%%%%%%%%%%%%%%%%%%%%%%%%%%%%%%%%%
```

　　结合木质素及葡萄糖的部分氧化计算结果分析表明，在部分氧化过程中，最主要制约自热制能源气体的工艺参数为热交换效率、部分氧化率及反应器热损耗。因此，提高部分氧化技术的效率并改善热交换器及反应的热效率，是未来实现高效超临界水体系自热制能源气体的关键。

　　当然，由于制气体能耗高，因此，通常当物质浓度达到10% ~20%时才能有效实现，并且，过氧量比只有在理论完全需氧量的0. 5以上，才可能保证过程的自热。因此，也使得部分物质如污泥等，难于自热反应。而高氧化率也使得过程中产生的燃料气体量低于直接气化过程。但如木质素，结果表明由于直接气化率低,使用部分氧化技术存在优势。

总之,通过热分析,解析亚/超临界水系统的能量过程,是有效分析过程、提高超临界水体系效率及降低运行成本的重要工具。

2.3 亚/超临界水反应作用

在亚/超临界水体系中,水的作用复杂。由于整个化学反应过程均在水溶剂中反应,而水本身由于其自身的特性,将影响系统的反应过程。通常,在亚/超临界水体系中,水通常能作为反应物、媒介及催化剂等产生溶剂、催化等相关效应。如:在亚/超临界水气化过程中,水作为反应媒介并同时作为反应物直接参与反应过程,提高氢气的产率;而在液化过程中,水在亚临界条件下,通常又能呈现酸催化等相关作用。

因此,在亚/超临界水系统中,水不仅是一种绿色的反应媒介,同时也是水气化的重要"原料"。由于超临界水的双重作用,因此,使得超临界水气化快速而高效。部分作用在下面章节叙述。

2.3.1 反应物

水在超临界状态下,呈现出弱的电解质的特性,离子反应将减少,而自由基反应增强。因此,在超临界水系统中,超临界水是重要的反应物,而自由基反应在超临界水中扮演着重要的角色。自由基过程化学反应描述为:

$$H_2O \Longleftrightarrow \cdot OH + H \tag{2-24}$$

$$H_2O + H \Longleftrightarrow \cdot OH + H_2 \tag{2-25}$$

在超临界水气化过程中,有机物超临界水气化可能涉及水解、裂解、聚合、重整、水气转化、甲烷化等多种反应,超临界水在其中扮演重要的反应物角色[34]。通常,超临界水气化过程被认为有机物与水的催化重整过程,其通式描述为:

$$H_2O + CH_xO_y \longrightarrow CO + (0.5x + 1 - y)H_2 \tag{2-26}$$

同时,超临界水同时参与了气态平衡反应,即水气置换反应及甲烷化反应:

$$H_2O + CO \Longleftrightarrow CO_2 + H_2 \tag{2-27}$$

$$H_2O + CH_4 \Longleftrightarrow CO + 3H_2 \tag{2-28}$$

2.3.2 媒介传质作用

在超临界状态时,水呈现出非极性溶剂的特性,使得常温下与水不能互溶的有机物在超临界水中互溶,并且各种气体能有效溶解在超临界水体中。同时,超临界水呈现出类似气体的高流动性、传质性。因此,反应物在超临界水体中能迅速分散，并由于超临界水的传质作用，反应物之间迅速接触并发生反应。超临界水的良好传质性，使得化学反应物间的物理势垒降低。

典型的氧化反应过程描述为[35]：

$$H_2O + M \Longrightarrow OH + H + M \tag{2-29}$$

$$H + O_2 + M \Longrightarrow HO_2 + M \tag{2-30}$$

$$H + O + M \Longrightarrow OH + M \tag{2-31}$$

$$H_2O_2 + M \Longrightarrow OH + OH + M \tag{2-32}$$

$$HOCO + M \Longrightarrow OH + CO + M \tag{2-33}$$

2.3.3 催化作用

在 250 ~ 360℃时，水的电离常数增加，使得在体系中，将产生大量的 H^+ 质子，可产生酸催化效应。典型反应如乙醇在亚临界状态下的脱水反应。在乙醇的脱水过程中，亚临界体系中酸催化效应占主导地位。Antal 等曾报道乙醇、异丙醇、甘醇等的亚临界脱水过程。其中，1-丙醇典型反应如图 2-6 所示。

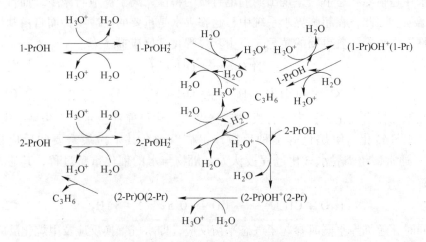

图 2-6　1-丙醇的水体系中酸催化机理

在反应体系中，水在反应过程中提供了酸性质子 H^+。同时，也作为反应物参与了部分反应。相似，环己醇在超临界水体系中，存在脱水反应。且动力学的研究表明，反应过程依赖于水中产生的酸性质子 H^+ 浓度。当水密度，即水产生的酸性质子 H^+ 浓度增加时，反应速率将显著增加，与实验结果一致。因此，亚临界水也常用在脱水反应体系中，直接提供酸催化条件。

亚/超临界水在反应过程中存在显著的反应物、媒介及催化效应。具体作用和影响，将在后文中具体叙述。

参 考 文 献

[1] Yu E Gorbaty, Ram B Gupta. The Structural Features of Liquid and Supercritical Water [J]. Ind. Eng. Chem. Res. , 37(1998): 3026 ~ 3035.

[2] Postorino P, Tromp R H, RICCI M-A, et al. The interatomic structure of water at supercritical temperatures [J]. Nature 366(1999): 668 ~ 670.

[3] Gorbaty Yu E, Kalinichev A G. Hydrogen Bonding in Supercritical Water. 1 [J]. Experimental Results. J. Phys. Chem. , 99(1995): 5336 ~ 5340.

[4] Kalinichev A G, Bass J D. Hydrogen Bonding in Supercritical Water. 2 [J]. Computer Simulations. J. Phys. Chem. A, 101(1997): 9720 ~ 9727.

[5] Gerald E Bennett, Keith P Johnston. UV-visible absorbance spectroscopy of organic probes in supercritical water [J]. J. Phys. Chem. , 98(1994): 441 ~ 447.

[6] Cochran H D. Solvation in supercritical water [J]. Fluid Phase Equilibria, 71(1992): 1 ~ 16.

[7] Daniel Sebastiani, Michele Parrinello. Ab-initio Study of NMR Chemical Shifts of Water under Normal and Supercritical Conditions [J]. ChemPhysChem, 3(2002): 675 ~ 679.

[8] Martía J, Gordillo M C. Microscopic dynamics of confined supercritical water [J]. Chemical Physics Letters, 354(2002): 227 ~ 232.

[9] Tester J W, Cline J A. Supercritical water oxidation for the destruction of toxic organic wastewaters: A review [J]. Corrosion. , 55(1999): 1088 ~ 1100.

[10] Kalinichev A G. Molecular Dynamics of Supercritical Water: A Computer Simulation of Vibration Spectra with the Flexible BJH Potential [J]. Geochimica et Comsmochimica Acta. 59 (1995): 641 ~ 650.

[11] Hoffmann M M. Are There Hydrogen Bonds in Supercritical Water ? [J] J. Am. Chem. Soc. 119 (1997): 3811 ~ 3817.

[12] Poliakoff M. Phenomenal fluids [J]. NATURE. , 412(2001): 125.

[13] Nobuyuki Matubayasi, Masaru Nakahara. Association and Dissociation of Nonpolar Solutes in Super-and Subcritical Water [J]. J. Phys. Chem. B, 104(2000): 10352 ~ 10358.

[14] Song Hi Lee. Temperature Dependence on Structure and Self-Diffusion of Water: A Molecular Dynamics Simulation Study using SPC/E Model [J]. Bull. Korean Chem. Soc. , 34 (2013): 3800 ~ 3804.

[15] Peter T Cummings. Molecular dynamics simulation of realistic systems [J]. Fluid Phase Equilibria, 116(1996): 237 ~ 248.

[16] Mizan T I, Savage P E, Ziff R M. In Innovations in Supercritical Fluids: Science and Technology [J]; K. W. Hutchenson, N. R. Foster, ACS Symposium Series 608, American Chemical Society: Washington, D. C. , (1995): 47 ~ 64.

[17] Tahmid I Mizan, Phillip E Savage, Robert M Ziff. Temperature Dependence of Hydrogen Bond-

ing in Supercritical Water [J]. J. Phys. Chem. , 100(1996): 403 ~408.

[18] Akiya N, Savage P E. Roles of Water for Chemical Reactions in High-Temperature [J]. Water. Chem. Rev. , 102(2002): 2725 ~2750.

[19] Uematsu M, Frank E U. Static Dielectric Constant of Water and Steam [J]. J. Phys. Chem. Ref. Data, 9(1980): 1291 ~1306.

[20] William L Marshall, Franck E U. Ion product of water substance, 0 ~ 1000℃, 1 ~ 10000 bars New International Formulation and its background [J]. J. Phys. Chem. Ref. Data 295 (1981): 1291 ~1306.

[21] Ming-Jer Lee, Ting-Kuei Lin. Density and Viscosity for Monoethanolamine + Water, + Ethanol, and + 2-Propanol [J]. J. Chem. Eng. Data, 40(1995): 336 ~339.

[22] Alejandro Estrada-Baltazar, Juan F J Alvarado, Gustavo A. Iglesias-Silva María A. Barrufet. Experimental Liquid Viscosities of Decane and Octane + Decane from 298. 15 K to 373. 15 K and Up to 25 MPa [J]. J. Chem. Eng. Data, 43(1998): 441 ~446.

[23] Jefferson W Tester, Paul A Webley, H Richard Holgate. Revised global kinetic measurements of methanol oxidation in supercritical water [J]. Ind. Eng. Chem. Res. , 32(1993): 236 ~239.

[24] Elvira Guàrdia, Daniel Laria, Jordi Martí. Hydrogen Bond Structure and Dynamics in Aqueous Electrolytes at Ambient and Supercritical Conditions [J]. J. Phys. Chem. B, 110 (2006): 6332 ~6338.

[25] Lamb W J, Hoffman G A, Jonas J. Self-diffusion in compressed supercritical water [J]. J. Chem. Phys. 74(1981): 6875 ~6880.

[26] Muhlbauer A, Raal J. Computational and thermodynamic interpretation of high-pressure vapour-liquid equilibrium-a review [J]. J. Chemical Engineering, 60(1995): 1 ~29.

[27] Abrams D S, Seneci F, Chueh P L. Thermodynamics of Multicomponent liquid-mixtures containing subcritical and supercritical components [J]. Industrial & Engineering Chemistry Fundamentals, 14(1975): 52 ~54.

[28] Huiqing Tang, Kuniyuki Kitagawa. Supercritical water gasification of biomass: thermodynamic analysis with direct Gibbs free energy minimization [J]. Chemical Engineering Journal, 106 (2005): 261 ~267.

[29] Dusan Kodra, Vermuri Balakotaiah. Autothermal Oxidation of Dilute Aqueous Wastes under Supercritical Conditions [J]. Ind. Eng. Chem. Res. , 33(1994): 575 ~580.

[30] Steven F Rice, Eric Croiset. Oxidation of Simple Alcohols in Supercritical Water III [J]. Formation of Intermediates from Ethanol. Ind. Eng. Chem. Res. , 40(2001): 86 ~93.

[31] Bermejo M D, Cantero F, Cocero M J. Supercritical water oxidation of feeds with high ammonia concentrations: Pilot plant experimental results and modeling [J]. Chemical Engineering Journal, 137(2008): 542 ~549.

[32] Qingqing Guan, Chaohai Wei, XinSheng Chai, et al. Energetic analysis of gasification of biomass by partial oxidation in supercritical water [J]. Chinese Journal of chemical engineering, 2014.

[33] Wooley R J, Putsche V. Development of an ASPEN PLUS physical property database for biofuel

components [J]. National renewable energy laboratory(U. S.), 1996.

[34] Kruse A, Henningsen T, Sınag A, et al. Biomass gasification in supercritical water: influence of the dry matter content and the formation of phenols. Ind. Eng. Chem. Res. , 42 (2003): 3711 ~ 3717.

[35] Holgate H R, Tester J W. Oxidation of hydrogen and carbon monoxide in sub-and supercritical water: reaction kinetics, pathways, and water-density effects. 1. Experimental results. J. Phys. Chem. , 98(1994): 800 ~ 809.

[36] Xiaodong Xu, Michael J Antal Jr. Kinetics and mechanism of isobutene formation from T-butanol in hot liquid water [J]. 40(1994): 1524 ~ 1534.

3 亚/超临界水运用于污染控制

3.1 亚/超临界水氧化

利用亚/超临界水进行有机物的氧化反应，称为亚/超临界水氧化（Sub/Super-critical Water Oxidation，简称 SCWO），通常指有机物和空气、氧气、双氧水等氧化剂在超临界水中进行氧化反应而将有机物去除的反应，如式（3-1）及式（3-2）所示。由于亚/超临界水的良好溶解效应，气体、有机物、水将完全互溶，使得 SCWO 在高温高压均相反应，反应迅速（可小于 1min），处理彻底，有机物被完全氧化成二氧化碳、水、氮气（部分生成氨氮）以及盐类等无毒的小分子化合物。无机物尤其是盐类在超临界水中的溶解度很小，因此无机盐可从水中分离出来，处理后的废水可被完全回收利用[1~3]。另外，当有机物含量超过 2% 时 SCWO 可自热进行[4~6]。这些特性使 SCWO 与生化处理法、湿式空气氧化法（Wet Air Oxidation，简称 WAO）、燃烧法等传统的废水处理技术相比具有其独特的优势，常用于处理常规方法难于处理的污染物。亚/超临界水氧化主要运用于环保领域，是目前研究最多的、应用最为广泛的一类反应过程。

$$有机化合物 + 氧化剂(O_2, H_2O_2) \longrightarrow CO_2 + H_2O \qquad (3-1)$$

$$有机化合物中的杂原子 \longrightarrow 酸、盐、氧化物 \qquad (3-2)$$

亚/超临界水氧化相关研究报道很多，涉及诸多不同典型有机物质及环境污染物。对于其实际运用，如美国用于处理国防工业废水[7~9]，典型物质如推进剂、爆炸物、毒烟、毒物及核废料等。其他国家如欧洲和日本也在极力研究 SCWO 技术[10~16]，处理的对象主要为有毒难生物降解的废水，如联苯、苯酚、硝基苯胺、有毒军用品和卤代烃废水等。部分专业公司如表 3-1 所示[17]。

表 3-1 国外超临界水商业公司

公司名	时间	合作投资商
MODAR, Inc.	1980 ~ 1996	Organo Corp.
Oxidyne Corp.	1986 ~ 1991	—
MODEC（Modell Environmental Corp.）	1986 ~ 1995	Organo Corp., Hitachi Plant Engineering & Construction, Ltd., NGK Insulators, Ltd., NORAM Engineering and Constructors, Ltd.

公 司 名	时 间	合作投资商
EcoWaste Technologies, Inc.	1990 ~ 1999	Chematur Engineering AB, Shinko Pantec (Kobelco)
General Atomics (GA)	1990 至今	Komatsu Ltd., Kurita Water Industries, Ltd.
SRI International	1990 至今	Mitsubishi Heavy Industries, Ltd.
Organo Corp.	1991 ~ 2006	
Abitibi-Price, Inc.	1992 ~ 1997	General Atomics
Turbosystems Engineering	1992 ~ 2006	—
Foster Wheeler Development Corp.	1993 ~ 2004	Aerojet Gencorp Corp., Sandia National Laboratory
NORAM Engineering and Constructors, Ltd.	1994 ~ 2004	
Hanwha Chemical	1994 至今	—
Chematur Engineering AB	1995 ~ 2007	Johnson Matthey, WS Atkins, Stora-Enso, Feralco AB
HydroProcessing, L. L. C.	1996 ~ 2003	—
Komatsu/Kurita Water Industries, Ltd.	1996 ~ 2005	
Hydrothermale Oxydation Option (HOO)	2000 ~ 2008	—
Parsons	2003 ~ 2008	
SuperWater Solutions	2006 至今	
SuperCritical Fluids International (SCFI)	2007 至今	Parsons
Innoveox	2008 至今	—

SCWO 技术的相关研究还涉及过程的化学反应机理、动力学过程。特别是为提高反应效率，研究还涉及各种催化剂的运用，催化剂涉及 TiO_2、MnO_2、V_2O_5、CuO、ZnO_2、MnO_2、Cr_2O_3、Al_2O_3、Gd_2O_3、NiO、ZrO_2 等催化剂。该领域的相关著作较多，在本章节中，将对典型物质反应过程进行深入分析，并结合亚/超临界水特性，分析 SCWO 技术的机理。

3.1.1 不同物质的亚/超临界水氧化

3.1.1.1 甲烷

在超临界水中，通常通过对甲烷的部分氧化制取甲醇。由于甲烷可通过生物发酵的方式获得，具有可再生性，因此，部分氧化制甲醇符合可再生能源的观点。在超临界水中，气体与水互溶，因此过程在均相中进行，使得反应速率增加。在甲烷制甲醇的过程中，氧与甲烷的比例是过程控制的最重要因素。

如果氧气过量，则：

$$CH_4 + 2O_2 \longrightarrow CO_2 + 2H_2O \tag{3-3}$$

在氧气不足的条件下，将发生部分氧化反应：

$$CH_4 + 1/2O_2 \longrightarrow CH_3OH \tag{3-4}$$

研究表明，如控制过程只产生甲醇，则必须严格控制氧气的含量。

Dixon 及 Abraham 研究分析了在超临界水体中 Cr_2O_3 作为催化剂的甲烷部分氧化制甲醇的过程[18]。结果表明，高水密度将抑制甲烷的转化，因此，可提高甲醇的生成率。氧气溶解度的增加，将明显减少甲醇的生成率。在部分氧化过程中，CO_2 始终是反应过程中的最主要产物，事实上，甲醇为反应过程中的中间产物，其产率与气体产物相比，其选择性仅为气体的 50%。其主要原因是在氧气过量的情况下，产生的甲醇会被进一步氧化，即：

$$CH_3OH + 3/2O_2 \longrightarrow CO_2 + 2H_2O \tag{3-5}$$

Sato 等人[19]还分析了在超临界水中，水密度变化对部分氧化甲烷转化的影响。在400℃及 O_2/CH_4 比为 0.03 时的反应过程、机理。在推流式反应器中，部分氧化的主要产物为 CO，甲醇、甲醛及少量的 CO_2 及 H_2，转化率如表 3-2 所示。水密度的增加将增加甲烷的转化率，并且，甲醛的生成率随水密度的增加也会显著增加。从其建立的机理动力学模型分析来看，主要原因为水密度的增加促进了水自由基的形成。其机理如图 3-1 所示。

表 3-2 甲烷超临界水氧化部分氧化的主要产物传化率（400℃、$0.03O_2/CH_4$）

压力 /MPa	停留时间 /s	产物得率及甲烷转化率/%						
		O_2	CO	CO_2	H_2	CH_3OH	HCHO	CH_4
20	30	2.48	0.16	0.01	0	0.17	0.17	0.51
25	29	2.51	0.38	0.02	0	0.34	0.13	0.85
30	29	2.64	0.41	0.04	0	0.22	0.51	1.18
35	29	0.81	0.75	0.12	0.11	0.50	0.88	2.25

由于超临界水的良好特性，甲烷可在超临界水中有效完全燃烧，其目的在于

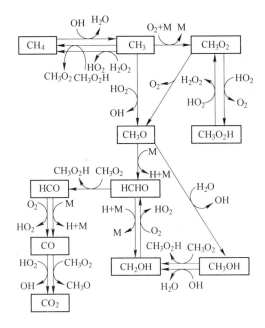

图 3-1　甲烷超临界水部分氧化的主要反应途径[19]

为超临界水甲烷燃烧发电提供基础。1992 年，Steeper 等人[20]在温度为 500℃，甲烷浓度仅为 6%（摩尔分数）的条件下，实现了甲烷在水中的有效燃烧，观察到甲烷在超临界水中的燃烧火焰。在浓度仅为 6%（摩尔分数）的条件下，甲烷的起燃温度仅为 400℃。

为深入分析过程的机理及为甲烷燃烧提供优化数据，Savage 等人[21]深入分析了甲烷在 25MPa，温度 525～587℃条件下的超临界水氧化过程的动力学模型。对于甲烷的降解规律，对实验数据拟合的动力学方程为：

$$k = \frac{-\ln(1 - X)}{\tau[O_2]^{0.66}(1 - X/R)^{0.66}} \tag{3-6}$$

甲烷事实上在超临界水中的燃烧过程极其复杂，其机理如图 3-2 所示。

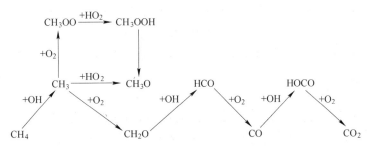

图 3-2　甲烷在超临界水中的主要氧化反应途径[21]

根据反应的主要机理，研究拟合了过程的反应机理动力学模型。将甲烷超临界水氧化反应主要的反应，归纳为如表 3-3 所示。

表 3-3　甲烷超临界水氧化反应主要的反应式

$OH + H_2O_2 = HO_2 + H_2O$	$CH_2O + HO_2 = H_2O_2 + HCO$
$OH + HO_2 = H_2O + O_2$	$CH_3 + O_2 = CH_3OO$
$H_2O_2 = OH + OH$	$CH_3 + CH_3OO = CH_3O + CH_3O$
$H_2O_2 + HO_2 = O_2 + H_2O_2$	$CH_2O + OH = HCO + H_2O$
$CH_3 + O_2 = CH_2O + OH$	$CH_3OO + OH = CH_3OH + O_2$
$CH_3 + HO_2 = CH_3O + OH$	$CH_3OO + HO_2 = CH_3OOH + O_2$
$CH_4 + OH = CH_3 + H_2O$	

在反应过程中，对反应 $R_1 \sim R_4$ 最为敏感，即过程中的氧与水形成羧基自由基过程是制约过程的最重要反应过程。

$$R_1: \qquad OH + H_2O_2 = HO_2 + H_2O \qquad\qquad (3-7)$$

$$R_2: \qquad OH + HO_2 = H_2O + O_2 \qquad\qquad (3-8)$$

$$R_3: \qquad H_2O_2 = OH + OH \qquad\qquad (3-9)$$

$$R_4: \qquad H_2O_2 + HO_2 = O_2 + H_2O_2 \qquad\qquad (3-10)$$

在超临界水氧化过程中，$525 \sim 587℃$ 及 25MPa 时，甲烷的转化率为 3% ~ 70%，如假设过程的反应速率为 1 级，预测其他反应温度、拟合的活化能为 $(150.72 + 12.56)kJ/mol$，与实验获得的 $(184.22 + 25.12)kJ/mol$ 吻合。

Savage 等人[22]还分析了甲烷/甲醇混合体系下的超临界水氧化反应动力学过程。研究表明，在 540℃ 及 27.3MPa 时，甲醇的存在加速了反应的转化过程。在停留时间 1.3 ~ 1.4s 时，甲烷的转化率为 8%，而当甲醇加入量为甲烷的 5 倍时，甲烷转化率为 40%，13 倍时甲烷的转化率为 50%。机理动力学拟合过程能有效描述上述物质的转化过程，因此，甲醇加速甲烷转化的主要原理解释为乙醇在水中的易于有效燃烧，加速了反应中间产物如 HO_2 及 OH 自由基的形成，而这些中间产物同样能有效氧化甲烷，因此使得其燃烧速率加速。可推论，在超临界水中，如存在难燃烧物质，可加入易燃烧物质进行助燃，提高难降解物质的燃烧速率。该推论将在多氯联苯（PCBs）降解中得到进一步验证。

3.1.1.2　甲醇/乙醇

由于甲醇物质简单，因此，常用于研究在超临界水中物质的氧化机理。对甲醇的超临界水氧化方面的论文较多，如在无催化剂条件下，大量的研究分析了不同温度、压力对甲醇氧化的影响；其他研究分析了在不同条件下，甲醇超临界水氧化的一般动力学过程；部分研究还分析了在混合双物质体系下的甲醇氧化过程。在 2005 年，麻省理工大学 Tester 教授课题组[23]综述了甲醇在超临界水中的氧化过程、动力学及机理，部分研究如表 3-4 所示。

表 3-4 甲醇超临界水氧化部分研究

文献	温度/℃	压力/MPa	浓度/mmol·L^{-1}	时间/s	氧化剂	O$_2$/MeOH/mol·mol^{-1}	反应器
[24]	424~544	24.6	1.3~5.7	6.9~10.3	O$_2$	0.45~2.71	2170~3330
[25]	440~500	24.1	41~51	0.17~2.88	H$_2$O$_2$	1.76	3200~15600
[25]	430~500	27.4	0.38~51	7.0	H$_2$O$_2$	2.25	8500~12800
[26]	502~559	24.9	0.45~1.21	0.41~1.27	O$_2$	3.1~12.3	不明确
[26]	524~589	24.9	0.47~0.79	0.09~3.65	H$_2$O$_2$	2.8~11.0	不明确
[27]	480~550	24.2~27.0	1.8~2.0	1.8~10	H$_2$O$_2$，O$_2$	0.96~3.05	2100~8600
[27]	423~503	26.9	0.4~18	6~8.3	H$_2$O$_2$，O$_2$	1.9~2.8	不明确
[27,28]	500	24.6	1.9	1~9	H$_2$O$_2$，O$_2$	0.33~3.0	1870~5340
[29]	442~574	27.6	10~16	6.9~30.2	H$_2$O$_2$	3.0	2000~7350
[30]	400~500	25.3	45~83	3.3~49	H$_2$O$_2$	1.8	不明确
[31]	331~443	23.8~28	1~2.6	150~798	H$_2$O$_2$	1.5~2.1	57000
[32]	520	25	不明确	Ca. 6	H$_2$O$_2$	1.95	不明确
[32]	525	25	不明确	Ca. 6	H$_2$O$_2$	1.95	不明确
[33]	435，450	25	363，333	12	空气	2.5	不明确
[34]	420	25	181	14~43	空气	1.5	不明确
[35]	373，430	25.0	292，70	0.7~11	H$_2$O$_2$	1.0	不明确
[36]	390~430	24.6	33~277	0.7~30.9	H$_2$O$_2$	1.9，5.9	>1000
[37]	400~500	25.0	5.4~25	8~40	O$_2$	2.25~4.5	300~1700
[38]	900~1100	25.0	16.5%，25%（质量分数）	0.02~0.05	O$_2$	2.25Ca.	104
[39]	800~1100	25.0	4~25wt.%	Ca. 0.03	O$_2$	2.0~11.9Ca.	104
[40]	400	25，30，40	150~170	120~540b	O$_2$	3.0	数据可运行性不强
[41]	300	Ca. 15	115	600，1800	O$_2$	10	数据可运行性不强
[42]	425，450，475	30	10~165	2.5~3.6	H$_2$O$_2$	0.03~1	数据可运行性不强

注：反应器对于推流式及搅拌式反应器均为内径。Ca 为预热时间（60s）已从总停留时间减去。

由于动力学方程是设计反应器的基础，因此，研究归纳了不同过程的动力学过程，为研究的运用提供了基础。对于推流式反应器，动力学方程为：

$$k_{PF} = \frac{1}{\tau}\ln\left(\frac{1}{1-X}\right) \tag{3-11}$$

对于连续搅拌式反应器，动力学方程为：

$$k_{CSTR} = \frac{1}{\tau}\left(\frac{X}{1-X}\right) \tag{3-12}$$

部分研究拟合的动力学速率方程如图 3-3 所示。

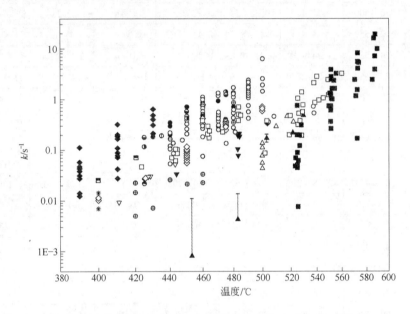

图 3-3　不同温度下的一级甲醇转化率动力学速率常数[23]

注：Data: Solid squares: Brock et al. [26], H_2O_2 data; open squares: Brock et al. [26], O_2 data; circles center dot: Rice and Steeper[29]; open circles: Rice et al. [25], 1.5%（质量分数）Raman data; solid circles: Rice et al. [25], 0.39% and 1.2%（质量分数）GC data; crossed circles: Rice et al. [25], 0.011% and 0.056%（质量分数）GC data; open squares center dot: Phenix[27], narrow bore mixing cross; open up triangles: Phenix[27], wide bore mixing cross; solid down triangles: this work; solid up triangles: Webley[24], Tester et al. [43]; open diamonds: Anitescu et al. [30]; open down triangles: Marrone[31]; filled diamonds: Koda et al. [44]; stars: Watanabe et al. [40]; horizontal half-filled squares: Lee and Foster[37]; horizontal top-filled circles: Broll[42], 0.22%（质量分数）data; vertical half-filled circles: Broll[42], 1.8%（质量分数）data; horizontal bottom-filled circles: Broll[42], 3.6%（质量分数）data; circle with vertical line: Kruse and Schmieder[33]; circles with horizontal line: Kruse et al. [34].

在甲醇的亚/超临界水氧化过程中，还涉及其他反应过程。如在甲醇的氧化过程中，同时还将生成二甲醚酯。即在酸的脱水催化作用下，甲醇间相互作用，生成了二甲醚酯及水，反应为：

$$2CH_3OH \longrightarrow CH_3OCH_3 + H_2O \tag{3-13}$$

该反应如在固体酸（H-ZSM-5，γ-Al_2O_3）的催化作用下，反应将显著。研究表明，在亚临界水中，此时水的电离常数为 $10^{-11}mol^2/kg^2$，因此，水中能电离出更多的氢离子，使得在亚临界状态时，将发生酸性的催化作用，促进酯化反应的进行。并且，由于甲醇本身具有一定的酸性，在水中将发生电离作用：

$$CH_3OH + H_2O \rightleftharpoons CH_3O^- + H_3O^+ \tag{3-14}$$

$$K_a = 10^{-15.5}mol/L(25℃) \tag{3-15}$$

因此，在甲醇浓度高的情况下，将更易发生酯化反应，促进二甲醚酯的生成。

在甲醇的亚/超临界水氧化过程中，特别是在氧化物不过量的情况下，还将存在显著的水解及热解过程。主要原因是由于水的存在，参与到反应过程中，因此，在氧化过程的同时还将发生水解及热解反应。水解反应过程中，主要生成甲醛及少量的甲酸，反应过程为：

$$2CH_3OH \longrightarrow 2HCHO + 2H_2 \longrightarrow CH_3OCHO + 2H_2 \tag{3-16}$$

$$CH_3OCHO + H_2O \longrightarrow CH_3OH + HCOOH \tag{3-17}$$

而在高温系统中，中间产物不稳定，将发生反应：

$$HCOOH \longrightarrow CO_2 + H_2 \tag{3-18}$$

因此，过程可认为：

$$CH_3OH + H_2O \longrightarrow CO_2 + 3H_2 \tag{3-19}$$

当然，由于在高温、高压系统中，气体间会相互反应，因此，反应方程可归纳为：

$$3CH_3OH + H_2O \longrightarrow 2CO_2 + CH_4 + 5H_2 \tag{3-20}$$

甲醇的氧化过程事实上非常复杂，不同反应类型也将影响反应的动力学过程。研究表明，使用短圆柱反应器，有助于提高反应过程中的轴向物质扩散，从而有利于高浓度物质的转换，加速反应的速率。另外，镍合金反应器在反应过程中具有催化作用，能加速反应的进行。

部分研究分析了乙醇的超临界水氧化过程。乙醇较甲醇在亚/超临界水中更易于被氧化。Hayashi 等人[45]的研究表明，在乙醇/甲醇的共氧化过程中，乙醇/甲醇的浓度比值将影响反应的速率。在520~530℃的超临界水中，甲醇的降解速率随着其浓度比值的增加而减少。对过程的基本动力学分析研究表明，由于乙醇更易被氧化，乙醇的存在使得 OH 自由基反应增强，加速了反应的过程。

Hirosaka 等人[46]曾经分析了乙醇的亚/超临界水氧化动力学模型。在推流式反应器中，170~230℃及压力为23.5MPa时，反应与氧的浓度相关。对过程进行动力学拟合，方程为：

$$-\frac{d[EtOH]}{dt} = 10^{2.05\pm0.24} \times \exp\left(\frac{-61.1\pm3.1}{RT}\right)[EtOH]^{0.86\pm0.03}[O_2]^{1.15\pm0.05}$$

而在超临界水中，水的特性变化，自由基反应的增强，也使得速率显著增强。在433~494℃及压力为24.6MPa时，拟合的动力学方程为：

$$-\frac{d[EtOH]}{dt} = 10^{17.23\pm1.65} \times \exp\left(\frac{-214\pm18}{RT}\right)[EtOH]^{1.34\pm0.11}[O_2]^{0.55\pm0.19}$$

从反应指数来看，在亚临界水中，氧的指数高于乙醇的指数，而在超临界水中，乙醇的指数高于氧的指数。在亚临界水中，反应过程以氧的直接氧化作用为主，因此使得过程对氧更依赖。而在超临界水中，以 OH 自由基的氧化作用为主，也使得该过程对氧的依赖性减弱。动力学拟合数据再次说明了在亚临界状态及超临界水状态下，氧化过程存在显著的差异。

3.1.1.3　氯合物

氯代有机化合物由于其毒性对环境具有持久性、稳定性，因此成为环境污染控制的重要对象。氯化合物种类繁多，典型的有四氯甲烷、氯酚、三氯乙烯及氯聚合物等，其中，多氯联苯（Polychlorinated Biphenyls，简称 PCBs）由于其对环境具有持久性，属于致癌物质，容易累积在脂肪组织，可造成脑部、皮肤及内脏的疾病，并影响神经、生殖及免疫系统，因此，为最受关注的环境控制污染物之一[47~50]。

PCBs 是在金属催化剂的作用下经高温氯化生成的氯代物，分子式为 $C_{12}H_mCl_n$($m=0~10$，$n=10~m$)，由于氯原子取代数和取代位置的不同，有209种不同种类，可参见百度百科[51]。

PCBs 结构稳定，部分 PCBs 具有高毒性，主要应用于农药、阻燃剂和变压器油（阻燃）等[52]。PCBs 远在 1929 年开始商业生产，但由于产生的环境问题显著，1976 年美国国会首先禁止其生产与使用[53]。之后，发达国家陆续在 1977 年后停产，但至 1980 年世界各国生产 PCBs 总量近 150 万吨。而我国禁止时间较晚，且历年累计产量近万吨[54]。

处理 PCBs 目前仍是一个技术难题。如常用的焚烧法主要用来处理有毒难降解的有机物，但 PCBs 本身可用作阻燃剂，性质稳定，且在焚烧过程中易产生剧毒副产物如 PCDDs 和 PCDFs 等，故焚烧法处理 PCBs 存在技术缺陷[55]。另外，报道的其他处理方法包括：生物降解[56]、紫外光等[57]，但由于效率、副产物等问题存在一定短板。

亚/超临界水氧化因能与大部分有机物互溶，使反应体系相界面消失，从而能实现更高效率的处理。目前，氯化物如氯酚、PCBs 等的超临界水氧化已有相关报道[58~60]。1982 年 Modell 等[61]报道了温度 783K、压力 25.3MPa 及停留时间 222s 时，PCBs 的处理效率达到 99.99%。Hatakeda 等[62]研究了氯联苯和多氯联苯混合物的 SCWO 反应过程，利用 H_2O_2 为氧化剂时其去除率近 99.999%。Crain 等[63]分析了 SCWO 处理污泥中痕量的 PCBs，去除率达到 99.9%。目前，已有几套处理量 1~10t 处置高危险废物等的 SCWO 装置，对 PCBs 等有机物去除效率达到 99.9% 以上[64]。

韦朝海等人[65]综述了 PCBs 的 SCWO 相关技术，详尽分析了 PCBs 的 SCWO 降解相关技术。在 PCBs 的 SCWO 的降解过程中，其中羧基自由基反应为氧化的主要反应过程。如 2,2′,4,4′,5,5′-六氯联苯和 2,2′,3,3′,4,4′,5,5′,6,6′-十氯联苯的 SCWO 氧化过程表明，羧基自由基的氧化过程显著，羟基化的 PCBs 是 SCWO 条件下 PCBs 的初步降解产物。该过程为一单分子亲核反应，并且羟基化的 PCBs 比原来的 PCBs 更易于进一步氧化，但羟基化的 PCBs 经缩合反应则如未进一步被自由基氧化，则易形成 PCDFs，如下式所示。

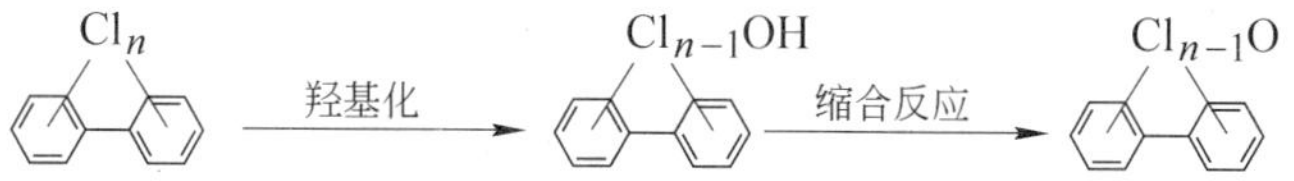

其他研究以 2,2′,3,3′,4,4′,5,5′,6,6′-十氯联苯为模型产物，提出了其 SCWO 的可能反应机理，反应路径如图 3-4 所示。如前所示，超临界水氧化过程中，存在氧自由基的 $R_1 \sim R_4$ 反应过程：

$$R_1: \qquad OH + H_2O_2 =\!\!=\!\!= HO_2 + H_2O \qquad\qquad (3-21)$$

$$R_2: \qquad OH + HO_2 =\!\!=\!\!= H_2O + O_2 \qquad\qquad (3-22)$$

$$R_3: \qquad\qquad H_2O_2 =\!\!=\!\!= OH + OH \qquad\qquad (3-23)$$

$$R_4: \qquad H_2O_2 + HO_2 =\!\!=\!\!= O_2 + H_2O_2 \qquad\qquad (3-24)$$

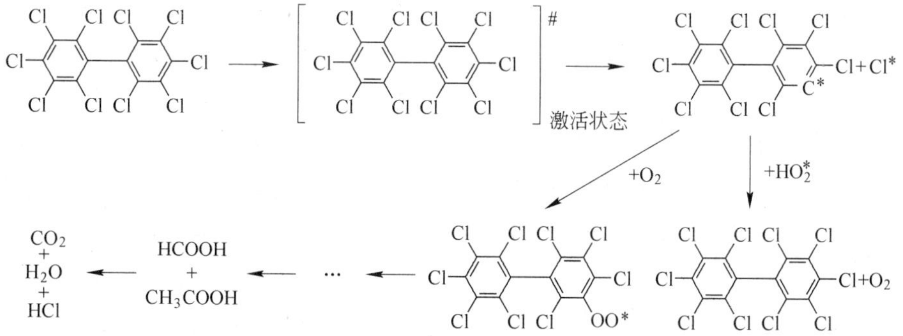

图 3-4 2,2′,3,3′,4,4′,5,5′,6,6′-十氯联苯的 SCWO 氧化途径[66]

在 HO 自由基存在时，十氯联苯首先形成活化基团，然后生成九氯联苯自由基和 Cl 的自由基，之后九氯联苯自由基将与 HO 自由基发生反应生成九氯联苯和 O_2。但九氯联苯仅为中间产物，将继续被氧化降解，生成中间产物如甲酸、乙酸等，这些小分子中间产物最后转变为 CO_2、H_2O 及 HCl。

HCl 主要由 Cl· 与 OH· 结合生成，如式（3-25）所示：

$$Cl· + HO· \longrightarrow HClO \longrightarrow HCl + 0.5O_2 \tag{3-25}$$

由于反应在均相中进行，因此研究认为反应过程产生的 HCl 在 SCW 中与 O_2 发生的反应为可逆反应。从而 Na_2CO_3 的加入可中和反应产生的 HCl 且使 Cl 以 NaCl 的形式沉淀下来，因此抑制逆反应。研究推断 Na_2CO_3 是加快 PCBs 的 SC-WO 过程效率的最主要原因之一，可能是 NaOH 或 Na_2CO_3 的加入中和了过程产生的 HCl，抑制了可逆反应的进行[66]。

其他氧化剂的使用也能有效在超临界水中实现对 PCBs 的有效氧化。如 Lee 等人[67]以 $NaNO_3$ 和 $NaNO_2$ 为氧化剂，研究 PCBs 及 4-DCBz 的 SCWO 过程，研究表明，在反应温度高于 723K、反应时间 30min 以上，PCBs 的有效去除率及 TOC 去除率均高于 99.95%。反应过程中，产物主要为 CO_2 和 N_2，同时还产生少量的 NO、NO_2。根据反应的中间产物，研究推断在反应过程中 $NaNO_2$ 和 $NaNO_3$ 并未直接通过热解提供 O_2，而可能是通过 $NaNO_2$ 及 $NaNO_3$ 的还原促进 PCBs 的氧化，如式(3-26)~式(3-29)所示：

$$NaNO_3 + 5H^+ + 5e \longrightarrow 1/2N_2 + NaOH + 2H_2O \tag{3-26}$$

$$NaNO_2 + 3H^+ + 3e \longrightarrow 1/2N_2 + NaOH + H_2O \tag{3-27}$$

$$5C_6H_4Cl_2 + 26NaNO_3 \longrightarrow 30CO_2 + 13N_2 + 10NaCl + 16NaOH + 2H_2O \tag{3-28}$$

$$3C_6H_4Cl_2 + 26NaNO_2 + 4H_2O \longrightarrow 18CO_2 + 13N_2 + 6NaCl + 20NaOH \tag{3-29}$$

另外，研究表明，CH_3OH 的加入，能有效促进 PCBs 的降解[68]。当 CH_3OH 的含量从 0 上升到 15% 时，PCBs 的降解速率会明显随着 CH_3OH 的含量增加而加快。如 Anitescu 等人[69]以 CH_3OH 为 PCBs 的溶剂，对 PCBs 进行 SCWO 反应，研究表明 CH_3OH 不仅具有助溶作用，同时还起到加快 PCBs 降解速率的作用。在反应温度 673~789K、压力 25MPa、停留时间 1~54.4s 条件时，PCBs 单体及其混合物的 SCWO 反应过程的氧化速率不同，当存在 CH_3OH 时，反应的活化能从 320~330kJ/mol 降至 280~292kJ/mol，从而实现反应效率的提高。反应的降解路径如图 3-5 所示。

Anitescu 等人[70]研究结果表明，在与 Modell 报道的相同反应条件下，存在 CH_3OH 时，仅 10s 就可以取得与 Modell 222s 反应时间相同的实验结果。主要机

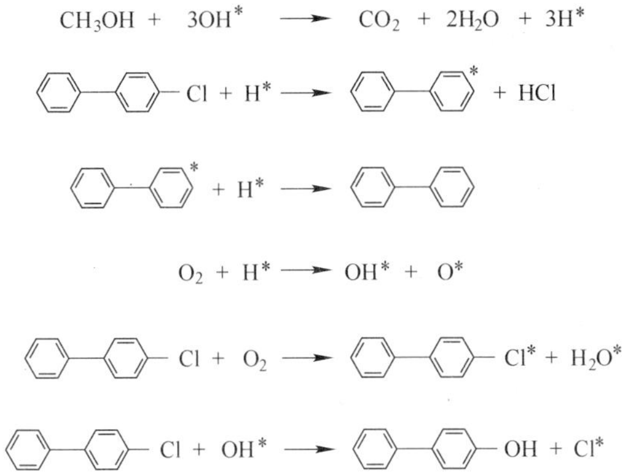

$$CH_3OH + 3OH^* \longrightarrow CO_2 + 2H_2O + 3H^*$$

[图：苯环-苯环-Cl + H* → 苯环-苯环* + HCl]

[图：苯环-苯环* + H* → 联苯]

$$O_2 + H^* \longrightarrow OH^* + O^*$$

[图：苯环-苯环-Cl + O₂ → 苯环-苯环-Cl* + H₂O*]

[图：苯环-苯环-Cl + OH* → 苯环-苯环-OH + Cl*]

图 3-5 CH₃OH 与 PCBs 共 SCWO 降解过程主要路径[69]

理最可能为 CH₃OH 的存在, 促进了自由基的反应。即在 PCBs 的 SCWO 降解过程中, 图 3-4 中前 4 个反应为 CH₃OH 存在时 SCWO 处理 PCBs 的自由基链机制反应, 在反应过程中, 自由基的作用为 PCBs 脱氯的最主要途径之一, 因此, CH₃OH 可能加速了自由基的反应。

当然, 也存在其他学者的其他观点。如 O'brien 等人[71]对这一自由基反应机制提出质疑, 认为 CH₃OH 作为共反应物能提高 PCBs 的 SCWO 反应效率并不是 CH₃OH 被氧化产生自由基导致其脱氯速率提高, 而可能为 CH₃OH 被氧化过程中放出大量的热量, 使反应过程温度升高而促进了 PCBs 的降解。事实上, 后期的数据检测表明, CH₃OH 的加入未升高反应的温度, 同样也促进了 PCBs 的降解。如 Savage 等人[72]分析 CH₃OH 促进甲烷有效降解的机理模型表明, CH₃OH 作为共反应物提高了过程中的自由基反应过程, 因此, 加速了甲烷的降解速率。结合 SCWO 反应机理, 因此, CH₃OH 作为共反应物能提高 PCBs 的 SCWO 反应效率机理依然加速了过程中的自由基反应。

其他研究[73~75]还以 CH₃OH 为共反应溶剂、H₂O₂ 为氧化剂, 研究了 Aroclor1248、3,3′,4,4′-四氯联苯、4-氯联苯的超临界水氧化反应机理和动力学。当氧化物过量 20% 以上时, 反应符合二级反应动力学模型, 且与氧浓度无关。在反应前期以中间产物的产生为主, 而后期则以中间产物的降解为主; 反应产物主要包括联苯、低氯 PCB 异构体、CO 和 CO₂。其中, 中间产物联苯的超临界水氧化降解路径如图 3-6 所示。

PCBs 的氧化降解过程为复杂的化学过程, 过程中不仅有最终的产物如水、二氧化碳及盐酸等, 还存在产生其他中间产物的可能。PCBs 的焚烧处理过程中可能产生如 PCDDs、PCDFs 等剧毒污染物, 其毒性远高于 PCBs 本身。Hatakeda 等人[76]在反应温度 473~723K、压力 30MPa 条件下分析了 3-氯联苯的氧化反应,

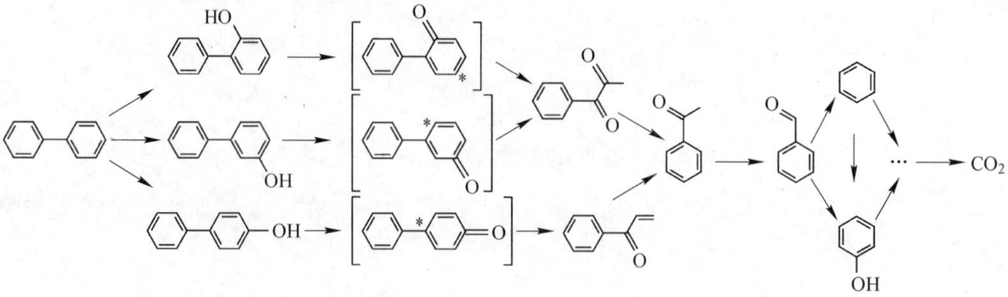

图 3-6 联苯的超临界水降解路径[73]

发现也存在 PCDFs 副产物。但当 CH₃OH 共反应时，SCWO 处理 PCBs 过程中未发现 PCDDs 和 PCDFs 等副产物。其主要原因可能为 CH_3OH 共反应时，与纯 PCBs 或其水溶液相比 SCWO 反应的自由基反应更强烈，而强自由基作用能避免 PCDFs 和 PCDDs 的产生。当然，研究还表明 PCDFs 能在更严格的条件下（如更高反应温度、更长停留时间）与 PCB 混合物一起分解去除，因此，SCWO 可成为 PCBs 的有效处理方式。

当然，腐蚀性是 SCWO 处理过程中重要的控制与防治缺点[77~79]。尤其在 SCWO 处理含氯化合物的过程中，可知，将产生大量的 HCl，而 HCl 的生成使腐蚀更为严重。因此，部分研究[80,81]考虑了在 SCWO 过程中 Na_2CO_3 对酸的中和作用，研究同时表明，Na_2CO_3 不仅能中和反应产生的 HCl，缓和反应器腐蚀，还起到催化作用。如在 2-氯酚的 SCWO 过程中，Na_2CO_3 作为催化剂能促进反应的进行，并且 Na_2CO_3 的催化作用使得反应活化能从 48.3kJ/mol 下降到 10.25kJ/mol。其他的研究结果相似[82]，如十氯联苯在 SCW 中的分解和氧化降解，在过氧 225%、温度 723K、压力 31.8MPa、反应时间 1200s 时，无 Na_2CO_3 的作用十氯联苯去除率为 99.2%，且 HCl 对反应器的腐蚀作用严重。但加入 Na_2CO_3 后，过氧量 93% 时十氯联苯的去除率就可达到 99.7%，且降低了腐蚀，在过氧量 160% 时十氯联苯被彻底降解。Na_2CO_3 等具有缓解反应器的腐蚀作用，并且通常在超临界水中，盐类为粒径 1nm 或更小的颗粒，因此以细小颗粒沉积下来，并可附着在反应的表面，在超临界状态下保护反应器的表面，从而为腐蚀物（如 HCl）提供了吸附点，保护了反应器壁，极大地缓解了反应器的腐蚀作用。

3.1.1.4 氮化合物

在超临界水氧化过程中，氮化物的降解是污水处理关注的另外一个重要方向。Killilea 等人[83]报道了氮化物在 23MPa，氧量 2MPa 时 N 的超临界水氧化过程的转化规律。结果表明，尽管氮化物本身存在差异，但在超临界水氧化过程中，产物中 N 的最终形态依然是 N_2。由于 N_2 和 O_2 在超临界水中的氧化反应速率缓慢，因此，产生的 NO_x 量非常有限。

由于物质的性质本身的差异，也使得不同氮化物的超临界水氧化过程及效率存在差异。Segond 等人[84]以氨为模型产物，详尽分析了氨的超临界水氧化过程、机理及动力学。在实验的过程中，研究采用了两种不同表面积与体积比的不锈钢推流式反应器，在温度 803 ~ 903K 间，压力为 14 ~ 28MPa，反应时间 1min 左右及氧气量为 53% ~ 267% 时氨的亚/超临界水氧化过程。在反应过程中，氮是最主要的产物，其他产物还包括氮氧化物及硝酸盐。氨的超临界水氧化过程转化规律如式(3-30) ~ 式(3-33)：

$$2NH_3 + 3/2O_2 \longrightarrow N_2 + 3H_2O \tag{3-30}$$

$$2NH_3 + 2O_2 \longrightarrow N_2O + 3H_2O \tag{3-31}$$

$$2NH_4^+ + 2OH^- + 2O_2 \longrightarrow N_2O + 5H_2O \tag{3-32}$$

$$NH_4^+ + 2OH^- + 2O_2 \longrightarrow NO_3^- + 3H_2O \tag{3-33}$$

实验结果表明，反应器器壁对氨的氧化有催化作用。在反应器器壁与容积比较小时，可采用拟合的动力学方程：

$$-\frac{d[NH_3]}{dt} = A \times \exp\left(\frac{-E}{RT}\right)[NH_3]^a[O_2]^b[H_2O]^c \tag{3-34}$$

动力学拟合参数如表 3-5 所示，表中其他对比研究分别为 Webley 及 Goto 的拟合结果[85,86]。由于反应器 S/V 的比值不同，也使得过程的催化效率及催化作用比存在差异，使得其动力学过程存在差异。

表 3-5　氨超临界水氧化动力学拟合参数

参　数	S/V 比值/mm^{-1}			
	Webley	Gota	Segond	
	2. 34	0. 57	4	1. 85
A	$10^{6.5 \pm 3.6}$	$10^{5.58}$	$10^{8.6 \pm 0.04}$	$10^{7.06 \pm 0.04}$
E_a/kJ·mol^{-1}	156. 9 ± 64. 85	139	166 ± 0.61	146. 2 ± 0. 65
a	0. 76 ± 0. 43	1	0. 9 ± 0. 01	0. 82 ± 0. 01
b	0. 76 ± 0. 43	0	0. 06 ± 0. 01	0. 1 ± 0. 01
c	未拟合	未拟合	- 0. 14 ± 0. 04	- 0. 4 ± 0. 06
拟合相关性	0. 65		0. 75	0. 70

从表 3-5 可知，在氧气过量的情况下，氧的浓度对过程的影响较小，通常可认为是零级反应。并且，随着反应器器壁表面积与反应器体积的比值增加，反应过程中，器壁的催化效应将随着比值的增加而更为显著。当反应器器壁表面积与

反应器体积的比值增加到一定数值时，器壁的非均相催化效应将变得显著，在 Segond 的实验结果中，反应器器壁表面积与反应器体积的比值高于 0.8 时，反应器器壁的催化效率显著。

当然，不同金属器壁材质对氨氧化的催化效应也存在差异。在 230℃时，研究发现表明，不同金属氧化物的催化效应活性排列顺序[87]为：$MnO_2 > NiO > Fe_2O_3 > MoO_3$。因此，镍合金金属器壁的催化效率要高于不锈钢反应器材质的反应器。

因此，如考虑反应器的催化效应，反应的动力学关系可描述为：

$$k = k_h + k_w(S/V) \tag{3-35}$$

将方程写为阿伦尼乌斯公式的形式：

$$rate = \left[A_h \exp\left(\frac{-E}{RT}\right) + A_w \exp\left(\frac{-E}{RT}\right)\left(\frac{S}{V}\right) \right] [NH_3]^a [O_2]^b [H_2O]^c \tag{3-36}$$

方程能非常有效拟合 Segond 的实验结果，其动力学参数如表 3-6 所示。

表 3-6　氨超临界水氧化器壁催化动力学方程拟合参数

参　数	均　相　反　应	非均相（器壁催化）反应
A	$10^{6.9}$	$10^{4.47 \pm 0.03}$
$E_a/kJ \cdot mol^{-1}$	220.83	98.7 ± 0.54
a		0.98 ± 0.01
b		0.09 ± 0.01
c		-0.49 ± 0.05

Dell' Orco 等人[88]报道硝酸盐与氨共存时的超临界水反应过程。在 $3 \times 10^7 Pa$ 及温度为 450～530℃间时，反应过程的主要产物包括氮气体，剩余硝酸、亚硝酸盐类及氮氧化物。在超临界水反应过程中，存在 NO_2，NO 及 NH_2 的自由基作用机理。总反应式为：

$$6NO_2 + 8NH_3 \Longrightarrow 7N_2 + 12H_2O \tag{3-37}$$

$$2NO_2 + 2NH_3 \Longrightarrow N_2 + N_2O + NH_4NO_3 \tag{3-38}$$

因此，当 NO_2/NH_3 的比值为 1.33 时，反应主要生成的产物为氮气以及水。在 342～387℃间，Bedford 及 Thomas[89]的研究表明，反应存在强的自由基作用，该反应过程的自由基作用原理可表述为：

$$NH_3 + NO_2 \Longrightarrow NH_2 \cdot + HNO_2 \tag{3-39}$$

$$NH_2 \cdot + NO_2 \Longrightarrow NH \cdot + HNO_2 \tag{3-40}$$

$$NH \cdot + NO_2 \Longrightarrow HNO + NO \tag{3-41}$$

$$2NHO \Longrightarrow N_2O + H_2O \tag{3-42}$$

$$NH_2 \cdot + NO \Longrightarrow N_2 + H_2O \tag{3-43}$$

在反应过程中，由于为高温高压系统，通常物质如 HNO_2 不稳定，也使得反应 NO_2/NH_3 的比值成为控制气态产物的重要指标。

另外，在反应过程中，也同样牵涉到硝酸、亚硝酸盐及酸间的作用。在反应过程中，存在物质的水解过程，其中，$HONO_3$ 为可能的过渡态，最典型反应过程机理为：

$$MNO_2 + HX \Longrightarrow HONO_2 + MX \tag{3-44}$$

$$MONO + HX \Longrightarrow HONO + MX \tag{3-45}$$

$$HONO \Longrightarrow HO \cdot + NO \tag{3-46}$$

$$HONO_2 \Longrightarrow HO \cdot + NO_2 \tag{3-47}$$

$$OH \cdot + NH_3 \Longrightarrow NH_2 \cdot + H_2O \tag{3-48}$$

$$NO_2 + M \Longrightarrow NO + M + O \cdot \tag{3-49}$$

$$NH_2 \cdot + NO \Longrightarrow N_2 + H_2O \tag{3-50}$$

$$NH_2 \cdot + NO_2 \Longrightarrow N_2O + H_2O \tag{3-51}$$

由于存在自由基的作用，而自由基如 $OH \cdot$ 呈现强的氧化性，是产生相关气体如 NO 的重要原因。

Oe 等人[90]分析了氨与甲醇混合体系中氨的超临界水氧化过程。在温度 56 ~ 387℃，压力为 25MPa 时，甲醇对氨的氧化过程及最终产物存在显著的影响。当加入甲醇时，在其起始溶度为氨溶度的两倍左右，其中产物 N_2O 的产生量增加了约 4 倍。而在液相产物中，通常不能稳定存在的 NO_3^- 也大幅度增加，约占所有氮含量的 0.2。事实上，甲醇的浓度增强了超临界水氧化过程中的自由基作用，尽管 N_2 通常难于被氧化，但事实上，由于甲醇的存在，自由基作用的增强使得 N_2 被氧化，产生了不同气体组分，甚至最终被氧化为 NO_3^-。特别是在高甲醇浓度条件下，如甲醇的起始浓度为氨浓度的 2 ~ 6 倍时，NO 及 NO_2 也随着产生。尽管实验寻求了有效控制氮氧化物的手段，但在甲醇共存的条件下，强自由基作用使得氨超临界水氧化过程的有效产物不再为氮，因此进行分步处理更有利于氨的氧化。即当高浓度有机物存在时，需进行两步氧化，第一步低温氧化有机物，之后，再氧化氨，该方法可能是有效处理高浓度易氧化有机物与氨共存体系的有效方式。

催化剂的作用能有效提高氨的氧化速率。如 Ding 等人[91]的研究表明，催化剂如 MnO_2/CeO_2 在温度 410 ~ 470℃，压力为 27.6MPa 时，能有效提高氨的氧化速率，并且最终的主要氨氧化产物为氮气。如在温度为 450℃，停留时间仅为

0.8s，氨的氧化去除率能达到40%。而在无催化剂时，温度在680℃，压力为24.6MPa及停留时间仅为10s时，氨的超临界水氧化效率仅为10%左右。在催化剂表面，发生的催化机理推测为：

$$2MnO_2 \longrightarrow Mn_2O_3 + O^* \qquad (3-52)$$

$$Mn_2O_3 + 2CeO_2 \longrightarrow 2MnO_2 + Ce_2O_3 \qquad (3-53)$$

$$Ce_2O_3 + 1/2O_2 \longrightarrow 2CeO_2 \qquad (3-54)$$

可采用拟合的动力学方程为：

$$-\frac{d[NH_3]}{dt} = 1.14 \times 10^{14} \exp\left(\frac{-189}{RT}\right)[NH_3]^{0.63}[O_2]^{0.71} \qquad (3-55)$$

当然，催化剂在使用过程中将逐渐失效，主要是随着催化剂的使用，比表面积将不断减少，并且在高温过程中，催化剂的晶体结构也将会发生改变。

Lee 等人[92]曾分析了硝基苯在超临界水中的非氧化过程及氧化过程及动力学。在温度为440~550℃之间，水密度为0.09~0.23g/mL时，在未添加氧时，硝基苯最终的水解产物为苯及硝酸根，其中，降解的活化能为(68.0±9)kJ/mol，不能实现硝基苯的有效降解。当有氧存在时，氧增强了反应的过程，最主要的产物为二氧化碳及氮气，同时，也存在部分中间产物如苯胺、苯酚、呋喃等。

Aymonier 等人[93]曾分析含氮农药非草隆（Fenuron）的亚/超临界水氧化过程。在温度200~540℃之间，压力为25MPa及停留时间为20~410s之间，对化合物的去除效率为70%（200℃）及99.92%（540℃）之间。非草隆（Fenuron）中的氮被首先转化为氨氮类化合物，之后被部分氧化为硝酸盐或亚硝酸盐。之后，氨氮、硝酸盐及亚硝酸盐进一步反应，最终生成了气体氮。如在温度为540℃，压力为25MPa及停留时间为39s时，非草隆几乎完全被降解为水、二氧化碳及氮气。其典型反应途径如图3-7所示[93]。

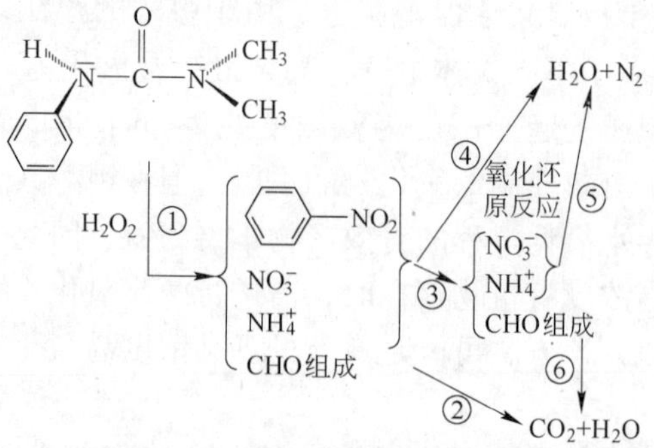

图3-7　含氮农药非草隆的亚/超临界水氧化反应途径

事实上，超临界水氧化过程为高效的氮有机物降解过程。Pérez 等人[94]曾分析了中试规模的苯酚及 2,4-硝基苯的超临界水氧化过程（氧化剂为双氧水）。在温度 666~778K，压力为 25MPa 及停留时间为 40s，氧过量 0%~34%时，苯酚的去除率为 94%~99.98%。对总 TOC 的去除，在 75%~99.7%间。在高 2,4-硝基苯含量时，如 2.4%2,4-硝基苯（质量分数）时，在温度 780K，压力 25MPa 及停留时间为 43s，氧气高过氧倍数时，2,4-硝基苯的有效去除率可高达 99.9996%，TOC 的有效去除率可高达 99.92%。研究同时表明，如同时存在氨时，在高浓度有机物存在时，氨的去除率将受到抑制，其去除率为 15%~50%左右。

超临界水氧化氮类化合物的相关技术已有相关运用。如 Crooker 等人[95]报道分析超临界水处理海军危险废料（含氮化合物、氯化物等）的工程运行状况。其物料量可达到 145kg/h，在操作压力为 26.3MPa 及温度 750℃时，可实现有机物的几乎完全降解。

3.1.1.5　苯类及酚类

苯（Benzene，C_6H_6）是一种最常见的工业污染物，也是典型的化合物。在常温下为一种无色、有甜味的透明液体，并具有强烈的芳香气味。苯可燃，低毒，也是一种致癌物质。苯是一种碳氢化合物也是最简单的芳烃。它难溶于水，易溶于有机溶剂，本身也可作为有机溶剂。苯是一种石油化工基本原料。苯的产量和生产的技术水平是一个国家石油化工发展水平的标志之一[96]。苯具有的环系叫苯环，是最简单的芳环。

苯可以由含碳量高的物质不完全燃烧获得。自然界中，火山爆发和森林火险都能生成苯。苯也存在于香烟的烟中。煤干馏得到的煤焦油中，主要成分为苯。

苯的使用量及加工水平，是工业化水平的重要标志。直至第二次世界大战，苯还是一种钢铁工业焦化过程中的副产物。这种方法只能从 1t 煤中提取出 1kg 的苯。1950 年后，随着工业发展，尤其是日益发展的塑料工业对苯的需求增多，由石油生产苯的过程应运而生。21 世纪以来全球大部分的苯来源于石油化工。工业上生产苯最重要的三种过程是催化重整、甲苯加氢脱烷基化和蒸汽裂化[97]。

苯的工业运用广泛。早在 1920 年代，苯就已是工业上一种常用的溶剂，主要用于金属脱脂。由于苯有毒，人体能直接接触溶剂的生产过程现已不用苯作溶剂。苯有减轻爆震的作用而能作为汽油添加剂。1950 年在开始使用四乙基铅以前，所有的抗爆剂都是苯。然而随着含铅汽油的淡出，苯又被重新使用。由于苯对人体有不利影响，对地下水质也有污染，欧美国家限定汽油中苯的含量不得超过 1%。另外，苯在工业上最重要的用途是做化工原料。苯可以合成一系列苯的衍生物：如苯经取代反应、加成反应、氧化反应等生成的一系列化合物可以作为制取塑料、橡胶、纤维、染料、去污剂、杀虫剂等的原料。大约 10%的苯用于制造苯系中间体的基本原料；苯与乙烯生成乙苯，后者可以用来生产制塑料的苯乙烯；苯与丙烯生成异丙苯，后者可以经异丙苯法来生产丙酮与制树脂和黏合剂的苯酚；制尼龙的环己烷；合成顺丁烯二酸酐；用于制作苯胺的硝基苯；多用于农药的各种氯苯；合成用于生产洗涤剂和添加剂的各种烷基苯；合成氢醌，蒽醌等化工产品等[98~100]。

苯也是重要的环境污染物。苯的代谢物进入细胞后，与细胞核中的脱氧核糖核酸（DNA）结合，会使染色体发生变化，比如有的断裂，有的结合，这就是癌变（形象地说，是发生变异，因为染色体是遗传物质，它控制着细胞的结构和生命活动等），长期接触，就会引发癌症。因此，控制苯的污染技术得到广泛的研究[101]。

DiNaro 报道了[102]苯的超临界水氧化过程及动力学。研究表明，在温度530~587℃间，压力为 139~278×10^5 Pa，反应时间 3~7s 时，无氧的状况下，苯无法被降解。在氧气过量 40% 时，苯将被迅速降解。最终被降解为气体，但在温度较低时，依然存在如芳香族多环化合物。反应为动力学：

$$-\frac{d[C_6H_6]}{dt} = 10^{13.7\pm1.0}\exp\left(\frac{-2.7\pm0.1\times10^5}{RT}\right)[C_6H_6]^{0.40\pm0.07}[O_2]^{0.17\pm0.05}[H_2O]^{1.4\pm0.1}$$

苯的超临界水氧化过程复杂，由于涉及超临界水中的自由基作用过程，因此化学过程涉及反应繁多。Brezinsky 等人[103]曾分析了苯的超临界水氧化过程机理，并运用机理模型拟合了苯及中间产物的降解过程。Emdee 等人[104]研究也分析了苯在高温 1200K 的苯氧化过程机理，在该模型中，苯的降解涉及反应为 68 个。在充分考虑自由基反应的基础上，Lindstedt 及 Skevis 等人[105]总结了相关苯反应方程，其中，涉及的反应过程多达 395 个。考虑水的起始自由基反应，最高苯反应方程可多达 514 个。其中，重要的反应方程如表 3-7 所示。

表 3-7　苯超临界水氧化的主要机理反应方程[105]

序号	反　应	$A/cm^3 \cdot (mol \cdot s)^{-1}$	n	$E_a/J \cdot mol^{-1}(cal \cdot mol)^{-1}$
	H$_2$/O$_2$ 反应			
1	H + O$_2$ $\Longrightarrow$ HO$_2$	2.07×10^{18}	-1.69	3726.25(890)
2	O$_2$ + HO$_2$ $\Longrightarrow$ H$_2$O$_2$ + O$_2$	2.22×10^{11}	0	-6820.3(-1629)
3	H$_2$O$_2$ + OH $\Longrightarrow$ H$_2$O + HO$_2$	7.83×10^{12}	0	5574.3(1331.4)
4	OH + OH $\Longrightarrow$ H$_2$O$_2$	2.96×10^{28}	-5.26	12476.67(2980)
5	OH + HO$_2$ $\Longrightarrow$ H$_2$O + O$_2$	1.91×10^{16}	-1.0	0
6	H + O$_2$ $\Longrightarrow$ OH + O	2.10×10^{15}	-0.3	84573.36(20200)
7	OH + OH $\Longrightarrow$ O + H$_2$O	1.50×10^9	1.14	416.17(99.4)
8	O + HO$_2$ $\Longrightarrow$ OH + O$_2$	3.25×10^{13}	0	0

续表 3-7

序号	反　　应	$A/\mathrm{cm}^3 \cdot (\mathrm{mol} \cdot \mathrm{s})^{-1}$	n	$E_a/\mathrm{J} \cdot \mathrm{mol}^{-1}(\mathrm{cal} \cdot \mathrm{mol})^{-1}$
	C_7H_7 反应			
9	$C_5H_5 + C_2H_2 \Longrightarrow C_7H_7$	3.72×10^{11}	0	$34750.44(8300)$
10	$C_7H_8 + OH \Longrightarrow C_7H_7 + H_2O$	1.26×10^{13}	0	$10814.5(2583)$
	C_6H_6 反应			
11	$OH + C_6H_6 \Longrightarrow C_6H_5OH + H$	1.34×10^{13}	0	$44346.6(10592)$
12	$OH + C_6H_6 \Longrightarrow C_6H_5 + H_2O$	1.63×10^8	1.42	$6087.6(1454)$
13	$O + C_6H_6 \Longrightarrow C_6H_5O + H$	2.40×10^{13}	0.4	$2796.78(668)$
	C_6H_5OH 反应			
14	$H + C_6H_5O \Longrightarrow C_6H_5OH$	2.50×10^{14}	0	0
15	$OH + C_6H_5OH \Longrightarrow H_2O + C_6H_5O$	1.39×10^8	1.43	$-4027.7(-962)$
16	$C_6H_5OH + O \Longrightarrow C_6H_5O + OH$	1.28×10^{13}	0	$12104.04(2891)$
17	$C_6H_5OH + HO_2 \Longrightarrow C_6H_5O + H_2O_2$	3.00×10^{13}	0	$62802(15000)$
18	$C_6H_5OH + CH_2CHCHCH \Longrightarrow C_4H_6 + C_6H_5O$	6.00×10^{12}	0	0
19	$C_6H_5OH + CH_2CHCCH_2 \Longrightarrow C_4H_6 + C_6H_5O$	6.00×10^{12}	0	0
20	$C_6H_5OH + C_6H_5 \Longrightarrow C_6H_6 + C_6H_5O$	4.91×10^{12}	0	$18421.92(4400)$
	C_6H_5O 反应			
21	$C_6H_5O + C_5H_6 \Longrightarrow C_5H_5 + C_6H_5OH$	3.16×10^{11}	0	$33494.4(8000)$
22	$C_6H_5O \Longrightarrow C_5H_5 + CO$	7.40×10^{11}	0	$183603.74(43853)$
23	$C_6H_5O + O \Longrightarrow C_6H_4O_2 + H$	3.00×10^{13}	0	0
	C_6H_5 反应			
24	$C_6H_5 + O \Longrightarrow C_5H_5 + CO$	9.00×10^{13}	0	0
25	$C_6H_5 + O_2 \Longrightarrow C_6H_5O + O$	2.57×10^{-29}	12.73	$-23860.57(-5699)$
26	$C_6H_5 + O_2 \Longrightarrow C_6H_5OO$	1.85×10^{13}	-0.15	$-665.7(-159)$
	C_6H_5OO 反应			
27	$C_6H_5OO \Longrightarrow C_6H_5O + O$	4.27×10^{15}	-0.7	$138277.44(33027)$
28	$C_6H_5OO + H \Longrightarrow C_6H_5OOH$	2.50×10^{14}	0	0
29	$C_6H_5O + OH \Longrightarrow C_6H_5OOH$	1.00×10^{12}	0	0
30	$C_6H_5OO + C_6H_5OH \Longrightarrow C_6H_5OOH + C_6H_5O$	$1.00 \times 10^{11.5}$	0	$29144.31(6961)$
31	$C_6H_5OO + HO_2 \Longrightarrow C_6H_5OOH + O_2$	1.87×10^{12}	0	$6447.67(1540)$
32	$C_6H_5OO \Longrightarrow C_6H_4O_2 + H$	4.00×10^8	0	0
33	$C_6H_5OO \Longrightarrow C_5H_5 + CO_2$	1.60×10^8	0	0
	$C_6H_4O_2$ 反应			
34	$C_6H_4O_2 \Longrightarrow C_5H_4O + CO$	3.70×10^{11}	0	$247021.2(59000)$

序号	反　应	$A/cm^3 \cdot (mol \cdot s)^{-1}$	n	$E_a/J \cdot mol^{-1}(cal \cdot mol)^{-1}$
35	$C_6H_4O_2 \Longrightarrow C_5H_4 + CO_2$	3.50×10^{12}	0	280515.6(67000)
36	$C_6H_4O_2 + H \Longrightarrow C_5H_5O + CO$	2.50×10^{13}	0	19677.96(4700)
37	$C_6H_4O_2 + H \longrightarrow C_6H_3O_2 + H_2$	2.00×10^{12}	0	33913.08(8100)
38	$C_6H_4O_2 + OH \longrightarrow C_6H_3O_2 + H_2O$	1.00×10^6	2.0	16747.2(4000)
39	$C_6H_4O_2 + O \longrightarrow C_6H_3O_3 + H$	1.50×10^{13}	0	18966.2(4530)
40	$C_6H_4O_2 + O \longrightarrow C_6H_3O_2 + OH$	1.40×10^{13}	0	61545.96(14700)
	$C_6H_3O_2$ 反应			
41	$C_6H_3O_2 + H \longrightarrow 2C_2H_2 + 2CO$	1.00×10^{14}	0	0
42	$C_6H_3O_2 + O \longrightarrow C_2H_2 + HCCO + 2CO$	1.00×10^{14}	0	0
43	$C_6H_3O_3 \longrightarrow C_2H_2 + HCCO + 2CO$	1.00×10^{12}	0	209340(50000)
	C_5H_5O 反应			
44	$C_5H_5O \Longrightarrow CH_2CHCHCH + CO$	7.50×10^{11}	0	18380294.83(4390058)
	C_5H_4O 反应			
45	$C_5H_4O \Longrightarrow C_4H_4 + CO$	1.00×10^{12}	0	0
46	$C_5H_4O + O \longrightarrow C_4H_4 + CO_2$	1.00×10^{13}	0	8373.6(2000)
47	$C_5H_4O + H \Longrightarrow CH_2CHCCH_2 + CO$	2.50×10^{13}	0	19677.96(4700)
48	$C_5H_4O \Longrightarrow 2C_2H_2 + CO$	1.00×10^{15}	0	326570.4(78000)
49	$C_5H_4OH \Longrightarrow C_5H_4O + H$	2.13×10^{13}	0	200966.4(48000)
	C_5H_4 反应			
50	$C_5H_4 + H \Longrightarrow C_5H_3 + H_2$	1.00×10^6	2.5	20934(5000)
51	$C_5H_4 + O \Longrightarrow C_5H_3 + OH$	1.00×10^6	2.5	12560.4(3000)
52	$C_5H_4 + OH \Longrightarrow C_5H_3 + H_2O$	1.00×10^7	2.0	0
	C_5H_3 反应			
53	$C_5H_3 + O_2 \Longrightarrow C_2H_2 + HCCO + CO$	1.00×10^{12}	0	0
	C_5H_6 反应			
54	$C_5H_6 + H \Longrightarrow C_2H_2 + C_3H_5$	7.14×10^{-34}	15.1	61198.46(14617)
55	$C_5H_6 + H \Longrightarrow C_5H_5 + H_2$	1.20×10^5	2.5	6246.7(1492)
56	$C_5H_6 + O \Longrightarrow C_5H_5O_{1-2} + H$	1.00×10^{15}	-0.6	15361.37(3669)
57	$C_5H_6 + O \Longrightarrow C_5H_5 + OH$	4.77×10^4	2.7	4630.6(1106)
58	$C_5H_6 + OH \Longrightarrow C = CC \cdot C = COH$	4.40×10^{10}	0.82	12200.34(2914)
59	$C_5H_6 + OH \Longrightarrow C_5H_5 + H_2O$	3.10×10^6	2.0	0

序号	反　应	$A/cm^3 \cdot (mol \cdot s)^{-1}$	n	$E_a/J \cdot mol^{-1}(cal \cdot mol)^{-1}$
60	$C_5H_6 + O_2 \rightleftharpoons C_5H_5 + HO_2$	4.00×10^{13}	0	155539.62(37150)
61	$C_5H_6 + HO_2 \rightleftharpoons C_5H_5 + H_2O_2$	1.10×10^4	2.6	54009.72(12900)
62	$C_5H_6 + HCO \rightleftharpoons C_5H_5 + CH_2O$	1.10×10^8	1.9	66988.8(16000)
63	$C_5H_6 + CH_3 \rightleftharpoons C_5H_5 + CH_4$	0.18	4.0	0
64	$C_5H_6 + C_2H_3 \rightleftharpoons C_5H_5 + C_2H_4$	0.12	4.0	0
65	$C_5H_6 + C_3H_5 \rightleftharpoons C_5H_5 + C_3H_6$	0.20	4.0	0
66	$C_5H_6 + CH_2CHCHCH \rightleftharpoons C_5H_5 + C_4H_6$	0.12	4.0	0
67	$C_5H_6 + C_6H_5 \rightleftharpoons C_5H_5 + C_6H_6$	0.10	4.0	0
68	$C_5H_6 + CH_2CHCCH_2 \rightleftharpoons C_5H_5 + C_4H_6$	6.00×10^{12}	0	0
	C_5H_5 反应			
69	$C_5H_5 + H \rightleftharpoons C_5H_6$	3.20×10^{14}	0	0
70	$C_5H_5 + O \rightleftharpoons C_5H_5O$	5.20×10^{30}	-5.96	14423.53(3445)
71	$C_5H_5 + O \rightleftharpoons C_5H_4O + H$	4.25×10^{15}	-0.56	5149.76(1230)
72	$C_5H_5 + O \rightleftharpoons CH_2CHCHCH + CO$	1.45	3.76	9265.39(2213)
73	$C_5H_5 + OH \rightleftharpoons C_5H_4OH + H$	3.63×10^{-48}	8.18	$-16131.74(-3853)$
74	$C_5H_5 + HO_2 \rightleftharpoons C_5H_5O + OH$	6.19×10^{-31}	13.81	$-17291.48(-4130)$
75	$C_5H_5 + HO_2 \rightleftharpoons C_5H_4O + H_2O$	9.46×10^{-32}	13.13	$-20109.2(-4803)$
76	$C_5H_5 + O_2 \rightleftharpoons COC = CKET + H$	4.35×10^7	1.08	70074.47(16737)
77	$C_5H_5 + O_2 \rightleftharpoons C = CC = C = O + HCO$	1.31×10^{-3}	4.41	68964.97(16472)
	C4 反应			
78	$CH_2CHCCH_2 + O_2 \rightleftharpoons C_4H_4 + HO_2$	1.20×10^{11}	0	0
79	$C_4H_4 + OH \rightleftharpoons H_2CCCCH + H_2O$	7.50×10^6	2.0	20934(5000)
	C2 反应			
80	$C_2H_3 + O_2 \rightleftharpoons CH_2O + HCO$	4.00×10^{12}	0	$-1046.7(-250)$
81	$C_2H_2 + H \rightleftharpoons C_2H_3$	7.85×10^{14}	-0.22	7410.64(1770)
	C1 反应			
82	$CH_2O + OH \rightleftharpoons HCO + H_2O$	3.43×10^{15}	1.18	$-1871.5(-447)$
83	$HCO + M \rightleftharpoons H + CO + M$	2.50×10^{14}	0.16	3357.81(802)
84	$CO + O \rightleftharpoons CO_2$	1.80×10^{10}	0	10207.42(2438)
85	$CO + OH \rightleftharpoons CO_2 + H$	3.09×10^{11}	0	3077.3(735)

在苯的氧化过程中，其中 R1，R4，R6，R81 及 R84 对压力变化敏感[106]。另外，在氧化过程中，由于氧对苯的氧化也受氧浓度的影响，因此 R25，R26 及 R27 反应也易受到系统压力变化的影响。其他反应还包括 R32 及 R33，在动力学计算过程中易受系统压力变化的影响。在苯的 SCWO 过程中，对苯的降解中 R32 及 R33 反应为最重要的反应。因过程中氧通常过量，因此生成 CO 短暂。

此外，部分研究[107]还分析了 o-dichlorobenzene 的超临界氧化过程机理。分子动力学模拟表明，由于过程快速传质及 OH 自由基的作用，使得有机物能被快速、高效降解。因此可见，自由基作用、高效传质是有机物高效降解的重要原因。

与苯相似，苯酚也是目前研究最为广泛的污染物之一。苯酚，又名石炭酸、羟基苯，是一种具有特殊气味的无色针状晶体，有毒。苯酚是一种常见的化学品，是生产某些树脂、杀菌剂、防腐剂以及药物（如阿司匹林）的重要原料。也可用于消毒外科器械和排泄物的处理，皮肤杀菌、止痒及中耳炎。常温下微溶于水，易溶于有机溶液；当温度高于 65℃时，能跟水以任意比例互溶。苯酚具有腐蚀性，接触后会使局部蛋白质变性，其溶液沾到皮肤上可用酒精洗涤，苯酚暴露在空气中呈粉红色[108]。

苯酚是重要的有机化工原料，用它可制取酚醛树脂、己内酰胺、双酚 A、水杨酸、苦味酸、五氯酚、2,4-D、己二酸、酚酞 n-乙酰乙氧基苯胺等化工产品及中间体，在化工原料、烷基酚、合成纤维、塑料、合成橡胶、医药、农药、香料、染料、涂料和炼油等工业中有着重要用途。此外，苯酚还可用作溶剂、实验试剂和消毒剂，苯酚的水溶液可以使植物细胞内染色体上蛋白质与 DNA 分离，便于对 DNA 进行染色[109]。

苯酚对皮肤、黏膜有强烈的腐蚀作用，可抑制中枢神经或损害肝、肾功能。急性中毒：吸入高浓度蒸气可致头痛、头晕、乏力、视物模糊、肺水肿等。误服可引起消化道灼伤，出现烧灼痛，呼出气带酚味，呕吐物或大便可带血液，有胃肠穿孔的可能，可出现休克、肺水肿、肝或肾损害，出现急性肾功能衰竭，可死于呼吸衰竭。眼接触可致灼伤。可经灼伤皮肤吸收经一定潜伏期后引起急性肾功能衰竭。慢性中毒：可引起头痛、头晕、咳嗽、食欲减退、恶心、呕吐，严重者引起蛋白尿。可致皮炎。在欧美、中国，均有严格的立法，限制其环境污染排放量[110]。

Thomas 等人[111]曾分析了亚/超临界水氧化苯酚的动力学过程。在推流式反应器中，温度 300～420℃之间，压力为 $1.9 \times 10^7 \sim 2.8 \times 10^7 Pa(188 \sim 278atm)$，反应时间 1.2～111s 及氧过量 1100% 时，苯酚被快速降解，拟合的动力学反应速率方程为：

$$-\frac{d[Phenol]}{dt} = 303\exp\left(\frac{-51.9}{RT}\right)[Phenol]^{1.0}[O_2]^{0.5}[H_2O]^{0.7} \quad (3-56)$$

Oshima 等、Koo 等及 Gopalan 等人[112~114]也曾拟合了超临界水氧化苯酚的动力学过程。拟合的动力学参数如表 3-8 所示。

表 3-8 苯酚亚/超临界水部分氧化过程动力学参数

研究者	a	b	c	$\log A$	$E_a/\mathrm{kJ \cdot mol^{-1}}$
Oshima	1	0.48(± 0.15)	-0.45(± 0.18)	4.45(± 1.24)	50.4(± 14.6)
Gipalan	0.85(± 0.04)	0.50(± 0.04)	0.42(± 0.05)	2.34(± 0.28)	51.9(± 4.2)
Koo	1	—	1.38	4.95	99.6(± 9.2)

另外，部分研究还分析了苯酚的亚/超临界水催化氧化的过程。如 Matsumura 等人[115]分析报道了活性炭对苯酚的催化降解过程。研究表明，活性炭可作为苯酚有效催化降解的催化剂。特别是当处理高浓度苯酚废水时，加入活性炭能有效加快反应的速率。在反应过程中，炭本身也将被部分氧化。在相似去除率时，无活性炭加氧为 65%，但运用催化剂时，氧加入量仅 39%。

Yu 等人[116]分析了 TiO_2 在超临界水中苯酚的氧化过程及动力学。在氧化过程中，反应条件为 380～440℃，压力为 $2.2 \times 10^7 \sim 3 \times 10^7 \mathrm{Pa}$（219～300atm），反应器为 TiO_2 的填充床。与非催化过程相比，TiO_2 有效加速了反应的速率及促进了二氧化碳气体的生成。根据催化降解效率的过程方程 $X = 1 - (1 - (1 - a)k[\mathrm{PhOH}]_0^a[\mathrm{O}_2]_0^b W/F_{A0})^{1/(1-a)}$，拟合的参数结果 a 为 0.69 ± 0.18 及 b 为 0.22 ± 0.18。对速率参数拟合的结果 A 为 $10^{6.0 \pm 2.7}$ 活化能 E_a 为 $135 \pm 27\mathrm{kJ/mol}$。

此外，Yu 等人[117]分析了 MnO_2 在相似条件下（380～420℃，压力为 $2.2 \times 10^7 \sim 3 \times 10^7 \mathrm{Pa}$（219～300atm））的苯酚动力学过程。催化降解效率的过程方程 $X = 1 - (1 - (1 - a)k[\mathrm{PhOH}]_0^a[\mathrm{O}_2]_0^b W/F_{A0})^{1/(1-a)}$，拟合的参数结果 a 为 0.83 ± 0.1 及 b 为 0.36 ± 0.19。对速率参数拟合的结果为 A 为 $10^{0.3}$ 活化能 E_a 为 $48.3 \pm 34.5\mathrm{kJ/mol}$。

Yu 等人[118]还分析了 CuO/Al_2O_3 在超临界水中苯酚的氧化过程及动力学。在氧化过程中，反应条件为 380～450℃，压力为 $2.2 \times 10^7 \sim 3 \times 10^7 \mathrm{Pa}$（219～300atm），反应器为 CuO/Al_2O_3 的填充床。与非催化过程相比，CuO/Al_2O_3 有效加速了反应的速率及促进了二氧化碳气体的生成。另外，催化剂能提高对二聚体的氧化，减少中间产物二聚体的产生。

根据催化降解效率的过程，可拟合的动力学方程为 $X = 1 - (1 - (1 - a)k[\mathrm{PhOH}]_0^a[\mathrm{O}_2]_0^b W/F_{A0})^{1/(1-a)}$。拟合的参数结果 a 为 0.86 ± 0.09 及 b 为 0.22 ± 0.11。对速率参数拟合的结果 A 为 $10^{2.7 \pm 1.2}$ 活化能 E_a 为 $78 \pm 12\mathrm{kJ/mol}$。

与其他催化剂相比，CuO/Al_2O_3 具有较高的活性。根据二氧化碳的生成速率及 Langmuir-Hinshelwood-Hougen-Watson 的表面反应速率拟合，结果表明 CuO/Al_2O_3 较 MnO_2 及 TiO_2 具有更高的活性。另外，CuO/Al_2O_3 也具有催化稳定性，能在使用 100h 以上依然保持较高的活性。当然，使用过程中，催化剂将逐步减少比表面积，降低活性。同时，由于超临界水体的腐蚀作用，催化剂的金属原子如 Cu 及 Al 也在出水中被发现。

Zhang 的研究结果表明[119]，使用催化剂如 CARULITE 150 表现出高的催化活性。在 380~450℃，压力为 2.5×10^7Pa(250atm)时，催化剂促进了 CO_2 的生成。动力拟合表明，催化过程符合 CO_2 的生成速率，符合一级反应过程。与 CuO/Al_2O_3 催化剂相似，拟合的参数结果 a 为 0.94 ± 0.09 及 b 为 0.29 ± 0.19。但过程的活化能为 (128.53 ± 30.56)kJ/mol$(30.7 \pm 7.3$kcal/mol)，因此，催化剂降低了反应的活化能。

苯酚亚/超临界水氧化过程较复杂，主要包含开环降解及聚合为二聚体两条路径[119]。典型开环路径[120~122]如：

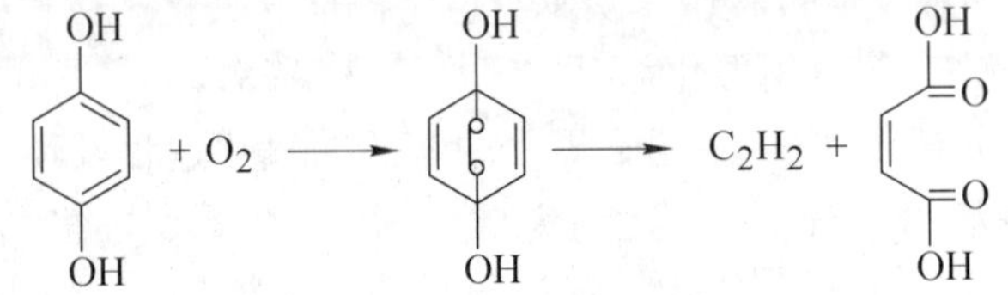

或如：

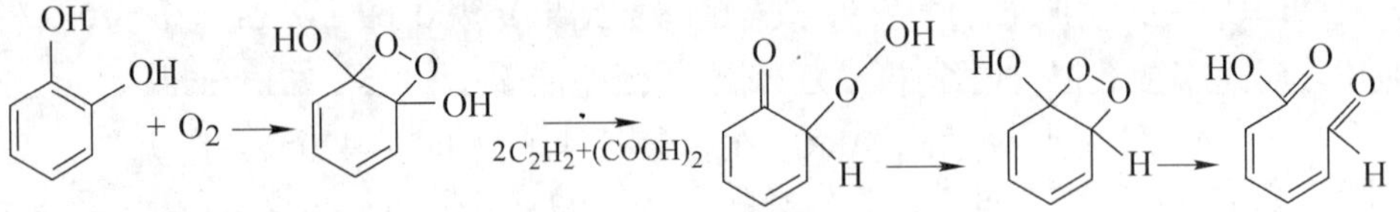

生成的主要二聚体如：

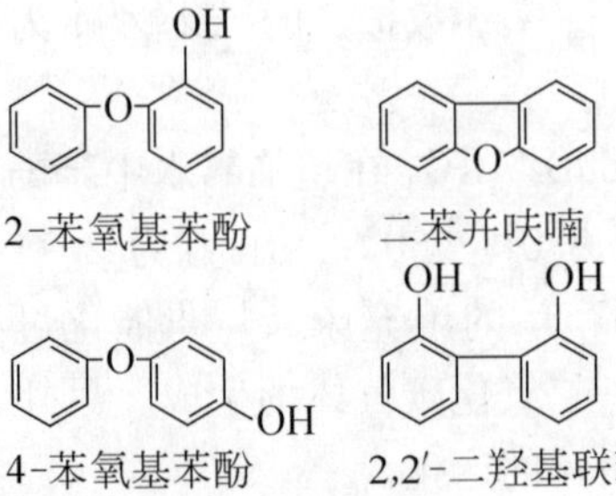

2-苯氧基苯酚　　　二苯并呋喃

4-苯氧基苯酚　　　2,2′-二羟基联苯

根据苯酚的氧化过程机理，Gopalan 及 Savage 提出了苯酚的超临界水氧化分部动力学模型[123]（见图3-8），模型主要路径为：

根据路径，方程能有效拟合苯酚的超临界水氧化过程。并且，模型能有效描述二聚体的生成规律。

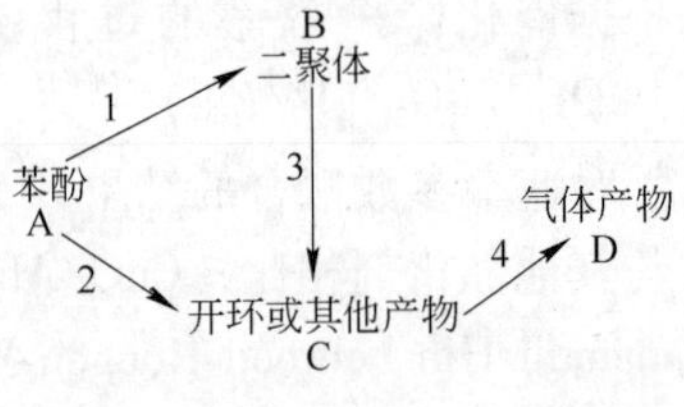

图 3-8 苯酚超临界水氧化部分模型

此外，苯酚上如具有不同的取代基团，如—CH₃，—C₂H₅，—COCH₃，—CHO，—OH，—OCH₃ 及—NO₂ 等，对反应的速率具有影响[124]。对含氧的基团，能加快反应的速率。而部分非含氧基团的加入，会减缓部分反应的速率。当然，不同压力对过程也具有影响。由于苯酚的氧化为自由基过程，压力降影响水的密度，因此对反应的过程将产生影响。

3.1.1.6 有机酸类

Li 等人[125]分析湿式氧化的降解动力学时，根据反应过程的生成产物特点，其中有机酸是重要的中间产物，构建了重要的动力学方程，即湿式氧化通用动力学方程。方程的路径如图 3-9 所示。

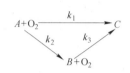

图 3-9 通用动力学模型路径机理图

根据反应的动力学路径，拟合的动力学综合方程为：

$$\frac{[A+B]}{[A+B]_0} = \frac{[A]_0}{[A]_0+[B]_0}\left[\frac{k_2}{k_1+k_2-k_3}e^{-k_3t} + \frac{k_1-k_3}{k_1+k_2-k_3}e^{-(k_1+k_2)t}\right]$$

$$(3-57)$$

Savage 等人[126]分析了乙酸的亚/超临界水氧化过程。在间歇式反应器中，反应的温度为 $280 \sim 500^\circ\text{C}$，乙酸的起始浓度为 1×10^{-4} 到 $1 \times 10^{-3}\text{mol/L}$，氧的浓度为 5.7×10^{-3} 到 $7.1 \times 10^{-2}\text{mol/L}$，水密度保持在 6.7 到 27mol/L。研究表明，乙酸的降解动力学符合一级动力学速率模型，氧气的降解速率为 0.6 及水的指数为 2。拟合的速率常数的式前指数为 $10^{19.8}(\text{mol} \cdot \text{L})^{-2.6}\text{s}^{-1}$ 及反应的活化能为 $308.15\text{kJ/mol}(73.6\text{kcal/mol})$。

Yu 等人[127]的研究表明，催化剂如 MnO_2 能有效催化乙酸的氧化反应。在催化剂存在的条件下，乙酸被完全降解为二氧化碳气体。与未使用催化剂相比，催化的反应速率几乎增加了数倍。尽管催化剂减少反应容积，但乙酸的降解速率被加快了近 2 个数量级左右。

Gonzalez 等人[128]分析了香草酸在亚/超临界水中的氧化过程。实验在温度为 $280 \sim 500^\circ\text{C}$，压力为 $(2.25 \sim 3) \times 10^7\text{Pa}$ 条件下进行。降解过程符合一级降解动力学过程。在亚临界条件下，压力对反应过程影响并不显著，而在超临界条件下，反应速率随着压力的减少而减少。如在温度为 350°C 时，$2.5 \times 10^7\text{Pa}$ 反应速率为 $0.127 \pm 0.006/\text{s}$，而在 $3 \times 10^7\text{Pa}$ 反应速率为 $0.126 \pm 0.014/\text{s}$；在温度为 425°C 时，$2.5 \times 10^7\text{Pa}$ 反应速率为 $0.694 \pm 0.042/\text{s}$，而在 $3 \times 10^7\text{Pa}$ 反应速率为 $0.505 \pm 0.024/\text{s}$。

此外，为分析酸的氧化过程，Avmonier 等人[129]分析了乙酸的超临界水氧化热力学过程。热力学计算过程表明，反应过程在压力 25MPa 及温度 $400 \sim 570^\circ\text{C}$

时，系统释放的热量为 -925kJ/mol。

3.1.1.7　多环芳香烃

多环芳香烃（Polycyclic Aromatic Hydrocarbons，简称 PAH）分子中含有两个或两个以上苯环结构的化合物。芳香烃是最早在动物实验中获得成功的化学致癌物。1915 年日本学者 Yamagiwa 和 Ichikawa 用煤焦油中获得了芳香烃。总的来说，芳香烃在致癌物中仍然有很重要的地位，因为至今它仍然是数量最多的一类致癌物，而且分布极广。空气、土壤、水体及植物中都有其存在，甚至在深达地层下 50m 的石灰石中也分离出了 3，4-苯并芘。在自然界，它主要存在于煤、石油、焦油和沥青中，也可以由含碳氢元素的化合物经不完全燃烧产生。汽车、飞机及各种机动车辆所排出的废气中和香烟的烟雾中均含有多种致癌性稠环芳香烃[130~133]。露天焚烧（失火、烧荒）可以产生多种稠环芳香烃致癌物。烟熏、烘烤及焙焦的食品均可受到稠环芳香烃的污染。一般来说，每增加一个环，多环芳香烃的水溶性就提高一个数量级，致癌性也增加，而其急性中毒性则下降。

Holliday 等人[134]分析了亚临界水中烷基芳烃在亚临界水中的氧化过程。研究表明，烷基芳烃被氧化的中间产物为酸类，及部分环类物质如烷基苯酚，o-烷基烷基苯酚，乙基苯等。通过对条件的控制，如氧的量，可控制反应完成的阶段，如生产部分酮类。另外，过程中还生成了部分结焦物，为高环芳香烃。

由于多环芳香烃具有较好的稳定性，通常高温、高供氧是实现有效降解的必要手段[135]。

3.1.1.8　废物、废水处理

亚/超临界水广泛用于处理高危废物与废水。Baur 报道了使用超临界水氧化处理含杀虫剂的工艺废料[136]。该系统被设计为 SUWOX 系统，其压力可达到 70MPa，温度控制在 470~490℃左右。该项目由德国教育部资助，SUWOX 系统的目的在于分析工艺运用前的中试研究，分析并评价系统对高毒工业废弃物的处理效果。在处理工艺废物过程中，对高浓、高危废物的有效处理率能达到 99.9%。其工艺设计能承受高压，因此氧供给量高，是有效处理废料的重要原因。此外，巧妙的结构设计也是高效处理的重要原因。其结构如图 3-10 所示[136]。

Park 等[137]报道了超临界水催化氧化含对苯二酸工业废水的过程。在等温管状反应器中，研究分析了压力为 $(2.2 \sim 3) \times 10^7$ Pa，温度为 418~513℃时的超临界水催化氧化过程。废水的 COD 浓度为 3.99×10^{-3} 到 2.81×10^{-2} mol/L 间，经预处理后，废水的 COD 浓度为 $(2400 \sim 14917) \times 10^{-6}$。因此，反应过程控制氧气量为 1.4×10^{-3} 至 7.4×10^{-3} mol/L。对过程拟合的降解动力学方程为：rate =

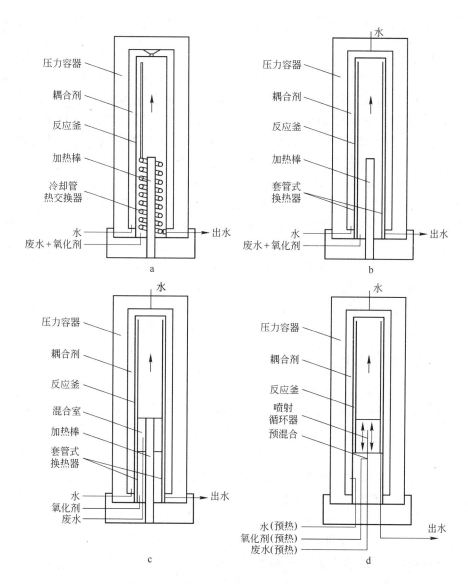

图 3-10 SUWOX 系统反应器结构原理图

a—SUWOX 5a; b—SUWOX 5b; c—SUWOX 5c; d—SUWOX 6

$-2.67 \times 10^2 \times \exp(-55.456/RT)[COD]^{0.81}[O_2]^{0.49}$。

Sögüt 等人[138]还报道了超临界水处理印染废水的过程。实验分析过程中，采用了染料 CI Disperse Orange 25 作为模型产物。在连续式推流反应器中，研究分析了 400～600℃时，压力为 25MPa 的超临界氧化过程。染料的起始 COD 浓度为 24.25 × 10^{-3} 到 121.25 × 10^{-2} mol/L，氧化剂为双氧水，其使用的浓度为 36.75 × 10^{-3} 到 183.75 × 10^{-2} mol/L。结果表明，在停留时间 4～12s 时，有效去除率达 98.52%。

拟合的动力学方程为 $-\dfrac{d[COD]}{dt} = (34.3 \pm 1.5)\exp\left(\dfrac{-(27.8 \pm 1.2)}{RT}\right)[COD]$。方程拟合的相关性在95%以上。

Jin 等人[139]分析食物废水的超临界水氧化过程。在间歇式反应器中，研究采用了双氧水作为氧化剂，分析了牛脂、废料等废水的氧化过程。其中，在3min，温度为420℃时，废料的TOC去除率可高达97.5%，而牛油脂在5min时被有效去除。在反应过程中，通常起始反应速率较快，之后的反应速率较慢，其中将产生大量的乙酸。反应过程符合一级反应过程。

Goto 等人[140]研究了超临界水氧化市政污泥及酒精生产废料的过程。在间歇式或推流式反应中，以双氧水作为氧化剂，分析了473～873K时的氧化过程。经反应后，液体变为无色无味的清澈液体。使用TOC、氨氮及酸的分析发现，TOC被快速降解，随着温度及氧的量的增加而加速降解。此外，氨氮、乙酸是重要的中间产物。在高温、高供氧量的条件下，TOC能被完全降解。氨氮也能被完全降解，其温度要高于乙酸。

Portela 等人[141]还分析了切割油类废料的超临界水氧化过程，并拟合了过程的通用动力学模型。在500℃时，废料的TOC可被完全处理。

3.1.2　亚/超临界水催化氧化

亚/超临界水氧化是有效处理有机废水、废物的手段。而催化过程是有效减少反应时间、提高处理效率的技术手段。催化剂的使用，不仅使得系统效率加快，并能降低过程中的有害副产物产生，因此也使得催化过程在超临界水氧化过程中起到重要的作用。

成功的亚/超临界水催化工艺取决于多种因素，如催化剂的成分，生成工艺过程及形态等，对催化剂的优化，还涉及反应物、反应环境、过程参数及反应器构造等[142~146]。由于亚/超临界水创造出的苛刻运行环境，使得过程对催化剂具有特别的要求。在亚/超临界水体系中，由于对水的吸附性，及高温、高腐蚀水对催化剂的腐蚀剂溶解作用，因此与常规气态过程使用的催化剂相比，催化剂更需要具有稳定性。

目前，对亚/超临界水中存在部分研究。依据湿式氧化及超临界水氧化相关的研究结果，目前部分研究涉及的催化剂如表3-9所示[147~162]。

表3-9　亚/超临界水催化氧化相关研究报道

催　化　剂	处理物质	报　道　文　献
Pd/TiO$_2$-ZrO$_2$，Ru/TiO$_2$，Pt，Ru	贵金属废水	Mitsui et al.，1989；Yamada et al.，1990；Chowdhury et al.，1975；Oguchi et al.，1992；Imamura et al.，1988
Pt/TiO$_2$-ZrO$_2$，Ru/Ce	醇类	Ishii et al.，1991；Imamura et al.，1988

催 化 剂	处理物质	报 道 文 献
Pt，Ru，Pt/Al$_2$O$_3$，Ru/Ce	苯 酚 氧化物	Oguchi et al.，1992；Imamura et al.，1988； Higashi et al.，1991
Zn/Al，Co	醇 类	Levec et al.，1976；Imamura et al.，1982
Cu/Zn，Cu/Ni，Co/Bi，Ni/Bi， Cu/Mn，Zn/Bi，Sn/Bi，Cu/Al	乙 酸	Imamura et al.，1982
Mn/Ce，Cu^{2+}，Co/Bi，Co/Bi	苯 酚	Katzer et al.，1976；Sadana and Katzer，1974； Ito et al.，1989
Mn/Ce，Co/Bi，Cu^{2+}	PEG 胺 类	Imamura et al.，1986，1988 Imamura et al.，1986
Cr，Fe，V，Mn，Co，Ce	氨	Imamura et al.，1986
金属盐	废 水	Chowdhury et al.，1975；Brett and Gurnham，1973

　　亚/超临界水催化氧化的过程、机理复杂。不仅涉及超临界水的复杂自由基作用过程与机理，还与催化剂的表面过程相关。在亚/超临界水催化氧化的过程中，氧可能被吸附到催化剂表面参与了反应，或金属氧化物表面的氧参与了催化过程。对氧的吸附作用主要源于金属氧化物中的元素如 Cr，Fe，Co，Ni 或 Cu 等对氧的吸附作用[163~165]；表面的氧主要来自于氧化物中元素如 V 及 Ce 等提供氧的作用[166~168]。因此，催化剂能创造出离子环境，加速催化氧化过程的进行。

　　亚/超临界水氧化催化过程原理与气体或液体的氧化表面过程存在相似之处。如当四氟硼酸铜（Ⅱ）及氯化锰作为催化剂时，催化剂能促进氧化过程（氯苯酚）的氧化过程，其最终产物与非催化过程的产物相似，表明催化系统与非催化系统具有相似的机理。相似，利用 V$_2$O$_5$/Al$_2$O$_3$ 催化降解 1,4-氯苯的产物与在气态及常规水中催化降解的产物相似，也表明其过程具有相似机理[169]。但需要指出的是，由于高温高压水的特殊性质，水的属性如密度等变化，将直接影响催化氧化的过程。当然，水密度、温度的变化，也使得水在液体、气体及超临界状态下相互变化，也将影响催化氧化的过程，产物的分布及催化剂的稳定性[170]。

　　部分研究分析了亚/超临界水中催化氧化过程的金属催化机理。如 Ding[171] 分析了苯酚、苯及氯苯在超临界水中 V$_2$O$_5$/Al$_2$O$_3$ 及 MnO$_2$/CeO$_2$ 催化降解的催化机理，如图 3-11 所示。

　　在催化过程中，反应物的羧基被催化剂 V$_2$O$_5$/Al$_2$O$_3$ 的氧晶格加强或由于 MnO$_2$/CeO$_2$ 对氧的吸附而加强。并由于羧基的作用，特别是在超临界水中羧基自由基的作用，使得苯环能被有效打开。因此，催化剂通过增强羧基的作用，而有

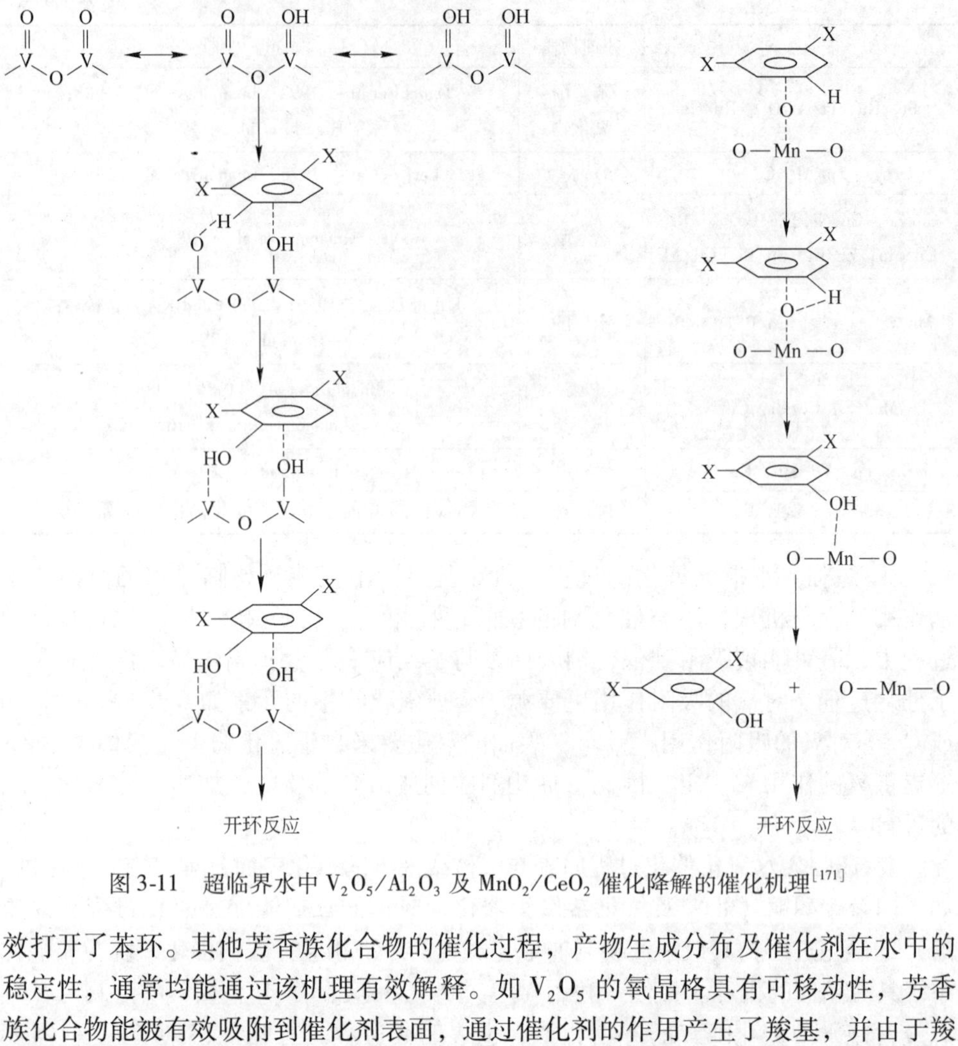

图 3-11　超临界水中 V_2O_5/Al_2O_3 及 MnO_2/CeO_2 催化降解的催化机理[171]

效打开了苯环。其他芳香族化合物的催化过程，产物生成分布及催化剂在水中的稳定性，通常均能通过该机理有效解释。如 V_2O_5 的氧晶格具有可移动性，芳香族化合物能被有效吸附到催化剂表面，通过催化剂的作用产生了羧基，并由于羧基的作用而使得芳香族物质开环。因此，过程中通常能生成小分子物质如醇类、酸类等，且这些物质被吸附到催化剂表面，最终生成二氧化碳。实验研究已证明了 V_2O_5 的参与过程。当然，在水中水通常也被吸附在催化剂表面而产生羧基，并通常因催化剂如 V_2O_5 对羧基具有良好的吸附性，因此有效加快有机物的氧化，并由于水羧基的作用，也使得催化剂易于失去活性。

　　MnO_2 的催化机理主要为对氧的吸附作用。MnO_2 的晶体相对稳定，对氧的吸附是催化的主要原因。因此催化剂在使用过程中，通常需要再生保持催化剂的表面活性。在催化氧化过程中，氧化的完整过程将包括催化剂 MnO_2 对有机物的吸附于脱附过程，其机理如图 3-12 所示。

　　其他研究还使用了乙酸来分析催化剂的催化过程[172]。表明，在湿式催化过

程中（亚临界），其机理与超临界过程的机理
基本相似。催化剂最先将乙酸吸附到催化剂的
活性位点，通过对氧的吸附作用，最终将乙酸
氧化。如乙酸在 TiO_2 的表面催化过程如图 3-12
所示[172]。

在催化的过程中，氧原子被化学吸附到两
个钛氧化物间形成中间体，而乙酸被黏附到钛
的表面形成中间体。通过吸附的氧及乙酸的作
用，形成中间产物甲醇、甲醛、甲烷、一氧化
碳等中间产物，最终被氧化为二氧化碳及水。
Frisch 还通过动力学的分析解析了催化的表面
过程。通过 Langmuir-Rideal 机理动力学模型，
研究表明过程为一级反应，说明氧及乙酸被有
效吸附到活性位点，形成了氧-催化剂复杂中
间体。

当然，超临界水存在复杂的自由基作用。
自由基的作用也在催化过程起到重要的作用。
但由于检测自由基存在困难，因此，对自由基
与催化剂表面的作用关系的研究，存在困难。

与气态催化及液体催化过程相比，超临界
水氧化过程对催化剂的稳定性要求更高。其他
状态的催化过程中，催化剂失效往往是由于表
面被污染及其他原因造成。而在亚/超临界水体
中，由于亚/超临界水的良好传质性及溶解力，
并由于系统的高温及水的腐蚀性，使得催化剂
失稳是制约催化剂使用的关键因素。如 γ-Al_2O_3
并转化为 α-Al_2O_3，及 Cr_2O_3/Al_2O_3 在超临界水中将溶解[173~175]。

对氧化物的高温稳定性，其相关参数如表 3-10 所示。

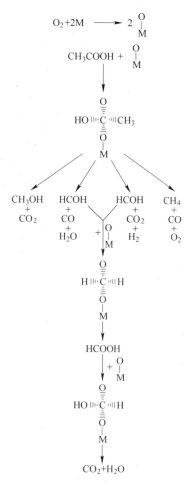

图 3-12 超临界水中 TiO_2 对
乙酸的催化降解机理

表 3-10 金属及氧化物催化剂的稳定存在温度及形态[176]

氧化物	溶解点	稳定形态（400~650℃）	氧化物	溶解点	稳定形态（400~650℃）
Ag_2O	230（分解）		Bi_2O_3	825	
α-Al_2O_3	2015		CaO	2614	
B_2O_3	450		CdO	1500	
BaO	1918		CeO_2	2600	CeO_2
BeO	2530		Co_2O_3	895（分解）	Co_3O_4-CoO

氧化物	溶解点	稳定形态（400~650℃）	氧化物	溶解点	稳定形态（400~650℃）
Cr_2O_3	2266	Cr_2O_3（>500℃）	P_2O_5	580	
CuO	1326	Cu_2O-CuO	PbO	886	PbO-Pb_2O_3
FeO	1369	FeO（O_2<27%）	PtO_2	450	
Fe_2O_3	1565	Fe_2O_3（O_2>30%）	ReO_2	1000（分解）	ReO_2
GeO_2	1115	GeO_2	Rh_2O_3	1100（分解）	Rh_2O_3
HfO_2	2758	单斜晶系	Sb_2O_3	656	Sb_2O_3
HgO	500（分解）	ThO_2	SeO_2	340	
In_2O_3	850（沸点）		SiO_2	1723	SiO_2
IrO_2	1100（分解）		SnO_2	1630	SnO-SnO_2
K_2O	350（分解）	K_2O+液体	SrO	2430	
La_2O_3	2307		TeO_2	395（分解）	
Li_2O	1700		ThO_2	3220	ThO_2
MgO	2852		TiO_2	1830	TiO_2（锐钛矿）
MnO_2	535（分解）	MnO_2-Mn_2O_3	Tl_2O_3	717	
Mn_2O_3	1080（分解）	Mn_2O_3	UO_2	2878	UO_2-U_4O_9
Mn_3O_4	1564	Mn_2O_3	V_2O_5	690	V_2O_5
MoO_3	795	MoO_3（O_2>75%）	WO_3	1473	WO_2-WO_3
Na_2O	1275（subl）		Y_2O_3	2410	
Nb_2O_5	1485	Nb_2O_5（O_2>30%）	ZnO	1975	ZnO
NiO	1984	NiO	ZrO_2	2700	ZrO_2

　　金属氧化物需在亚/超临界水中保持晶体活性状态，才能保持催化活性。部分晶体在水中可能发生水热过程，使得晶体变粗糙并晶体变大。部分氧化物的超临界水水热稳定性如表 3-11 所示。

表 3-11　金属及氧化物的水热温度性[177]

物　质	27.6MPa 水稳定性 /℃	水解温度 /℃	水中溶解温度压力 /℃，MPa	溶出量×10^{-6} /℃，MPa
Al_2O_3	刚玉（>400）	390~600（酸-碱）	500~640（>92）	1.8（500,103.4）
BeO	BeO			120（500,103.4）
CaO	CaO+Ca(OH)$_2$			
Cr_2O_3	CrOOH（<500）			
Fe_2O_3				90（500,103.4）
Fe_3O_4		500（10mol/L NaOH）	550（103.4）	

物　质	27.6MPa 水稳定性 /℃	水解温度 /℃	水中溶解温度压力 /℃,MPa	溶出量×10⁻⁶ /℃,MPa
Ga_2O_3	β-Ga_2O_3(>300)			
Gd_2O_3	GdOOH			
GeO_2	GeO_2(金红石)			8700(500,103.4)
HfO_2				<0.1(450,27.6)
In_2O_3	InOOH(<480)			
$K_2O,Ta(Nb)O_2$		650(15mol/L KOH)	690(103.4)	
La_2O_3	La(OH)$_3$(<500)			
MgO	Mg(OH)$_2$(>625)			
MnO	MnO(>375)			
MnO_2	MnO_2-Mn_2O_3			<0.1(450,24.1)
Nb_2O_5				28(500,103.4)
NiO	NiO(>300)			20(500,206.8)
PbO		430(1mol/L,LiOH)	450(92)	
Sc_2O_3	ScOOH(<405)			
SiO_2	0.1%(水)	360(1mol/L Na_2CO_3)	400(N/A)	2600(500,103.4)
Sm	SmOOH(<600)			
Sn				3.0(500,103.4)
Ta_2O_5				30(500,103.4)
Tb(Eu,Ho, Tm,Yb)	TbOOH			
TiO_2	TiO_2(锐钛矿)(<600)			<0.1(450,27.6)
UO_2				0.2(500,103.4)
V_2O_5				128(450,27.6)
Y	YOOH(<625)			
ZnO		353(5.45mol/L KOH)	467(>100)	
ZrO_2				<0.1(450,27.6)

　　催化剂的活性与多种因素相关，包括不同的合成手段、催化剂本身特性等。部分对比如表 3-12 所示[178~196]。

表 3-12   部分催化剂催化性能对比

催化剂	降解物	报道文献		反应条件		反应速率	
		非催化过程	催化过程	温度/℃	压力/MPa	非催化	催化
Al$_2$O$_3$	乙酸	Frisch,1992	Frisch et al.,1994	418	27.6	7.3	116.7
	吡啶	Crain et al.,1993		418	27.6	1.9	4.3
	氯酚	Kanthasamy,1993		418	27.6	3.0	49.7
Pt/Al$_2$O$_3$	磷酸	Turner,1994		418	27.6	1.5	74.3
	乙酸	Frisch,1992	Frisch et al.,1994	418	27.6	7.3	326.7
	吡啶	Crain et al.,1993		418	27.6	1.9	499.0
	2,4-DCP	Kanthasamy,1993		418	27.6	3.0	499.0
	MPA	Turner,1994		418	27.6	1.5	>250
Cr$_2$O$_3$	苯	Ding,1995	Ding,1995	390	24.1	148.0	76.7
	酚			390	24.1	94.8	47.3
	氯苯			390	24.1	233.5	503.5
CuO/ZnO	丙醇	Krajnc and Levec, 1994	Krajnc and Levec, 1994	380~390	23~23.5	0.0	3.0
	丁醇					0.7	10.6
	乙酸					0.7	26.6
	吡咯烷酮					2.3	16.0
	苯酸					0.0	21.0
	苯酚					8.0	64.0
Cu^{2+}	氯酚	Yang and Eckert, 1988	Yang and Eckert, 1988	400	24.3	32.0	42.6
Ni	氨	Webley et al.,1990		680	24.5	8.8	47.3
	氯酚	Yang and Eckert, 1988	Yang and Eckert, 1988	400	24.3	32.0	106.7
Ni	苯酚 酮类 甲酚	Elliott et al.,1991					
MnO$_2$/CeO$_2$	乙酸	Frisch,1994	Frisch,1994	418	27.6	7.3	23.2
	氨	Ding,1995	Ding,1995	450	27.6	0.0	600
	苯	Ding,1995	Ding,1995	390	24.1	148.0	462.4
	苯酚			390	24.1	94.8	135.7
	氯酚			390	24.1	233.5	585.7

催化剂	降解物	报道文献		反应条件		反应速率	
		非催化过程	催化过程	温度/℃	压力/MPa	非催化	催化
MnCl$_2$	氯酚	Yang & Eckert, 1988	Yang & Eckert, 1988	400	24.3	32.0	55.5
TiO$_2$	乙酸	Frisch, 1992	Frisch et al., 1994	418	27.6	7.3	223.3
	吡啶	Crain et al., 1993		418	27.6	1.9	98.3
	2,4-DCP	Kanthasamy, 1993		418	27.6	3.0	461.7
	MPA	Turner, 1994		418	27.6	1.5	218.4
Pt/TiO$_2$	乙酸	Frisch, 1992	Frisch et al., 1994	418	27.6	7.3	326.6
	吡啶	Crain et al., 1993		418	27.6	1.9	499.0
	2,4-DCP	Kanthasamy, 1993		418	27.6	3.0	499.0
	MPA	Turner, 1994		418	27.6	1.5	>250
V$_2$O$_5$	苯	Ding, 1995	Ding, 1995	390	24.1	148.0	263.6
	苯酚			390	24.1	94.8	465.3
	1,3-dichlorobenzene			390	24.1	233.5	
	1,4-dichlorobenzene	Jin, 1991	Jin, 1991	412	67.15	24.3	28.2
ZrO$_2$	乙酸	Frisch, 1992	Frisch et al., 1994	418	27.6	7.3	253
	吡啶	Crain et al., 1993		418	27.6	1.9	26.3
	MPA	Turner, 1994		418	27.6	1.5	53.8
Pt/ZrO$_2$	乙酸	Frisch, 1992	Frisch et al., 1994	418	27.6	7.3	>333
	吡啶	Crain et al., 1993		418	27.6	1.9	451.5
	MPA	Turner, 1994		418	27.6	1.5	>250
ZnCl$_2$	喹啉	Houser et al., 1986	Li & Houser, 1992	450	34.9		

3.2 亚/超临界水还原

3.2.1 脱氯

氯代有机化合物是重要的化工原料，也是化工过程中广泛存在的化学产品，广泛存在、应用于化工、医药、农药、染料及电子等行业。有机氯化合物种类繁多，包括化工原料、中间体和有机溶剂等，特别是，以往使用的农药多为氯化物。另外，在城市给水、污水消毒过程中，由于氯气的使用，也将形成大量氯化物。在氯化物中，芳香族中的多氯联苯（PCBs）具有稳定的物理化学性质，良好的阻燃性和抗热解能力，被广泛应用于电容器、变压器制造及农药中。含氯农药（如六六六）曾被大量使用并流入环境中，使得氯化物在环境中广泛分布[197~200]。

大部分氯化物是持久性有机污染物（Persistent Organic Pollutants，简称POPs），具有"致癌、致畸、致突变"效应。在《斯德哥尔摩公约》中首先控制的 12 种 POPs 全部为有机氯化合物[201]。氯化物的广泛运用与在环境中的广泛存在，也对人类健康和环境构成日益严重的威胁。因此，对氯化物的降解研究尤为重要。

目前，有多种脱氯的方法与方式。部分自然界生物能实现对氯化物如多氯联苯（PCBs）的降解。尽管 PCBs 是一种极难被生物降解的化合物，但在适宜的条件下，特别微生物可对 PCBs 降解。研究表明[202]，微生物降解主要通过厌氧反应还原脱氯，但部分研究发现，存在好氧生物，也能降解脱氯。其中在还原性的厌氧沉积物和土壤环境中，由于 PCBs 或其他氯化合物的氧化还原电势相对较高，在缺氧环境中可被脱氯微生物用作最终的电子受体。如 Fenell 等[203]发现 *Dehalococcoides ethenogenes sp.* 195 细菌能将四氯乙烯作为电子受体，进行还原脱氯。

PCBs 性质稳定，但在特定条件下会对紫外光敏感[204]。研究表明，部分条件影响氯化物的紫外光谱吸收波段，对脱氯产生影响，如：取代基的性质；取代基在苯环上的取代位置；取代基的数量及苯环上邻位被取代的程度。因此光化学反应不仅与紫外光波段有关，PCBs 中氯的取代程度也会影响其光化学活性。如在PCBs 的光解脱氯反应中，氯含量高的比含量低的 PCBs 更易发生光解反应且反应速度更快[205,206]。脱氯过程还与溶剂相关[207]，如 PCBs 可以在水、烷烃、醇和表面活性剂等多种溶剂中发生光化学反应，其效率不同，在烷烃和表面活性剂中的光降解反应较为彻底，且反应的副产物最少。

总体上看，对有机氯化合物脱氯还原能有效降低其毒性，但通常情况下，无论是生物降解，还是在常温、常压条件下进行脱氯反应，其进行速度缓慢，去除率低，且催化剂用量大。而在亚/超临界水中，脱氯通常能在短时间内实现，并且在催化剂的作用下，脱氯后的产物能一步裂解，产生油类或者部分能源气体如氢气、甲烷、一氧化碳等。因此，亚/超临界水还原脱氯也是污染物处理的一个重要方向，近年来引起广泛关注[208]。

3.2.1.1   水解脱氯

在亚/超临界水中，通常容易发生水解取代反应，因此通过水解反应，能实现有效脱氯。且由于水的溶剂效应，使得反应氯化物在水中均相溶解，聚合物产生解聚反应，从而使得脱氯能有效进行。

Kubatova 研究[209]分析了林丹、狄氏剂、四氯甲烷、三氯乙烯、聚氯乙烯（PVC）等的在亚临界水中的水解过程。对林丹（Lindane）的水热过程研究表明，在水解过程中，林丹（Lindane）中的氯离子逐渐被脱出，形成 HCl，并在后期，存在 OH⁻ 逐步取代 Cl⁻ 离子，但脱氯反应主要以 H⁺ 离子交换 Cl⁻ 为主要反应。主要路径如图 3-13 所示。

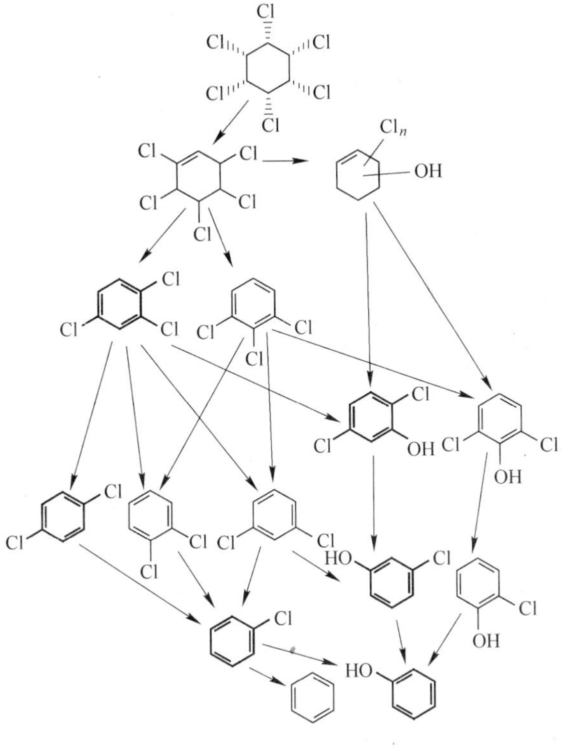

图 3-13 林丹（Lindane）的水解反应主要降解途径[209]

研究拟合了过程的一级反应方程。其中，Arrhenius 指前因子 A 为 $1.50 \times 10^6/s$，拟合的活化能为 $84 \pm 24kJ/mol$。因拟合的相关系数为 95%，较二级反应来看，一级反应的相关性更好，因此，假设过程为一级反应是相对合理的。

另外，狄氏剂（Dieldrin）在亚临界水中 200℃，1h 能实现 100% 的降解，且中间产物可能由于水解产生了大量羧基酸。PVC 相对较难实现有效降解，在 1h，300~370℃时，仅能实现 56% 左右的有效降解，氯以氯离子形态被水解在水体中。

为深入了解水解脱氯机理，麻省理工大学 Tester 教授课题组[210]分析 CH_2Cl_2 亚/超临界水水解过程与机理。在停留时间 7~17s，温度为 450℃时无氧水解的效率为 40% ±13%。当温度升高到 575℃时水解的效率为 85% ±4%。而在 23s 停留时间，温度为 600℃时，降解效率接近 100%，实现完全水解。

水解过程化学式为：

$$CH_2Cl_2 + H_2O \longrightarrow CH_2ClOH + HCl \tag{3-58}$$

由于 CH_2ClOH 不稳定，将继续发生重组反应：

$$CH_2ClOH \longrightarrow HCHO + HCl \tag{3-59}$$

上述反应为一级反应。Moelwyn-Hughes 曾提出使用公式 $\log k_{FMH} = 98.4408 - 29.66\log T - 10597.3/T$ 计算反应速率，但该式预算的速率低于实验数据。在超临界水体中，水作为反应物参与了反应，因此，水密度对过程将产生影响，改变反应速率，使得 Moelwyn-Hughes 拟合公式失效。

水密度的改变对过程反应活化能产生了显著的改变。运用过渡态理论，结合 Kirkwood 量子化学理论，传统的 Arrhenius 方程可改写为：

$$\ln k = \ln A - \frac{1}{RT}\Big[E_a + \frac{N_A}{4\pi\varepsilon_0}\Big(\frac{\varepsilon_a - 1}{2\varepsilon_a + 1} - \frac{\varepsilon - 1}{2\varepsilon + 1}\Big)\Big(\frac{\mu_{\ddagger}^2}{r_{\ddagger}^3} - \frac{\mu_A^2}{r_A^3} - \frac{\mu_B^2}{r_B^3}\Big)\Big] \tag{3-60}$$

运用 Ab Initio（量子化学从头算法），计算化学过程中的过渡态变化表明，由于不同水密度下，CH_2Cl_2 与水分子间的间距的改变，使得过程的体系能量发生了改变。随着 ε 的减少，使得电解质环境不利于反应物的稳定。并且，随着 ε 的减少，过渡态能量将增加。因此，随着水密度的减少，反应过程的中间产物变得更不稳定，且更易于穿过势垒回到以前状态，这也使得在低水密度时，反应速率将减少。因此，结果水密度产生变化，将 Arrhenius 方程简写为：

$$\ln k = \ln A - E_a/RT + \phi \tag{3-61}$$

速率方程为：

$$R_{hyd} = -\big(A e^{-(E_a/RT)+\phi}\big)\big[CH_2Cl_2\big]^a\big[H_2O\big]^b \tag{3-62}$$

根据使用数据，Kirkwood 矫正系数 ϕ 数值如表 3-13 所示。

表 3-13　Kirkwood 矫正系数 ϕ 参数拟合

$$\phi = \alpha_0 + \alpha_1 T + \alpha_2 T^2 + \alpha_3 T^3 + \alpha_4 T^4 + \alpha_5 T^5 + \alpha_6 T^6 + \alpha_7 T^7 + \alpha_8 T^8 + \alpha_9 T^9$$

参　数	温　度			
	$25 \leqslant T < 374$	$374 \leqslant T < 386$	$386 \leqslant T < 525$	$525 \leqslant T < 600$
α_0	1.3658×10^{-1}	7.2641851×10^4	1.2294119×10^5	-2.6826×10^1
α_1	-1.1319×10^{-2}	-5.8225257×10^2	-1.42124×10^3	1.1691×10^{-1}
α_2	3.8850×10^{-4}	1.5556709×10^0	6.3373575×10^0	-2.3416×10^{-4}
α_3	-7.9558×10^{-6}	$-1.3855168 \times 10^{-3}$	$-1.2385424 \times 10^{-2}$	1.5557×10^{-7}
α_4	9.4188×10^{-8}		4.1293324×10^{-6}	
α_5	-6.7546×10^{-10}		2.3961584×10^{-8}	
α_6	2.9717×10^{-12}		$-3.8255570 \times 10^{-11}$	
α_7	-7.8277×10^{-15}		$1.8223581 \times 10^{-14}$	
α_8	1.1315×10^{-17}			
α_9	-6.8988×10^{-21}			

运用实验数据，拟合得到的 CH_2Cl_2 的水解方程为：

$$R_{hyd} = -(10^{16.5\pm4.6}e^{-(210\pm40/RT)+\phi})[CH_2Cl_2]^{1.52\pm0.67}[H_2O] \quad (3-63)$$

因此，过程的活化能为 210 ± 40kJ/mol，在根据从头算法确定的 ϕ 数值为 130kJ/mol。方程与实验数据的相关吻合度高于 95%，能非常有效的描述 CH_2Cl_2 的水解过程。另外，如果假设过程为 1 级反应，那么拟合的动力学方程为：

$$R_{hyd} = -(10^{16.5\pm4.6}e^{-(210\pm40/RT)+\phi})[CH_2Cl_2]^{1.52\pm0.67}[H_2O] \quad (3-64)$$

上述研究表明，超临界水解是脱氯的有效方式。对于不同物质，脱氯速率因物质本身的特性而存在差异。在氯化物中 PVC 水解较为困难。另外，水密度的变化，即水的溶剂效应对脱氯过程具有显著影响。从化学机理过程来看，脱氯过程以 H^+ 离子交换为主，OH^- 逐步取代并存。而脱除氯以离子 Cl^- 形式存在，水解最终实现无害化处理。

3.2.1.2　催化脱氯

尽管直接水解也能实现有效脱氯，事实上，由于催化剂的催化作用，能有效降低反应条件及加速反应的过程，因此，是更为有效的脱氯方式。研究表明亚/超临界水催化还原脱氯是处理含氯污染物的另外一种有效方式，并且是对传统催化脱氯技术的改进。

传统催化脱氯可追溯到 20 世纪 80 年代初，美国科学家 Sweeny 首次报道了用金属铁还原氯代脂肪烃[211]。Boronina 等实验了多种金属体系中的脂肪族卤代物还原脱卤反应，主要金属如铁、锌、铝及铜等[212]。金属脱氯是有效脱氯的方式，自从 Gillham 和 O'hannesin[213] 提出金属铁屑可以用于地下水的原位修复以来，金属催化脱氯，特别是零价铁脱氯是脱氯的最重要方式之一。

采用双金属体系是提高零价金属还原法脱氯降解的有效方式[214,215]。贵金属如钯、钌等金属都是良好的加氢催化剂，对氢有较好的吸附选择性，因此能在氢的转移过程中起到重要作用。主要原因可能为这些金属具有空轨道，能与含氯有机物中的氯元素的 p 电子对或有双键有机物的 p 电子形成过渡络合物（如 Pd…Cl—R 或 Ru…Cl—R 等），降低脱氯反应的势垒。纳米双金属体系反应活性很强，反应速率比铁屑甚至可以高出 1～2 个数量级。如美国 Arizona 大学的 Muftikian 等[216]采用 Pd/Fe 能大大促进还原脱氯的速率。在常温、常压条件下零价铁一般很难还原 PCBs，但 Grittini 等人[217]使用 Pd/Fe 实现了 PCBs 快速还原脱氯。

一些含铁化合物也能与有机氯化合物发生反应，也能实现还原脱氯降解。其他化合物如 SiO 以及 Si/Fe 能实现 PCE 的还原脱氯。此外，FeS_2、FeS、绿锈等化合物也能还原脱氯[218~220]，但是一般脱氯降解速率慢。

尽管常规条件下，催化能实现脱氯，但相对效率、速率依然有待提高。而亚/超临界水催化还原不仅利用亚/超临界水的溶剂传质等效应，且在催化过程中，金属易置换水的氢原子，并吸附在催化剂表面，使得氯化物在催化剂表面形成快速加氢脱氯。如 Rebecca 等人[221]研究以铁改性后的焦炭在碳水汽转化过程中发现，新生态氢与氯发生的取代反应，从还原性铁表面发生的直接电子转移也是氯苯发生脱氯。因此，亚/超临界水催化还原不同于传统脱氯，存在金属如铁催化剂还原氢取代脱氯并存在裂解有机氯化合物的作用。亚/超临界水催化还原脱氯是一项脱氯的新型技术手段。

A 碱性金属盐催化脱氯

与直接脱氯相比，碱性金属如 NaOH、KOH 能有效促进脱氯。日本东京大学 Lee 等人[222,223]研究对比了碱性金属盐如 NaCl、NaOH、KOH 及酸类 HCl 及 H_2SO_4 等对降解 2-氯酚（2CP）的影响，研究发现，酸类 HCl 及 H_2SO_4 及 NaCl 几乎没有影响，但 NaOH、KOH 能显著促进脱氯及 2-氯酚（2CP）的降解。在压力 26MPa，温度 440℃ 及停留时间 0.5s 时，NaOH、KOH 的加入使得 2-氯酚（2CP）的降解率从 15% 左右提高到近 100% 的有效降解。

KOH、NaOH 的加入也增加了中间产物的生成。在液相产物中，除最主要的产物苯酚（phenol）外，还存在 m-甲基苯酚（m-cresol）、p-甲基苯酚（p-cresol）及 o-甲基苯酚（o-cresol）、对双酚（bis(4-hydroxyphenyl)ether）、临双酚（bis(2-hydroxyphenyl)ether）、氯酚等。从机理上推测，KOH、NaOH 的催化机理主要为氢氧根（OH）对反应的促进作用，在超临界水中，氢氧根（OH）作为反应物参与了反应。另外，也加强了过程中的自由基作用，从而促进了脱氯及降解的有效进行。

根据上述研究，Lee 等人[223]提出了两步脱氯的手段，如图 3-14 所示。与传统相比，工艺采用两段式方法，首先利用催化剂，脱除过程中的氯。在第二段工艺中，采用催化氧化的方式，彻底消除污染物的危害。传统直接氧化过程产生大量的氯离子，这些氯离子在超临界氧化过程将加大对设备的腐蚀性，通常使得过程的设备腐蚀问题严重。该工艺与传统工艺相比，在第一段将氯脱除，因此能有效减少设备的腐蚀，降低设备的损耗。

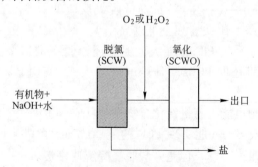

图 3-14 两步脱氯工艺过程图

NaOH 催化 2-氯酚 (2CP) 降解的主要路径如图 3-15 所示。如前所述，NaOH 的催化机理主要为氢氧根 (OH) 对反应的促进作用，在超临界水中，氢氧根 (OH) 作为反应物参与了反应。另外的一种可能是 NaOH 能有效促进过程中的芳香族消去反应，使得环烃开环快速降解，因而促进了过程的有效进行。但由于该设想目前缺乏有效相关研究及有效证据支持，更大可能是氢氧根 (OH) 参与了反应。后期编者们的气化研究也发现，KOH、NaOH 在超临界水中可有效促进苯酚的汽化。根据相关文献报道及路径分析，原因为氢氧根 (OH) 在超临界水中将形成强羧基自由基，因此能非常有效的参与过程反应，促进苯酚的汽化。因此，NaOH 的催化机理主要为氢氧根 (OH) 为超临界水中的羧基自由基反应，从而促进了 2-氯酚 (2CP) 的高效降解。

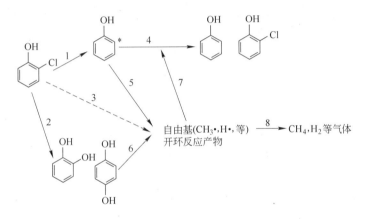

图 3-15　NaOH 催化 2-氯酚 (2CP) 降解的主要路径

在上述工作的基础上，东京大学与北京大学相关学者[224,225]继续分析了 o-氯酚 NaOH 等催化降解脱氯过程。其他碱性金属盐如 Na_2CO_3、K_2CO_3 等也能有效促进催化过程，催化剂的使用使得在温度 450℃，压力 25MPa 及 19s 时，降解率从无催化的 4% 提高到 60% 以上。原因是 Na_2CO_3、K_2CO_3 等在水中亦能水解生成氢氧根 (OH)，有效促进降解。另外，添加离子如 Fe^{3+}，Fe^{2+}，Li^+，Ca^{2+}，Na^+，K^+ 等有助于减少其对设备的腐蚀，将氯离子沉淀出。

总之，碱性金属盐 NaOH、KaOH、Na_2CO_3、K_2CO_3 等能有效催化脱氯。但不同于超临界水氧化脱氯过程中添加 NaOH、KaOH、Na_2CO_3、K_2CO_3 等的作用，在超临界水氧化过程中 NaOH、KaOH、Na_2CO_3、K_2CO_3 等的主要作用为减少氯的腐蚀作用。而在非氧化环境中，NaOH、KaOH、Na_2CO_3、K_2CO_3 等能通过氢氧根 (OH⁻) 为超临界水中的羧基自由基反应促进氯酚等的降解反应，并进一步汽化获得部分能量气体如 CH_4、H_2。因此，NaOH、KaOH、Na_2CO_3、K_2CO_3 等在水解催化脱氯过程中的机理也不同于超临界水氧化过程的中和效应。

B　金属催化脱氯

非均相催化剂由于易回收而在目前得到广泛研究与关注。事实上，20世纪80年代末，非均相金属催化剂如零价金属就被作为一种有效脱氯的还原剂，广泛受到人们的关注[226~228]。

在亚/超临界水中，由于金属催化过程相对腐蚀性小，较碱性金属盐 NaOH、KaOH、Na_2CO_3、K_2CO_3 等更具有优势。因此，研究也最为广泛。目前，在亚/超临界水主要研究的金属催化剂为铁、镍、铝及铜等。另外，由于采用双金属体系是提高零价金属还原法脱氯降解的有效方式，相关研究还涉及双金属等。其他研究还包括催化载体的改进及与催化供氢结合，实现高效催化脱氯。

因零价铁 Fe(0) 反应后残留物对环境污染危害小，因此得到最为广泛的关注[229~231]。零价铁还原脱氯机理主要为金属还原脱氯、还原消除及铁腐蚀过程产生的 H_2 还原脱氯。如氯代物在 Fe 或者含铁的双金属体系中主要发生的是还原脱氯反应，其基本原理是通过电化学反应实现脱氯。反应过程中铁作为还原剂发生氧化反应失去电子，为氯代有机物供给电子，从而使得氯原子以 Cl^- 的形式脱除，实现氯化物的还原脱氯。即：

$$Fe^0 \longrightarrow Fe^{2+} + 2e \tag{3-65}$$

Fe^{2+} 将与水发生还原反应：

$$Fe^{2+} + H_2O \longrightarrow Fe^{2+} + 2H^+ \tag{3-66}$$

由于电子的传递，将发生对应的氧化反应：

$$2H^+ + 2e \longrightarrow H_2 \tag{3-67}$$

$$O_2 + 2H_2O + 4e \longrightarrow 4OH^- \tag{3-68}$$

因此，由于零价铁反应过程中将产生 3 种还原剂（Fe(0)、Fe^{2+}、H_2），通常，在氯还原过程中，可能存在 3 种反应：

（1）Fe(0) 直接还原脱氯。

氯代有机物被吸附到 Fe(0) 表面，直接得到电子被还原：

$$Fe^0 \longrightarrow Fe^{2+} + 2e \tag{3-69}$$

$$RCl_x + 2e + H^+ \longrightarrow RHCl_{x-1} + Cl^- \tag{3-70}$$

即：

$$Fe^0 + RCl_x + H^+ \longrightarrow Fe^{2+} + RHCl_{x-1} + Cl^- \tag{3-71}$$

铁的还原反应标准电极电位为 $E = -0.44V$，而对于脱氯反应，标准电极电位在中性条件下位 $+0.5 \sim +1.5V$，因此反应能在 Fe(0) 表面有效进行。

（2）还原消除。

Fe(0) 还原产生的 Fe^{2+} 依然具有还原性，能使部分氯代有机物脱氯，即：

$$2Fe^{2+} + RCl + H^+ \longrightarrow 2Fe^{3+} + RH + Cl^- \tag{3-72}$$

但由于 Fe^{2+} 将会发生络合反应，实际证明参与还原反应的数量有限。

（3）H_2 还原。

由于：

$$Fe^0 \longrightarrow Fe^{2+} + 2e \tag{3-73}$$

$$2H^+ + 2e \longrightarrow H_2 \tag{3-74}$$

因此：

$$H_2 + RCl_x \longrightarrow RHCl_{x-1} + H^+ + Cl^- \tag{3-75}$$

Fe^0 释放出的两个电子优先被 H^+ 得到生成 H_2，产生的 H_2，进一步还原氯化有机物。该机理依然有待进一步证明，直接证明该机理的实验研究依然有待深入。目前，一般认为氯化有机物被吸附在表面，被还原脱氯为最主要的反应。如 Clark 等人[232]研究聚氯乙烯（PCE）的降解时发现铁颗粒的吸附性能起到了很重要的作用，也表明了吸附-还原为最重要的脱氯过程。

Chuang 等人[233]的研究表明，在超临界水体中，零价铁 Fe(0) 是还原脱氯的有效方式。在 400℃ 左右的超临界水体中，Fe(0) 能实现将多氯联苯 PCBs 几乎完全还原为双酚类化合物。但当温度低于 300℃，脱氯将变得困难。研究机理表明，在催化过程中，水为氢的供源，使得 PCBs 逐步转化为双酚类化合物。基本化学过程可描述为式（3-76）：

$$Fe(0) + R-Cl + H^+ \longrightarrow Fe^{2+} + R-H + Cl^- \tag{3-76}$$

Yak 等人[234]则分析了 PCBs 的亚临界水零价铁还原过程。在亚临界水中，研究者们将亚临界水的压力增加，使得在亚临界状态时，水依然处于不饱和气体以下，即依然为液体。在温度 300℃、压力 10MPa 以上，多氯联苯 PCBs 实现了有效降解。甚至温度在 250℃，保持压力 10MPa 以上，PCBs 中 BZ no. 54 及 BZ no. 207 也能实现高效降解。在温度 300℃、压力 10MPa，8-Cl-BiPh 及 7-Cl-BiPh 在停留时间为 8h 时，能 100% 降解。但 5-Cl-BiPh 仅有 54.5% 左右的被降解。因此，高氯联苯比低氯联苯更易降解。主要原因为随着氯数量的减少，将使得整个多氯联苯分子的整体最低占用轨道（LUMO）增加，从而使得还原电子占用最低占用轨道（LUMO）的概率减少，因此使得反应降解效率降低。在脱氯过程中，随着氯逐步被氢取代，反应的势垒也逐步增加。最终当脱氯的势垒高于开环降解双酚类的势垒后，即出现了双酚逐渐开环降解。这一结果使得当降解单氯、双氯或者部分三氯联苯类时，继续还原脱氯将无法观察到双酚类化合物。脱氯效率与 LUMO 的拟合关系如图 3-16 所示：

PCBs 的表面过程催化机理可以用式（3-77）归纳：

$$C_{12}H_nCl_{(10-n)} + Fe + H^+ \longrightarrow C_{12}H_{(n+1)}Cl_{(9-n)} + Fe^{2+} + Cl^- \tag{3-77}$$

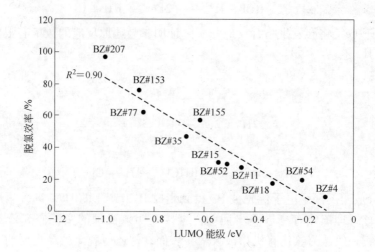

图 3-16　脱氯效率与 LUMO 的关系图（线性相关 $R^2 = 0.895$）

根据式（3-78），可将动力学方程写为：

$$rate = k[\text{PCB}]^x[\text{Fe}]^y \tag{3-78}$$

拟合的部分参数如表 3-14 所示。

表 3-14　动力学降解拟合相关参数

序　号	BZ# 77/μmol	Fe(0)/g	反应初始速率(μmol BZ# 77/h)
1	0.644	0.5	0.29
2	0.644	1	0.37
3	0.644	2	0.41
4	0.644	3	0.48
5	1.29	0.5	0.61

对脱氯效应的预测，可以用式（3-79）表示：

$$RE = A(\text{Cl}_o) + B(\text{Cl}_m) + C(\text{Cl}_p) \tag{3-79}$$

式中，Cl_o 表示 ortho 位置上的氯原子数量，Cl_m、Cl_p 分别为 meta 及 para 位置上的氯原子数量。通过实验数据拟合，可以得出相应参数的数值为：

$$A = 0.057 \pm 0.011$$

$$B = 0.14 \pm 0.028$$

$$C = 0.19 \pm 0.026$$

因此，

$$RE = 0.057(\text{Cl}_o) + 0.14(\text{Cl}_m) + 0.19(\text{Cl}_p) \tag{3-80}$$

另外，脱氯的主要路径如图 3-17 所示。

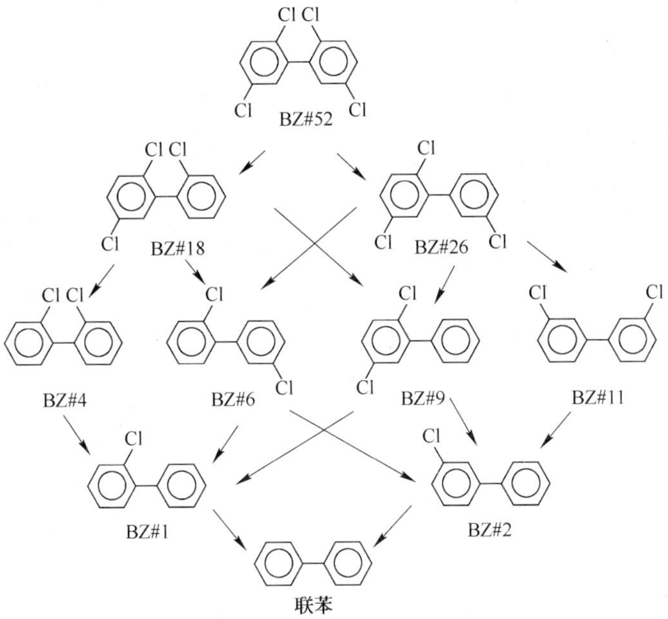

图 3-17 BZ# 52 的脱氯主要路径

Kubātovā 等人[235]对比了在亚临界水中，不同金属对去除 PCBs 的影响。在温度 350℃，1h 的停留时间下，金属均能有效提高对 PCBs 的去除率，去除率均可达到 99% 以上。但对于不同金属的活性，研究结果为 Pb ≈ Cu > Al > Zn > Fe。这与其他研究结果存在差异，主要的原因为降解对象为 Aroclor 1254 类的混合 PCBs，在催化体系中，催化金属对不同物质的表面吸附行为存在差异，因此，使得其对催化脱氯存在部分差异。即使将温度降低到 250℃，如果将反应的时间延长到 16h，使用零价 Al 处理，依然能实现约 95% 的有效降解。

Zhu 等人[236]研究实验双金属体系在亚临界水中对 PCBs 的降解过程。研究对比表明，使用双金属 Ni/Fe 能显著提供催化的效率，较单金属 Ni 及 Fe 在停留时间 1h 及催化剂 0.2g/g 时，在温度 320℃时，PCBs 的转化率提高到了 80%，而对比组零价 Fe 的催化效率只有 50% 左右，Ni 的纳米颗粒组效率约 70%。因此，从结果来看，双金能产生较好的催化效果。主要是双金属一方面增加了对 H^+ 的吸附选择性，另外，表面属性的改变，也使得催化剂的特性优于单金属。

魏等人[237~239]系统分析了催化载体 ZrO_2 分别在亚临界水及超临界水中分别对催化过程的影响。在温度 200 ~ 350℃的亚临界水中，压力 22 ~ 24MPa，停留时间 60 ~ 360s 范围内研究了氯苯的催化还原脱氯过程结果表明，催化活性对比结果是：$Cu/ZrO_2 < Ni/ZrO_2 < Fe/ZrO_2$。在 350℃时，连续式反应器的停留时间仅为

360s，Fe/ZrO$_2$ 能实现76%的有效脱氯。

由于 ZrO$_2$ 是一种典型的弱路易斯酸催化剂[240,241]，且 ZrO$_2$ 的 Zr^{4+}-O^{2-} 路易斯酸碱对氯苯能够发生吸附提高金属活性组分的催化还原脱氯能力。另外，亚/超临界水气化的相关研究表明，ZrO$_2$ 对氢具有较强的选择性，能促进催化过程中 H$_2$ 的产生，因此，也是提高催化效率的重要原因。

脱氯的效果与金属催化剂的氧化点位相关。不同金属元素的氧化还原电位分别为 Cu/Cu^{2+}（0.340）< Ni/Ni^{2+}（-0.23）< Fe/Fe^{2+}（-0.440），但其他因素也将影响催化的过程，如金属元素对参与反应氢的吸附能力及催化剂对氯苯吸附效果等。催化过程中 Fe/ZrO$_2$、Cu/ZrO$_2$ 部分金属活性组分被氧化成 Fe$_3$O$_4$、CuO，而 Ni/ZrO$_2$ 催化剂使用前后 Ni 始终以金属形式存在，主要原因为 Ni 的相对氧化点位变化小，在过程中稳定，在亚临界水脱氯过程中，与水反应后，在氢等还原氛围下，更可能保持金属还原状态。但 Fe 及 Cu 等则容易发生变化，且由于氧化点位变化大，易与水发生反应且不容易回到金属状态，最终被氧化成 Fe$_3$O$_4$、CuO。

拟合不同催化剂的动力学方程为：

$$\frac{\mathrm{d}X}{\mathrm{d}\tau} = A\exp\left(-\frac{E_a}{RT}\right)C_0^{\alpha-1}(1-X)^{\alpha} \tag{3-81}$$

假设过程为1级反应，拟合的动力学相关参数如表3-15所示。Fe/ZrO$_2$ 降解活化能为最小 23.20±2.26kJ/mol，说明反应的势垒最小，脱氯反应在 Fe/ZrO$_2$ 催化剂表面最易于发生。

表3-15 动力学降解拟合相关参数

温度/℃	Fe/ZrO$_2$		Cu/ZrO$_2$		Ni/ZrO$_2$	
	速率 k/s^{-1}	E_a/kJ·mol^{-1}	速率 k/s^{-1}	E_a/kJ·mol^{-1}	速率 k/s^{-1}	E_a/kJ·mol^{-1}
200	0.00123	23.20±2.26	0.0004	25.25±3.06	0.0006	24.04±3.23
250	0.00245		0.001		0.0012	
300	0.00395		0.0016		0.002	
350	0.00495		0.002		0.0024	

魏光涛等人[238]研究利用沉淀法制备了 Fe/ZrO$_2$ 并与在亚临界状态下的过程进行了对比分析。在超临界水中，脱氯降解的活化能为 70.4kJ/mol，而在亚临界水中，脱氯的活化能仅为 23kJ/mol，因此，在超临界水体中的脱氯与亚临界水体中的脱氯存在差异。主要是在亚临界水体中，存在的大量 H$^+$ 可以作为反应过程的质子供体，催化剂中的金属可以其作为电子的供体，H$^+$ 得到电子生成新生态的氢，H·具有极高的活泼性能够与吸附于催化剂表面的氯苯发生反应，使得氯苯还原脱氯。但在超临界水体中，一方面，水的黏度减小，扩散系数的提高而大大提高了反应的速率，使得反应系数比亚临界水中大于亚临界，但反应主要为超临界水均裂反应生

成H·，在催化剂作用下与氯发生反应，以裂解、自由基脱氯作用为主。

上述研究再次说明了水的溶剂效应对化学过程的影响。

加氢脱氯也是有效处理氯化有机物的一种有效途径。目前，在常规条件下的加氢脱氯催化剂主要包括金属、硫化物、碳化物及磷化镍等[242]。研究表明，与镍相比，贵金属催化剂在温和条件下具有较高活性及稳定性，并具有较强的抗氯中毒能力，当然，费用、使用成本较高[243]。改进催化载体，也有助于提高脱氯效率[244]。在加氢脱氯反应中，载体会通过与金属产生相互作用而影响其电子及几何结构，从而在载体表面形成的具有活性的溢流氢物可提高加氢脱氯效率。部分载体包括：活性炭、无机氟化物、氧化物（如 Al_2O_3，SiO_2，MgO 及 ZrO_2）及分子筛等[245~247]。

在超临界体系中，Zhu 等人提出了两段式脱氯工艺[236]。在催化剂 Fe/Ni 的催化作用下，第一段的工艺 150℃脱氯后，在第二段 330℃工艺中，加入氢供体如丁酸、HAc、NaH_2PO_4、KH_2PO_4 等供质子，在催化剂的作用下，成为下一段工艺的氢供体，提高过程的脱氯效率。

魏光涛等人曾研究过乙醇超临界水气化供氢脱氯的方法[248]。该方法利用乙醇超临界水气化产生的大量氢、铁与超临界水发生反应生成的微量氢均能够在催化剂作用下进一步离解为新生态的 H·，新生态的 H·参与脱氯反应。乙醇超临界水气化供氢脱氯反应复杂，即有 OH·取代氯苯的氯原子而生成苯酚，同时存在金属钠离子与氯苯苯环所连的氯原子发生电子吸附而促成的脱氯。过程中，最终在超临界水气化重整作用下降解为 H_2、CO、CH_4、CO_2 等小分子气体。另外，在降解过程中正碳离子也可以发生异构化、烷基化等反应。

总体上看，氢的产生及在催化剂表面的吸附、滞留是研究的关键。提高催化效率，一方面可提高催化剂对反应物的吸附，另外，催化剂对氢的选择性也是催化脱氯的关键。另外，水的溶剂效应对化学过程的影响显著，在亚临界状态中，交换脱氯反应显著，而在超临界水体中，随着水温的升高和水性质的改变，也使得过程的自由基作用、裂解反应显著。

3.2.2 脱杂

在亚/超临界水中，脱除 Br、F、N 等元素，也是目前关注较多的几个方向。特别是 Br 元素，由于其特性与 Cl 接近，危害也较大，得到了较多的关注。其他 F、N 也在目前有相关的研究，且 F 脱除的难度大。脱 N 问题在液化部分还将介绍，是生物油升级遇到的棘手问题。N 燃烧将产生 NO_x 等氮化物，因此，也是脱除的重要研究方向。

对 Br 的关注，主要来源于多溴联苯醚。多溴联苯醚是一种常用的电子阻燃剂，是典型的 POPs，具有高毒性、持久、易于生物积累并在环境中长距离转移。

2009年《斯德哥尔摩公约》将四溴、五溴、六溴、七溴为代表的PBDEs列入拟优先消减的物质行列，这也使得如何脱溴得到了较为广泛的关注[249,250]。

环境中PBDEs重要的来源为电子垃圾[251]。电子垃圾来自废弃的电子产品，如遗留在环境中的电脑、打印机、复印机、电视机和手机等。这些电子垃圾每年都在快速增长，其中含有大量的PBDEs，因未能有效处理，PBDEs便通过渗漏、蒸发等方式进入当地居民生活的水体、空气、沉积物与土壤中[252]。世界最大的淡水湖系北美五大湖中近年来PBDEs的含量也逐年增加，给美国及加拿大的人体健康及环境造成了不可忽视的影响[253]。在环境中PBDEs可沿食物链逐级放大并在环境中远距离迁移，最终通过食物链对人体的健康造成危害[254]，人体（奶、血清和脂肪组织等）均有PBDEs检出[255]。已有证据表明，在1972~1997年期间，瑞典妇女母乳中PBDEs每隔5年浓度会加倍提高[256]。

目前，处理PBDEs的手段包括生物[257]、化学[258]等，在国外，有效降解PBDEs的试验报道依然稀少，集中在生物降解[259]、光催化[260~262]降解两方面。生物降解PBDEs速度缓慢，降解时间长达数月，且依赖特殊菌体，并需要多种微生物的协同作用，因微生物降解PBDEs过程复杂，还会生成大量的中间产物，是否能彻底消除PBDEs的环境危害依然有待深入研究；光化学处理目前效率依然较低，PBDEs通常需要14d左右才能实现80%~90%的降解。

在亚/超临界水体系中，目前对脱溴的研究依然较少。Nose等人[263]研究在亚临界水体中多溴联苯醚的水解脱溴过程。在温度300℃及8MPa条件下，超过99%的多溴联苯醚在10min反应后发生了降解反应。但对于低溴联苯，水解降解存在困难，并且在该过程中，高溴苯被部分脱溴而非完全脱溴，主要过程如图3-18所示。因此，在亚/超临界水体系中，可实现PBDEs的有效处理。但有待后

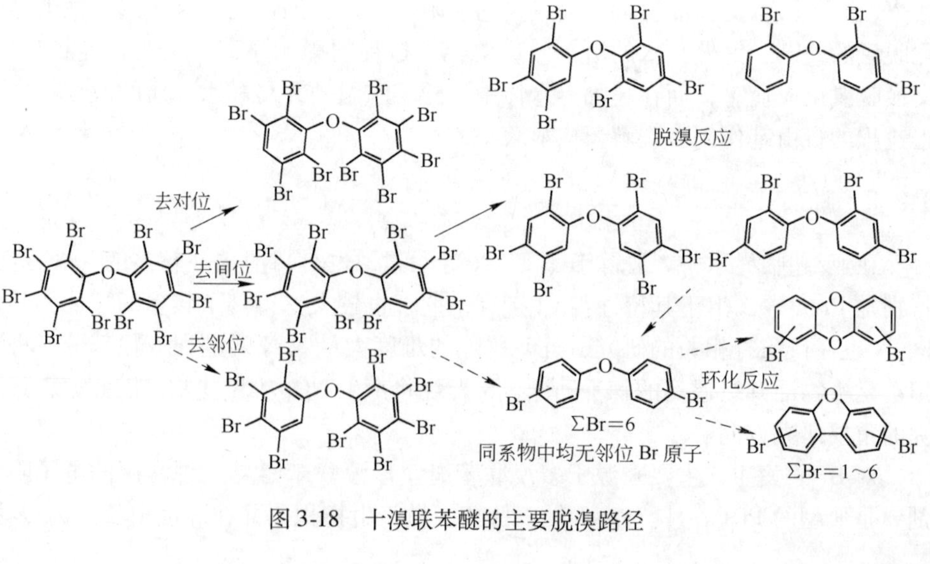

图3-18　十溴联苯醚的主要脱溴路径

期深入研究，是与脱氯相似的重要方向。

F 化物在环境中稳定，是一种非常难脱除的对人体有害的元素[264]。通常，需要在催化剂的条件下，才能有效进行。如：Varga 等人[265]曾在实验条件下脱除过含氟化合物。F 化合物主要通过水解作用脱除，即：

$$F^- + H_2O \longrightarrow OH^- + HF \tag{3-82}$$

其中碱性金属催化作用 CsF > KF > NaF，与水解脱氯相似，但 F 更稳定，更难脱除。

Hori 等人[266]系统分析了零价铁对硅酸氟酚 perfluorooctanesulfonate（PFOS）中 F 的脱除规律。研究表明，在亚临界水中，直接水解对 PFOS 几乎没有降解效果，加入金属盐能提高脱氟的效果，活性为：无金属 ≈ Al < Cu < Zn ≪ Fe。其中，使用零价铁 Fe(0) 在温度 350℃，6h 反应后，能实现 50% 左右的有效降解。保持温度 250℃以上，F 主要以离子形式被脱除在水中。另外，在反应过程中 PFOS 易被吸附在催化剂表面。

总体上，脱 F 与脱 Cl 存在相似之处，但脱除难度更大，目前脱除效率依然不高。

Akimoto 等人[267]研究了在亚临界水及超临界水中石油类废弃物的脱氮过程。结果表明，在 425℃时，氮化物从 297×10^{-6} 被降解为 15×10^{-6}，能被高效去除。另外，氢氧化物如 LiOH 能有效提高去除效率，将温度降低到 375℃时，氮化物依然被降低到 49×10^{-6}。氮平衡如表 3-16 所示。可见，氮主要被水解为 NH_4^+。

表 3-16　在水解过程中氮的物质平衡[①]

过　程	原油中的 N /mg	反应油残留氮 /×10⁻⁶[②]	水中 N /×10⁻⁶[③]	N 回收率 /%[④]	NH₃ 选择性 /%[⑤]
250℃，30min	1.15	570	5.2	83.5	34.9
350℃，30min	1.15	158	20.4	82.6	80
375℃，30min	1.15	28	27.9	98.2	96.6

①原油为 1g；碱 1g。

②生成油产率为 1g。

③水溶液容积为 50mL。

④考虑所有在液态中的氮化合物。

⑤NH_4^+ 类在过程中的去除率。

脱氮过程的原理如图 3-19 所示。在过程中，含氮化合物中的氮被逐步水解，最终被脱除。同时，在碱的催化作用下，部分发生了消去反应，进一步发生了脱酸反应。在整个过程中，水同时作为溶剂，也作为反应物参与了反应。一方面，由于能电离出 H⁺ 及 OH⁻ 等离子，在亚临界水中，加快了反应的水解作用。另外，由于自由基的存在，也使得过程发生了裂解反应。

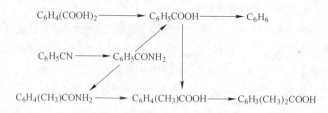

图 3-19　典型含氮化合物的反应路径

因此，整体上来看，碱能有效催化脱氮，是脱氮的有效方式。在第 6 章有机化学反应中，还将涉及 N 在亚/超临界水的水解反应过程。

参 考 文 献

[1] 孙楹煌，李彦旭，陈佩仪，等. 超临界水氧化法及其在有机废水处理中的应用[J]. 水资源保护：21(2005)：75～78.

[2] 孙英杰，徐迪民，刘辉. 超临界水氧化技术研究与应用进展[J]. 中国给水排水. 18(2002)：35～37.

[3] 李锋，赵建夫，李光明. 超临界水氧化技术的研究与应用进展[J]. 工业用水与废水. 32(2001)：8～10.

[4] Dusan Kodra, Vermuri Balakotaiah. Autothermal Oxidation of Dilute Aqueous Wastes under Supercritical Conditions [J]. Ind. Eng. Chem. Res. 33(1994)：575～580.

[5] Kevin Hii, Saeid Baroutian, Raj Parthasarathy, et al. A review of wet air oxidation and Thermal Hydrolysis technologies in sludge treatment [J]. Bioresource Technology. 155(2014)：289～299.

[6] Calzavara Y, Joussot-Dubien C, Turc H-A, et al. A new reactor concept for hydrothermal oxidation [J]. The Journal of Supercritical Fluids. 31(2004)：195～206.

[7] Shaw R W, Dahmen N. Destruction of Toxic Organic Materials Using Super-Critical Water Oxidation：Current State of the Technology [J]. NATO Science. 366(2000)：425～437.

[8] Larry S Cohen, Dan Jensen, Gary Lee, et al. Hydrothermal oxidation of Navy excess hazardous materials [J]. Waste Management. 18(1998)：539～546.

[9] Barner H E, Huang C Y, Johnson T, et al. Supercritical water oxidation：An emerging technology [J]. Journal of Hazardous Materials. 31(1992)：1～17.

[10] Motonobu Goto, Takatsugu Nada, Akio Kodama, et al. Kinetic Analysis for Destruction of Municipal Sewage Sludge and Alcohol Distillery Wastewater by Supercritical Water Oxidation [J]. Ind. Eng. Chem. Res. 38(1999)：1863～1865.

[11] Fangming Jin, Atsushi Kishita, Heiji Enomoto. Oxidation of garbage in supercritical water [J]. High Pressure Research：An International Journal. 20(2001)：1～6.

[12] Schütz E. Supercritical Fluids and Applications-A Patent Review. Chemical Engineering & Tech-

nology [J]. High Pressure Technology. 30(2007): 685 ~ 688.

[13] Peter Kritzer, Eckhard Dinjus. An assessment of supercritical water oxidation(SCWO): Existing problems, possible solutions and new reactor concepts [J]. Chemical Engineering Journal. 83(2001): 207 ~ 214.

[14] Abeln J, Kluth M, Pagel M. Results and Rough Cost Estimation for SCWO of Painting Effluents Using a Transpiring Wall and a Pipe Reactor [J]. Journal of Advanced Oxidation Technologies. 10(2007): 169 ~ 176.

[15] Nikolaos Boukis, Nils Claussen, Klaus Ebert, et al. Corrosion screening tests of high-performance ceramics in supercritical water containing oxygen and hydrochloric acid [J]. Journal of the European Ceramic Society. 17(1997): 71 ~ 76.

[16] Bernard Meunier, Alexander Sorokin. Oxidation of Pollutants Catalyzed by Metallophthalocyanines [J]. Acc. Chem. Res. 30(1997): 470 ~ 476.

[17] Philip A Marrone. Supercritical water oxidation—Current status of full-scale commercial activity for waste destruction [J]. J. of Supercritical Fluids. 79(2013): 283 ~ 288.

[18] Dixon C N, Abraham M A. Conversion of methane to methanol by catalytic supercritical water oxidation, J. Supercrit. Fluids 5(1992): 269 ~ 273.

[19] Sato T, Watanabe M, Smith Jr R L, et al. Analysis of the density effect on partial oxidation of methane in supercriticalwater [J]. J. Supercrit. Fluids. 28(2004): 69 ~ 77.

[20] Steeper R R, Rice S F, Brown M S, et al. Methane and methanol diffusion flames in supercritical water [J]. J. Supercrit. Fluids. 5(1992): 262 ~ 268.

[21] Savage P E, Stylski J Yu. N, Brock E E. Kinetics and mechanism of methane oxidation in supercritical water [J]. J. Supercrit. Fluids. 12(1998): 141 ~ 153.

[22] Savage Ph E, Rovira J, Stylski N, et al. Oxidation kinetics for methane/methanol mixtures in supercritical water [J]. J. Supercrit. Fluids. 17(2000): 155 ~ 170.

[23] Vogel F, DiNaro Blanchard J L, Marrone Ph A, et al. Review: critical review of kinetic data for the oxidation of methanol in supercritical water [J]. J. Supercrit. Fluids. 34(2005): 249 ~ 286.

[24] Webley P A. Fundamental oxidation kinetics of simple compounds in supercritical water, Ph. D. thesis, Department of Chemical Engineering, Massachusetts Institute of Technology [J]. Cambridge, MA, 1989.

[25] Rice S F, Hunter T B, Ryde'n A C, et al. Raman spectroscopic measurement of oxidation in supercritical water [J]. 1. Conversion of methanol to formaldehyde. Ind. Eng. Chem. Res. 35(7) (1996): 2161 ~ 2171.

[26] Brock E E, Oshima Y, Savage P E, et al. Kinetics and mechanism of methanol oxidation in supercritical water [J]. J. Phys. Chem. 100(39)(1996): 15834 ~ 15842.

[27] Phenix B D. Hydrothermal oxidation of simple organic compounds, Ph. D. thesis, Department of Chemical Engineering, Massachusetts Institute of Technology [J]. Cambridge, MA, 1998.

[28] Phenix B D, DiNaro J L, Tester J W, et al. The effects of mixing and oxidant choice on laboratory-scale measurements of supercritical water oxidation kinetics [J]. Ind. Eng. Chem. Res. 41

(3)(2002): 624~631.

[29] Rice S F, Steeper R R. Oxidation rates of common organic compounds in supercritical water [J]. J. Hazard. Mater. 59(1998): 261~278.

[30] Anitescu G, Zhang Z, Tavlarides L L. A kinetic study of methanol oxidation in supercritical water [J]. Ind. Eng. Chem. Res. 38(6)(1999): 2231~2237.

[31] Marrone P A. Hydrolysis and oxidation of model organic compounds in sub-and supercritical water: reactor design, kinetics measurements and modeling, Ph. D. thesis, Department of Chemical Engineering, Massachusetts Institute of Technology [J]. Cambridge, MA, 1998.

[32] Cansell F, Beslin P, Berdeu B. Hydrothermal oxidation of model molecules and industrial wastes. Environ. Prog. 17(4)(1998): 240~245.

[33] Kruse A, Schmieder H. Supercritical oxidation in water and carbon dioxide. Environ. Prog. 17 (4)(1998): 234~239.

[34] Kruse A, Ederer H, Mas C, et al. Kinetic studies of methanol oxidation in supercritical water and carbon dioxide, in: Supercritical Fluids: Fundamentals and Applications, NATO Science Series E, vol. 366, Proceedings of the NATO Advanced Study Institute on Supercritical Fluids—Fundamentals and Applications [J]. Kemer, Antalya, Turkey, July 12~24, 1998, Kluwer Academic Publishers, Dordrecht, The Netherlands, 2000, 439~450.

[35] Koda S, Martino C J, Kuroiwa S, et al. Raman spectroscopic study of methanol-water interaction and methanol oxidation in high pressure and high temperature water, Presented at the 13th International Conference on the Properties of Water and Steam(ICPWS)[J]. Toronto, Canada, September 12~16, 1999.

[36] Koda S, Kanno N, Fujiwara H. Kinetics of supercritical water oxidation of methanol studied in a CSTR by means of raman spectroscopy [J]. Ind. Eng. Chem. Res. 40(18)(2001): 3861~3868.

[37] Lee J H, Foster N R. Oxidation of methanol in supercritical water [J]. J. Ind. Eng. Chem. (Korea)5(2)(1999): 116~122.

[38] Roche H L La. Wandgekuhlter Hydrothermalbrenner (WHB) furdieuberkritische Nassoxidation (wall-cooled hydrothermal burner WHB for supercritical water oxidation), Ph. D. thesis, Department of Mechanical and Process Engineering, Swiss Federal Institute of Technology ETH [J]. Zurich, Switzerland, 1996.

[39] Weber M. Apparate einer SCWO-Anlage und deren Leistungsfahigkeit(Components of an SCWO installation and its performance), Ph. D. thesis, Department of Mechanical and Process Engineering, Swiss Federal Institute of Technology ETH [J]. Zurich, Switzerland, 1997.

[40] Watanabe M, Sue K, Adschiri T, et al. Control of methanol oxidation by ionic behavior in supercritical water [J]. Chem. Commun. (2001): 2270~2271.

[41] Boock L T, Klein M T. Lumping strategy for modeling the oxidation of C1 C3 alcohols and acetic acid in high-temperature water [J]. Ind. Eng. Chem. Res. 32(11)(1993): 2464~2473.

[42] Broll D. Partialoxidationen in "uberkritischem Wasser mit molekularem Sauerstoff, Die Reaktionen von Methanol, Methan und Propylen mit und ohne Silberkatalysatoren, Ph. D. thesis,

Fachbereich Chemie [J]. Technische University at Darmstadt, Germany, 2001.

[43] Tester J W, Webley P A, Holgate H R. Revised global kinetic measurements of methanol oxidation in supercritical water [J]. Ind. Eng. Chem. Res. 32(1)(1993): 236~239.

[44] Koda S, Kanno N, Fujiwara H. Kinetics of supercritical water oxidation of methanol studied in a CSTR by means of raman spectroscopy [J]. Ind. Eng. Chem. Res. 40(18)(2001): 3861~3868.

[45] Hayashi R, Onishi M, Sugiyama M, et al. Kinetic analysis on alcohol concentration and mixture effect in supercritical water oxidation of methanol and ethanol by elementary reaction model [J]. J. Supercrit. Fluids. 40(2007): 74~83.

[46] Hirosaka K, Koido K, Fukayama M, et al. Experimental and numerical study of ethanol oxidation in sub-critical water [J]. J. Supercrit. Fluids. 44(2008): 347~355.

[47] Stephen Safe, Otto Hutzinger. Polychlorinated Biphenyls(PCBs) and Polybrominated Biphenyls (PBBs): Biochemistry, Toxicology and Mechanism of Action [J]. Critical Reviews in Toxicology. 13(1984): 319~395.

[48] Rogan W J, Gladen B C. Neurotoxicology of PCBs and related compounds [J]. Neurotoxicology. 13(1)(1992): 27~35.

[49] Tanabe S, Kannan N, Subramanian An, et al. Highly toxic coplanar PCBs: Occurrence, source, persistency and toxic implications to wildlife and humans [J]. Environmental Pollution. 7(1987): 147~163.

[50] Sara Hallgren, Taha Sinjari, Helen Håkansson, et al. Effects of polybrominated diphenyl ethers (PBDEs) and polychlorinated biphenyls(PCBs) on thyroid hormone and vitamin A levels in rats and mice [J]. Archives of Toxicology. 75(2001): 200~208.

[51] baike. baidu. com/link?url = f7_rnMXfpDhaQ3X1Ja5ivuycBDdRh4L6XQCorKHpBNAEEFyin3-YZhEadfozf60vUyTJK3IAmrcByIxXrqAEqAK [OL].

[52] Tanabe S, Kannan N, Subramanian An, et al. Highly toxic coplanar PCBs: Occurrence, source, persistency and toxic implications to wildlife and humans [J]. Environmental Pollution. 47 (1987): 147~163.

[53] Kevin P Shea. PCB Environment: Science and Policy for Sustainable Development [J]. 15, 1973.

[54] 储少岗, 刘晓星. 典型污染地区底泥和土壤中残留多氯联苯 (PCBs) 的情况调查[J]. 中国环境科学. 3(1995): 199~203.

[55] 李灵军, 蒋可. 国产多氯联苯及其焚烧烟灰中类二噁英多氯联苯测定. 环境科学. 6 (1995): 55~58.

[56] 陈晨, 崔静岚, 秦智慧, 等. 多氯联苯微生物脱氯研究进展[J]. Chinese Journal of Applied Ecology. 23(2012): 25~28.

[57] 王海荣, 贾凌云, 杨凤林. 紫外光照射与生物降解耦合用于 PCBs 降解的研究[J]. 环境污染治理技术与设备. 5(2003): 60~65.

[58] 孙治荣, 马林, 韩延波. 2-氯酚在超临界水-NaOH 体系中的脱氯特性[J]. 环境工程学报. 4(2012): 1231~1234.

[59] 张洁，王树众，郭洋，等. 响应面法优化超临界水氧化处理农药废水[J]. 环境工程学报. 4(2012)：1129~1134.

[60] 张付申，修福荣，朱能敏. 超临界水处理废弃多氯联苯的工艺流程与成套设备[D]. CN101850168A. 2010.

[61] Modell. Processing methods for the oxidation of organics in supercritical water [D]. US 4543190 A.

[62] Hatakeda K, Ikushima Y, Sato O, et al. Supercritical water oxidation of polychlorinated biphenyls using hydrogen peroxide. Chemical Engineering Science. 54(1999)：3079~3084.

[63] Crain N, Shanableh A, Gloyna E. Supercritical water oxidation of sludges contaminated with toxic organic chemicals [J]. Water Science & Technology. 42(2000)：363~368.

[64] Víctor Marulanda, Gustavo Bolaños. Supercritical water oxidation of a heavily PCB-contaminated mineral transformer oil：Laboratory-scale data and economic assessment [J]. The Journal of Supercritical Fluids. 54(2010)：258~265.

[65] 韦朝海，晏波，胡成生. PCBs 的超(亚)临界水催化氧化及还原裂解[J]. 化学进展. 19(2007)：1275~1281.

[66] Zhen Fang, Sikun Xu, Ian S Butler, et al. Destruction of Decachlorobiphenyl Using Supercritical Water Oxidation [J]. Energy Fuels, 18(5)(2004)：1257~1265.

[67] Sang-Hwan Lee, Ki Chul Park, Tomoaki Mahiko, et al. Supercritical water oxidation of polychlorinated biphenyls based on the redox reactions promoted by nitrate and nitrite salts [J]. The Journal of Supercritical Fluids. 39(2006)：54~62.

[68] Gheorghe Anitescu, Zhuohong Zhang, Lawrence L Tavlarides. A Kinetic Study of Methanol Oxidation in Supercritical Water [J]. Ind. Eng. Chem. Res. 38(6)(1999)：2231~2237.

[69] Anitescu G, Tavlarides L L. Supercritical extraction of contaminants from soils and sediments [J]. The Journal of Supercritical Fluids. 38(2006)：167~180.

[70] Gheorghe Anitescu, Lawrence L Tavlarides. Oxidation of Aroclor 1248 in Supercritical Water：A Global Kinetic Study [J]. Ind. Eng. Chem. Res. 39(3)(2000)：583~591.

[71] Christopher P O'Brien, Mark C Thies, David A Bruce. Supercritical Water Oxidation of the PCB Congener 2-Chlorobiphenyl in Methanol Solutions：A Kinetic Analysis [J]. Environ. Sci. Technol. 39(17)(2005)：6839~6844.

[72] Eric E Brock, Yoshito Oshima, Phillip E Savage, et al. Kinetics and Mechanism of Methanol Oxidation in Supercritical Water [J]. J. Phys. Chem. 100(39)(1996)：15834~15842.

[73] Neil Crain, Saadedine Tebbal, Lixiong Li, et al. Kinetics and reaction pathways of pyridine oxidation in supercritical water [J]. Ind. Eng. Chem. Res. 32(10)(1993)：2259~2268.

[74] Huang C P. Chengdi Dong, Zhonghung Tang. Advanced chemical oxidation：Its present role and potential future in hazardous waste treatment [J]. Waste Management. 13(1993)：361~377.

[75] Tester J W, Cline J A. Hydrolysis and Oxidation in Subcritical and Supercritical Water：Connecting Process Engineering Science to Molecular Interactions [J]. CORROSION ENGINEERING. 55(1999)：1088~1100.

[76] Hatakeda K, Ikushima Y, Sato O, et al. Supercritical water oxidation of polychlorinated bi-

phenyls using hydrogen peroxide [J]. Chemical Engineering Science. 54(1999): 3079~3084.

[77] Tina M Hayward, Igor M Svishchev, Ramesh C Makhija. Stainless steel flow reactor for supercritical water oxidation: corrosion tests [J]. The Journal of Supercritical Fluids. 27 (2003): 275~281.

[78] Peter Kritzer. Corrosion in high-temperature and supercritical water and aqueous solutions: a review [J]. The Journal of Supercritical Fluids. 29(2004): 1~29.

[79] Mitton D B, Yoon J-H, Cline J A, et al. Latanision, Corrosion Behavior of Nickel-Based Alloys in Supercritical Water Oxidation Systems [J]. Ind. Eng. Chem. Res. 39 (12) (2000): 4689~4696.

[80] Poongunran Muthukumaran, Ram B Gupta. Sodium-Carbonate-Assisted Supercritical Water Oxidation of Chlorinated Waste [J]. Ind. Eng. Chem. Res. 39(12)(2000): 4555~4563.

[81] Guozhong Wu, Yosuke Katsumura, Yusa Muroya, et al. Temperature Dependence of Carbonate Radical in NaHCO$_3$ and Na$_2$CO$_3$ Solutions: Is the Radical a Single Anion? [J]. J. Phys. Chem. A, 106(11)(2002): 2430~2437.

[82] Fang Z, Xu S K, Smith R L, et al. Destruction of deca-chlorobiphenyl in supercritical water under oxidizing conditions with and without Na$_2$CO$_3$[J]. The Journal of Supercritical Fluids. 33 (2005): 247~258.

[83] Killilea W R, Swallow K C, Hong G T. The fate of nitrogen in supercritical-water oxidation [J]. J. Supercrit. Fluids. 5(1992): 72~78.

[84] Nathalie Segond, Yukihiko Matsumura, Kazuo Yamamoto. Determination of Ammonia Oxidation Rate in Sub-and Supercritical Water [J]. Ind. Eng. Chem. Res. 41(2002): 6020~6027.

[85] Webley P A, Tester J W, Holgate H R. Oxidation Kinetics of Ammonia and Ammonia-Methanol Mixtures in Supercritical Water in the Temperature Range 530~700℃ at 246 bar [J]. Ind. Eng. Chem. Res. 30(1991): 1745.

[86] Goto M, Shiramizu D, Kodama A, et al. Kinetic Analysis for Ammonia Decomposition in Supercritical Water Oxidation of Sewage Sludge [J]. Ind. Eng. Chem. Res. 38(1999): 4500.

[87] Il' Chenko N I. Catalytic Oxidation of Ammonia [J]. Russ. Chem. Rev. 45(12)(1976): 1119.

[88] Philip C Dell' Orco, Earnest F Gloyna, Steven J. Buelow. Reactions of Nitrate Salts with Ammonia in Supercritical Water [J]. Ind. Eng. Chem. Res. 36(1997): 2547~2557.

[89] Bedford G, Thomas J H. Reaction Between Ammonia and Nitrogen Dioxide [J]. J. Chem. Soc. Faraday Trans. 1(1972): 2163.

[90] Taro Oe, Hiroshi Suzugaki, Ichiro Naruse, et al. Role of Methanol in Supercritical Water Oxidation of Ammonia [J]. Ind. Eng. Chem. Res. 46(2007): 3566~3573.

[91] Zhong Yi Ding, Lixiong Li, Daniel Wade, et al. Supercritical Water Oxidation of NH3 over a MnO$_2$/CeO$_2$ Catalyst [J]. Ind. Eng. Chem. Res. 37(1998): 1707~1716.

[92] Dong Soo Lee, Sang Do Park. Decomposition of nitrobenzene in supercritical water [J]. Journal of Hazardous Materials. 51(1996): 67~76.

[93] Cyril Aymonier, Patrick Beslin, Claude Jolivalt, et al. Hydrothermal oxidation of a nitrogen-containing compound: the fenuron [J]. Journal of Supercritical Fluids. 17(2000): 45~54.

[94] Ivette Vera Pérez, Steven Rogaka, Richard Branion. Supercritical water oxidation of phenol and 2,4-dinitrophenol [J]. J. of Supercritical Fluids. 30(2004)：71~87.

[95] Crooker P J, Ahluwalia K S, Prince Z Fan J. Operating Results from Supercritical Water Oxidation Plants [J]. Ind. Eng. Chem. Res. 39(2000)：4865~4870.

[96] 李再婷，蒋福康，谢朝钢，等. 催化裂解工艺技术及其工业应用[J]. 当代石油石化. 10(2001)：10~15.

[97] 刘瑞栋，王植，刘必武. 新型 NCG-6 苯加氢催化剂的工业应用[J]. 江苏化工. 5(2004)：33~35.

[98] 孙海杰，潘雅洁，王红霞，等. 二乙醇胺作添加剂 Ru-Zn 催化剂上苯选择加氢制环己烯[J]. 催化学报. 33(2012)：610~620.

[99] 林进，王兰芝. 对甲苯磺酸催化合成邻硝基苯酸正丁酯[J]. 现代化工. 12(1998)：30~31.

[100] Congzhen Qiao, Yonghong Cai, Quanhui Guo. Benzene alkylation with long chain olefins catalyzed by ionic liquids：a review [J]. Frontiers of Chemical Engineering in China. 2(2008)：346~352.

[101] Mehlman M A, Schreiner C A, Mackerer C R. Current status of benzene teratology：a brief review [J]. Journal of Environmental Pathology and Toxicology. 4(5~6)(1980)：123~131.

[102] Joanna L DiNaro, Jefferson W Tester, Jack B Howard. Experimental Measurements of Benzene Oxidation in Supercritical Water [J]. AIChE Journal. 46(2000)11：2274~2284.

[103] Kenneth Brezinsky. The high-temperature oxidation of aromatic hydrocarbons [J]. Progress in Energy and Combustion Science. 12(1986)：1~24.

[104] Emdee J L, Brezinsky K, Glassman I. A kinetic model for the oxidation of toluene near 1200 K [J]. J. Phys. Chem. 96(5)(1992)：2151~2161.

[105] Lindstedt R P, Skevis G. Detailed kinetic modeling of premixed benzene flames Combustion and Flame [J]. 99(1994)：551~561.

[106] Joanna L DiNaro, Jack B Howard, William H Green, et al. Elementary Reaction Mechanism for Benzene Oxidation in Supercritical Water [J]. J. Phys. Chem. A. 104(2000)：10576~10586.

[107] Svishchev I M, Plugatyr A. Supercriticalwater oxidation of o-dichlorobenzene：degradation studies and simulation insights [J]. J. Supercrit. Fluids 37(2006)：94~101.

[108] Ge Tian, Hongming Yuan, Ying Mu, et al. Hydrothermal Reactions from Sodium Hydrogen Carbonate to Phenol [J]. Org. Lett. 9(10)(2007)：2019~2021.

[109] Katcher HL, Schwartz. A distinctive property of Tth DNA polymerase：enzymatic amplification in the presence of phenol [J]. BioTechniques. 16(1)(1994)：84~92.

[110] Britta T Eklund, Lena Kautsky. Review on toxicity testing with marine macroalgae and the need for method standardization-exemplified with copper and phenol [J]. Marine Pollution Bulletin. 46(2003)：171~181.

[111] Thomton T D, Savage Ph E. Phenol oxidation in supercritical water [J]. J. Supercrit. Fluids. 3(1990)：240~248.

[112] Oshima Y, Hori K, Toda M, et al. Phenol oxidation kinetics in supercritical water [J]. J. Supercrit. Fluids. 13(1998): 241~246.

[113] Gopalan S, Savage P E. A reaction network model for phenol oxidation in supercritical water [J]. AIChE J. 41(1995): 1864.

[114] Koo M, Lee W K, Lee C H. New reactor system for supercritical water oxidation and its application on phenoldestruction [J]. Chem. Engng Sci. 52(1997): 1201.

[115] Matsumura Y, Urase T, Yamamoto K, et al. Carbon catalyzed supercritical water oxidation of phenol [J]. J. Supercrit. Fluids. 22(2002): 149~156.

[116] Jian Li Yu, Phillip E Savage. Kinetics of Catalytic Supercritical Water Oxidation of Phenol over TiO_2[J]. Environ. Sci. Technol. 34(2000): 3191~3198.

[117] Jianli Yu, Phillip E Savage. Catalytic Oxidation of Phenol over MnO_2 in Supercritical Water [J]. Ind. Eng. Chem. Res. 38(10)(1999): 3793~3801.

[118] Jianli Yu, Phillip E Savage. Phenol oxidation over CuO/Al_2O_3 in supercritical water [J]. Applied Catalysis B: Environmental. 28(2000): 275~288.

[119] Xiang Zhang, Phillip E Savage. Fast catalytic oxidation of phenol in supercritical water [J]. Catalysis Today. 40(1998): 333~342.

[120] Sudhama Gopalan, Phillip E Savage. Reaction Mechanism for Phenol Oxidation in Supercritical Water [J]. J. Phys. Chem. 98(1994): 12646~12652.

[121] March J. Advanced Organic Chemistry: Reactions, Mechanisms and Structure [M]. Wiley Interscience: New York, 1985.

[122] Born J G P, Louw R, Mulder P. Formation of dibenzodioxins and dibenzofurans in homogenous gas-phase reactions of phenols [J]. Chemosphere. 19(1989): 401~406.

[123] Sudhama Gopalan, Philip E Savage. A reaction network model for phenol oxidation in supercritical water [J]. AIChE Journal. 41(1995): 1864~1873.

[124] Christopher J Martino, Phillip E Savage. Total Organic Carbon Disappearance Kinetics for the Supercritical Water Oxidation of Monosubstituted Phenols [J]. Environ. Sci. Technol. 33 (1999): 1911~1915.

[125] Lixiong Li, Peishi Chen, Earnest F Gloyna. Generalized kinetic model for wet oxidation of organic compounds [J]. AIChE Journal. 37(1991): 1687~1697.

[126] Phillip E Savage, Michael A Smith. Kinetics of Acetic Acid Oxidation in Supercritical Water [J]. Environ. Sci. Technol. 29(1)(1995): 216~221.

[127] Jianli Yu, Phillip E Savage. Kinetics of MnO_2-Catalyzed Acetic Acid Oxidation in Supercritical Water [J]. Ind. Eng. Chem. Res. 39(11)(2000): 4014~4019.

[128] Gonzalez G, Salvadó J, Montané D. Reactions of vanillic acid in sub-and supercritical water [J]. J. Supercrit. Fluids. 31(2004): 57~66.

[129] Aymonier C, Gratias A, Mercadier J, et al. Global reaction heat of acetic acid oxidation in supercritical water [J]. Journal of Supercritical Fluids. 21(2001): 219~226.

[130] Ian C T Nisbet, Peter K LaGoy. Toxic equivalency factors(TEFs) for polycyclic aromatic hydrocarbons(PAHs)[J]. Regulatory Toxicology and Pharmacology. 16(1992): 290~300.

[131] Mark B Yunker, Robie W Macdonald, Roxanne Vingarzan, et al. PAHs in the Fraser River basin: a critical appraisal of PAH ratios as indicators of PAH source and composition [J]. Organic Geochemistry. 33(2002): 489~515.

[132] Charles A Menzie, Bonnie B Potocki, Joseph Santodonato. Exposure to carcinogenic PAHs in the environment [J]. Environ. Sci. Technol. 26(7)(1992): 1278~1284.

[133] Susan C Wilson, Kevin C Jones. Bioremediation of soil contaminated with polynuclear aromatic hydrocarbons(PAHs): A review [J]. Environmental Pollution. 81(1993): 229~249.

[134] Holliday R L, Jong B Y M, Kolis J W. Organic synthesis in subcritical water Oxidation of alkyl aromatics [J]. J. Supercrit. Fluids. 12(1998): 255~260.

[135] Juhani Kronholm, Kari Hartonen, Marja-Liisa Riekkola. Destruction of PAHs from soil by using pressurized hot water extraction coupled with supercritical water oxidation [J]. Waste Management. 23(2003): 253~260.

[136] Baur S, Schmidt H, Krämer A, et al. The destruction of industrial aqueous waste containing biocides in supercritical water-development of the SUWOX process for the technical application [J]. J. Supercrit. Fluids. 33(2005): 149~157.

[137] Park T-J, Lim J S, Lee Y-W, et al. Catalytic supercriticalwater oxidation of wastewater from terephthalic acid manufacturing process [J]. J. Supercrit. Fluids. 26(2003): 201~213.

[138] Sögüt O O, Akgün M. Treatment of textile wastewater by SCWO in a tube reactor [J]. J. Supercrit. Fluids. 43(2007): 106~111.

[139] Jin F-M, Kishita A, Moriya T, et al. Kinetics of oxidation of food wastes with H_2O_2 in supercritical water [J]. J. Supercrit. Fluids. 19(2001): 251~262.

[140] Goto M, Nada T, Ogata A, et al. Supercritical water oxidation for the destruction of municipal excess sludge and alcohol distillerywastewater of molasses [J]. J. Supercrit. Fluids. 13(1998): 277~282.

[141] Portela J R, Nebot E, Martinez de la Ossa E. Generalized kinetic models for supercriticalwater oxidation of cutting oilwastes [J]. J. Supercrit. Fluids. 21(2001): 135~145.

[142] Sudhir N V K Aki, Zhong-Yi Ding, Martin A Abraham. Catalytic supercritical water oxidation: Stability of Cr_2O_3 catalyst [J]. AIChE Journal. 42(1996): 1995~2004.

[143] Jianli Yu, Phillip E Savage. Catalyst activity, stability and transformations during oxidation in supercritical water [J]. Applied Catalysis B: Environmental. 31(2001): 123~132.

[144] Young Ho Shin, Hong-shik Lee, Young-Ho Lee, et al. Synergetic effect of copper-plating wastewater as a catalyst for the destruction of acrylonitrile wastewater in supercritical water oxidation [J]. Journal of Hazardous Materials. 167(2009): 824~829.

[145] Gloyna E F, Li L, McBrayer R N. Engineering aspects of supercritical water oxidation [J]. Water Science and Technology. 30(1994): 1~10.

[146] Sudhir N V K Aki, Martin A Abraham. Catalytic supercritical water oxidation of pyridine: kinetics and mass transfer [J]. Chemical Engineering Science. 54(1999): 3533~3542.

[147] Mitsui K, Ishii T, Sano K, et al. Treatment of Wastewater by Catalytic Wet Oxidation. Japanese Patent 01, 218, 684, 1989.

[148] Yamada N, Sano H, Takadoi T, et al. Treatment of Nitrogen Containing Wastewater by Catalytic Wet Oxidation [J]. Japanese Patent 02, 265, 696, 1990.

[149] Chowdhury A K, Ross L W. Catalytic Wet Oxidation of Strong Waste Waters [J]. In Water; AICHE Symposium Series 151; American Institute of Chemical Engineering: New York, 1975.

[150] Oguchi M, Nitta K. Evaluation of Catalysts for Wet Oxidation Waste Management in CELSS [J]. Adv. Space Res. 12(1992): 21.

[151] Imamura S, Hirano A, Kawabata N. Wet Oxidation of Acetic Acid Catalyzed by Co-Bi Complex Oxides [J]. Ind. Eng. Chem. Prod. Res. Dev. 21(1982): 570.

[152] Imamura S, Dol A, Ishido S, Wet Oxidation of Ammonia Catalyzed by Cerium-Based Composite Oxides [J]. Ind. Eng. Chem. Prod. Res. Dev. 24(1985): 75.

[153] Imamura S, Nakamura M, Kawabata N, et al. Wet Oxidation of Poly(ethylene glycol) Catalyzed by Manganese-Cerium Composite Oxide [J]. Ind. Eng. Chem. Prod. Res. Dev. 25(1986): 34.

[154] Imamura S, Fukuda I, Ishido S. Wet Oxidation Catalyzed by Ruthenium Supported on Cerium (IV) Oxides [J]. Ind. Eng. Chem. Res. 27(1988): 718.

[155] Ishii T, Hotta Y, Mitsui K, et al. Treatment of Organic Wastewaters from Methacrylic Acid Manufacturing Plants [P]. Japanese Patent 03, 244, 692, 1991.

[156] Higashi K, Kawabata A, Murakami Y, et al. Decomposition of Phenol by Wet Oxidation with Solid Catalyst [J]. Yosui to Haisui 33(1991): 12.

[157] Levec J. Catalytic Oxidation of Toxic Organics in Aqueous Solution [J]. Appl. Catal. 63 (1990): 1~10.

[158] Levec J, Herskowitz M, Smith J M. An Active Catalyst for the Oxidation of Acetic Acid Solutions [J]. AIChE J. 22(1976): 919.

[159] Katzer J R, Ficke H H, Sanada A. An Evaluation of Aqueous Phase Catalytic Oxidation [J]. J. Water Pollut. Control Fed. 48(1976): 920.

[160] Sadana A, Katzer J R. Catalytic Oxidation of Phenol in Aqueous Solution over Copper Oxide [J]. Ind. Eng. Chem. Fundam. 13(1974): 127.

[161] Ito M M, Akita K, Inoue H. Wet Oxidation of Oxygen-and Nitrogen-Containing Organic Compounds Catalyzed by Cobalt(III) Oxide [J]. Ind. Eng. Chem. Res. 28(1989): 894.

[162] Brett R W J, Gurnham C F. Wet Air Oxidation of Glucose with hydrogen Peroxide and Metal Salts [J]. J. Appl. Chem. Biotechnol. 23(1973): 239.

[163] Kendig M, Jeanjaquet S. Cr(VI) and Ce(III) Inhibition of Oxygen Reduction on Copper [J]. J. Electrochem. Soc. 149(2002): 47~51.

[164] Helms C R, Yu K Y. Determination of the surface composition of the Cu-Ni alloys for clean and adsorbate-covered surfaces [J]. Journal of Vacuum Science and Technology. 12(1975): 276~278.

[165] Ratndeep Srivastava, Prasanna Mani, Nathan Hahn, et al. Efficient Oxygen Reduction Fuel Cell Electrocatalysis on Voltammetrically Dealloyed Pt-Cu-Co Nanoparticles [J]. Angewandte

Chemie International Edition. 46(2007): 8988~8991.

[166] Flamini C, Ciccioli A, Giardini Guidoni A, et al. A Thermodynamic Study of Laser-Induced Ablation of ZrO_2, CeO_2, V_2O_5 and Mixed Ce-V Oxides [J]. Journal of Materials Synthesis and Processing. 9(2001): 143~151.

[167] Habel D, Goerke O, Tovar M, et al. Phase Relations in the System TiO_2-V_2O_x under Oxidizing and Reducing Conditions [J]. Journal of Phase Equilibria and Diffusion. 29(2008): 482~487.

[168] Bueno-López A, Krishna K, Makkee M, et al, Active oxygen from CeO_2 and its role in catalysed soot oxidation [J]. Catalysis Letters. 99(2005): 203~205.

[169] Leonid Asnin, Anatoly Fedorov, Dina Yakusheva. Adsorption of chlorobenzene vapor on V_2O_5/Al_2O_3 catalyst under dynamic conditions [J]. Absorption. 14(2008): 771~779.

[170] Saim S, Subramaniam B. Isomerization of 1-Hexene over Pt/C-Al_2O_3 Catalyst: Reaction Mixture Density and Temperature Effectiveness Factor, Coke Laydown and Catalyst Micromeritics [J]. J. Catal. 131(1991): 445.

[171] Ding Z Y. Catalytic Supercritical Water Oxidation of Aromatic Compounds on Transition Metal Oxides [J]. Ph. D. Dissertation, The University of Tulsa, Tulsa, OK, 1995.

[172] Frisch M A. Catalyzed Supercritical Water Oxidation of Acetic Acid: Kinetics and Anatase Transformation [J]. Ph. D. Dissertation, The University of Texas at Austin, Austin, TX, 1995.

[173] Saim S, Subramaniam B. Isomerization of 1-Hexane on Pt/r-Al_2O_3 Catalyst at Subcritical and Supercritical Reaction Conditions: Pressure and Temperature Effects on Catalyst Activity [J]. J. Supercrit. Fluids. 3(1990): 214.

[174] Aki S N V K, Ding Z Y, Abraham M A. Catalytic Supercritical Water Oxidation: Stability of Cr_2O_3 Catalyst [J]. AICHE J. 42(1996): 1995.

[175] Yuzo Daigo, Yutaka Watanabe, Kiwamu Sue. Effect of Chromium Ion from Autoclave Material on Corrosion Behavior of Ni Base Alloys in Supercritical Water [J]. NACE International, 2005.

[176] Weast R C, Astle M J. CRC Handbook of Chemistry and Physics, 62nd ed. CRC Press [J]. Inc.: Boca Raton, FL, 1981.

[177] Hirano S. Hydrothermal Synthesis and Hydrothermal Reaction Sintering. In Fine Ceramics [J]. Saito, S., Ed. Elsevier: New York, 1988.

[178] Kanthasamy A. Supercritical Water Oxidation of Four Selected Priority Pollutants [J]. M. S. Thesis, The University of Texas at Austin, Austin, TX, 1993.

[179] Turner M D. Supercritical Water Oxidation of Dimethyl Methylphosphonate and Thiodiglycol [J]. Ph. D. Dissertation, The University of Texas at Austin, Austin, TX, 1994.

[180] Ding Z Y, Aki S N V K, Abraham M A. Catalytic Supercritical Water Oxidation: An Approach for Complete Destruction of Aromatic Compounds [J]. In Innovations in Supercritical Fluids: Science and Technology; K. W. Hutchenson, N. R. Foster, ACS Symposium Series 608; American Chemical Society: Washington, DC, 1995.

［181］ Ding Z Y, Aki S N V K, Abraham M A. Catalytic Supercritical Water Oxidation: Phenol Conversion and Product Selectivity ［J］. Environ. Sci. Technol. 29(1995), 2748.

［182］ Ding Z Y, Abraham M A. Catalytic Supercritical Water Oxidation of Aromatic Compounds: Pathways, Kinetics and Modeling. Presented at the First International Workshop on Supercritical Water Oxidation ［J］. Mohiuddin, J., Workshop Chairman; Jacksonville, FL, 1995.

［183］ Krajnc M, Levec J. Catalytic Oxidation of Toxic Organics in Supercritical Water ［J］. Appl. Catal. B: Environ. 3(1994): 101.

［184］ Yang H H, Eckert C A. Homogeneous Catalysis in the Oxidation of p-Chlorophenol in Supercritical Water ［J］. Ind. Eng. Chem. Res. 27(1988): 2009.

［185］ Webley P A, Tester J W. Fundamental Kinetics and Mechanistic Pathways for Oxidation Reactions in Supercritical Water ［J］. SAE Tech. Pap. Ser. 1988, 881039.

［186］ Webley P A, Tester J W. Fundamental Kinetics of Methane Oxidation in Supercritical Water ［J］. Energy Fuels 5(1991): 511.

［187］ Webley P A, Holgate H A, Stevenson D M, et al. Oxidation Kinetics of Model Compounds of Metabolic Waste in Supercritical Water ［J］. SAE Tech. Pap. Ser. 1990, No. 901333.

［188］ Elliott D C, Sealock L J, Baker E G. Chemical Processing in High-Pressure Aqueous Environments. 2. Development of Catalysts for Gasification ［J］. Ind. Eng. Chem. Res. 32 (1993): 1542.

［189］ Jin L. Catalytic Oxidation of 1, 4-Dichlorobenzene in Gas Phase and in Supercritical Water ［J］. Ph. D. Dissertation, The University of Tulsa, Tulsa, OK, 1991.

［190］ Jin L, Shah Y T, Abraham M A. The Effect of Supercritical Water on the Catalytic Oxidation of 1,4-Dichlorobenzene ［J］. J. Supercrit. Fluids. 3(1990): 233.

［191］ Jin L, Ding Z Y, Abraham M A. Catalytic Supercritical Water Oxidation of 1, 4-Dichlorobenzene ［J］. Chem. Eng. Sci. 47(1992): 2659.

［192］ Houser T J, Tiffany D M, Z Li, et al. Reactivity of Some Organic Compounds with Supercritical Water ［J］. Fuel. 65(1986): 827.

［193］ Houser T J, Tsao C, Dyla J E, et al. The Reactivity of Tetrahydroquinoline, Benzylamine and Bibenzyl with Supercritical Water ［J］. Fuel. 68(1989): 323.

［194］ Houser T J, Zhou Y, Tsao C, et al. Removal of Heteroatoms from Organic Compounds by Supercritical Water ［J］. In Supercritical Fluid Engineering Science: Fundamentals and Applications. E. Kiran, J. F. Brennecke, Eds. ACS Symposium Series 514, American Chemical Society: Washington, DC, 1993.

［195］ Li Z, Houser T J. Kinetics of the Catalyzed Supercritical Water-Quinoline Reaction ［J］. Ind. Eng. Chem. Res. 31(1992): 2456.

［196］ Li R, Savage P E, Szmuker D. 2-Chlorophenol Oxidation in Supercritical Water: Global Kinetics and Reaction Products ［J］. AIChE J. 39(1993): 178.

［197］ 马梅, 王子健, S Anders. 官厅水库和永定河沉积物中多氯联苯和有机氯农药的污染 ［J］. 环境化学. 20(3)(2001): 125~243.

［198］ 康跃惠, 刘培斌, 王子健. 北京官厅水库-永定河水系水体中持久性有机氯农药污染

[J]. 湖泊科学. 15(2)(2003)：125～132.

[199] 余刚，牛军峰，黄俊. 持久性有机污染物——新的全球性环境问题[M]. 北京：科学出版社，2006.

[200] 苏丽敏，袁星. 持久性有机污染物(POPs)及其生态毒性的研究现状与展望[J]. 环境科学. 25(9)(2003)：62～64.

[201] 楚敬杰，张世秋，徐小梅. 斯德哥尔摩公约的实施进展及相关国际活动研究[J]. 安全与环境学报. B06(2004)：58～61.

[202] 甘平，朱婷婷，樊耀波. 氯苯类化合物的生物降解[J]. 环境污染治理技术与设备. 1(4)(2000)：1～12.

[203] Donna E Fenell, Ivonne Nijenhuis, Susan F Wilson, et al. Dehalococcoides ethenogenes Strain 195 Reductively Dechlorinates Diverse Chlorinated Aromatic Pollutants. Environ. Sci. Technol. 38(7)(2004)：2075～2081.

[204] 夏璐，黄明孙，潘孝勋. 非均相体系中降解对二氯苯的光敏剂筛选[J]. 化工技术与开发. 35(1)(2006)：1～3.

[205] 夏璐，王双飞. 有机氯化物光催化反应动力学的研究[J]. 中国造纸学报. 21(11)(2006)：82～88.

[206] 夏璐，王双飞. 多相光催化处理4-氯-愈创木酚的研究[J]. 中国造纸学报. 24(8)(2005)：24～26.

[207] 吴德礼，马鲁铭. 催化还原技术处理水溶液中氯代有机物的实验研究[J]. 工业水处理. 25(1)(2005)：21～24.

[208] 马雅琳，尹爱君，舒余德. 有机氯化合物生物降解的研究状况及展望[J]. 中国锰业，1999，17(4)：16～19.

[209] Kubatova A, Herman J, Steckler T S. Subcritical (hot/liquid) water dechlorination of PCBs (aroclor 1254) with metal additives and in waste paint [J]. Environmental Science and Technology. 37(24)(2003)：5757～5762.

[210] Marrone P A, Arias T A, Peters W A, et al. Solvation Effects on Kinetics of Methylene Chloride Reactions in Sub-and Supercritical Water：Theory, Experiment and Ab Initio Calculations [J]. J. Phys. Chem. A. 102(1998)：7013～7028.

[211] Sweeny K H. The reductive treatment of of industrial wastes. II process applications [J]. AIChE Symposium Series. 77(209)(1981)：72～78.

[212] Boronina T N, Lagadic I, Sergeev G B. Activated and nonactivated forms of zinc powder：reactivity toward chlorocarbons in water and AFM studies of surface morphologies [J]. Environmental Science and Technology. 32(17)(1998)：2614～2622.

[213] Gillham R W, O'hannesin S F. Metalcatalyzed abiotic degradation of halogenated organic compounds. Modern trends in hydrology [J]. Hamilton, Canada：Internationaln Association of Hydrologists Conference, 1992.

[214] Grittini C, Malcomson M, Fernando Q. Rapid dechlorination of polychlorinated biphenyls on the surface of a Pd/Fe bimetallic system [J]. Environmental Science and Technology. 29(11)(1995)：2898～2900.

[215] Fennelly J P, Roberts A L. Reaction of 1,1,1-trichloroethane with zero-valent metals and bimetallic reductants [J]. Environmental Science and Technology. 32 (13) (1998): 1980 ~ 1988.

[216] Muftikian R, Fernando Q, Korte N. A method for the rapid dechlorination of low molecular weight chlorinated hydrocarbons in water [J]. Water Research. 29(10) (1995): 2434 ~ 2439.

[217] Grittini C, Malcomson M, Fernando Q. Rapid dechlorination of polychlorinated biphenyls on the surface of a Pd/Fe bimetallic system [J]. Environmental Science and Technology. 29(11) (1995): 2898 ~ 2900.

[218] Doong R A, Chen K T, Tsai H C. Reductive dechlorination of carbon tetrachloride and tetrachloroethylene by zerovalent silicon-Iron reductants [J]. Environmental Science and Technology. 37(11)(2003): 2575 ~ 2581.

[219] Kriegman-King M R, Reinhard M. Transformation of carbon tetrachloride by pyrite in aqueous solution [J]. Environmental Science and Technology. 28(4)(1994): 692 ~ 700.

[220] Butler E C, Hayes K F. Effects of solution composition and pH on the reductive dechlorination of hexachloroethane by iron sulfide [J]. Environmental Science and Technology. 32 (9) (1998): 1276 ~ 1284.

[221] Rebecca M, Stanley E, Manahan D W. Iron-catalyzed cocurrent flow destruction and dechlorination of chlorobenzene during gasification [J]. Environmental Science and Technology. 31(2) (1997): 409 ~ 415.

[222] Geunhee Lee, Teppei Nunoura, Yukihiko Matsumura, et al. Effects of Salt, Acid and Base on the Decomposition of 2-Chlorophenol in Supercritical Water. Chemistry Letters. (2001): 1128 ~ 1131.

[223] Geunhee Lee, Teppei Nunoura, Yukihiko Matsumura, et al. Effects of a Sodium Hydroxide Addition on the Decomposition of 2-Chlorophenol in Supercritical Water [J]. Ind. Eng. Chem. Res. 41(2002): 5427 ~ 5431.

[224] Zhirong Sun, Fumitake Takahashi, Yu Odaka, et al. Effects of potassium alkalis and sodium alkalis on the dechlorination of o-chlorophenol in supercritical water [J]. Chemosphere. 66 (2007): 151 ~ 157.

[225] Yang H H, Eckert C A. Homogeneous Catalysis in the Oxidation of p-Chlorophenol in Supercritical Water [J]. Ind. Eng. Chem. Res. 27(1988): 2009.

[226] 吴德礼, 马鲁铭, 王铮. 零价金属及其化合物降解污染物的研究进展[J]. 环境科学动态. 2(2005): 32 ~ 35.

[227] 何小娟, 刘菲, 黄园英. 利用零价铁去除挥发性氯代脂肪烃的试验[J]. 环境科学. 24 (1)(2003): 139 ~ 142.

[228] Matheson L J, Tratnyek P G. Reductive dehalogenation of chlorinated methanes by iron metal [J]. Environmental Science and Technology. 28(12)(1994): 2045 ~ 2053.

[229] Amold W A, Roberts A L. Pathways and kinetics of chlorinated ethylene and chlorinated acetylene reaction with Fe(0) particles. Environmental Science and Technology. 34 (9) (2000): 1794 ~ 1805.

[230] Matheson L J, Tratnyek P G. Reductive dehalogenation of chlorinated methanes by iron metal. Environmental Science and Technology. 28(12)(1994): 2045~2053.

[231] Yak H K, Wenclawiak B W, Cheng I F. Reductive dechlorination of polycholrinated biphenyls by zerovalent iron in subcritical water [J]. Environmental Science Technology. 33(8)(1999): 1307~1310.

[232] Clayton J Clark, P S C Raob, Michael D Annable, Degradation of perchloroethylene in cosolvent solutions by zero-valent iron [J]. Journal of Hazardous Materials, 96(2003): 65~78.

[233] Chuang F W, Larson R A, Wessman M A. Zero-valent iron-promoted dechlorination of polychlorinated [J]. Environmental Science and Technology. 29(9)(1995): 2460~2463.

[234] Hwa K Yak, Qingyong Lang, Chien M Wai. Relative Resistance of Positional Isomers of Polychlorinated Biphenyls toward Reductive Dechlorination by Zerovalent Iron in Subcritical Water [J]. Environ. Sci. Technol. 34(13)(2000): 2792~2798.

[235] Alena Kubátová, Jamie Herman, Tamara S Steckler, et al. Subcritical(Hot/Liquid)Water Dechlorination of PCBs (Aroclor 1254) with Metal Additives and in Waste Paint [J]. Environ. Sci. Technol. 37(24)(2003): 5757~5762.

[236] Neng-min Zhu, Yi-Li, Fu-Shen Zhang. Catalytic dechlorination of polychlorinated biphenyls in subcritical water by Ni/Fe nanoparticles [J]. Chemical Engineering Journal. 171 (2011): 919~925.

[237] Guang-Tao Wei, Chao-Hai Wei; Feng-Mei He, et al. Dechlorination of chlorobenzene in subcritical water with Fe/ZrO₂, Ni/ZrO₂ and Cu/ZrO₂ [J]. Journal of Environmental Monitoring. 11(3)(2009): 678~683.

[238] Guang-Tao Wei, Chao-Hai Wei, Chao-Fei Wu, et al. Reductive dechlorination of chlorobenzene in supercritical water catalyzed by Fe/ZrO₂ [J]. Environmental Chemistry Letters. 8 (2010): 165~169.

[239] Guang-Tao Wei, Chao-Hai Wei, Chao-Fei Wu, et al. A novel catalyst for reductive dechlorination of chlorobenzene in subcritical water: Bifunctional Fe/ZrO₂ [J]. Surf. Rev. Lett. 16 (2009): 617.

[240] Pinna F, Signoretto M, Strukul G, et al. Isomerization ofn-butane on sulfated zirconia: Evidence for the dominant role of Lewis acidity on the catalytic activity. Catalysis Letters. 26 (1994): 339~344.

[241] Hideshi Hattori. Solid Acid Catalysts: Roles in Chemical Industries and New Concepts [J]. Topics in Catalysis. 53(2010): 432~438.

[242] 黄园英, 刘菲, 汤鸣皋. 纳米镍/铁和铜/铁双金属对四氯乙烯脱氯研究[J]. 环境科学学报. 27(1)(2007): 80~85.

[243] 徐新华, 卫建军, 汪大翚. Pd/Fe 及纳米 Pd/Fe 对氯酚的脱氯研究[J]. 中国环境科学. 24(1)(2004): 76~80.

[244] 沈常美, 高强, 丁培培, 等. 纳米 ZrO₂ 负载 Pd-Ni 催化剂催化氯苯加氢脱氯性能研究 [J]. 工业催化. 8(2005): 60~63.

[245] 闫岳凤, 支建平, 张高勇. γ-Al₂O₃ 载体制备中水洗脱氯工艺的连续化[J]. 工业催化. 3

(2005)：48～52.

[246] Claudia AMORIM, Xiaodong WANG, Mark A KEANE. Application of Hydrodechlorination in Environmental Pollution Control：Comparison of the Performance of Supported and Unsupported Pd and Ni Catalysts [J]. CHINESE JOURNAL OF CATALYSIS. 32(5)(2011)：8～16.

[247] 李鹤，徐成华. Pt-Co/Al$_2$O$_3$ 在四氯化碳加氢脱氯反应中的催化性能研究[J]. 石油与天然气化工. 4(2008)：267～270.

[248] 魏光涛. 亚/超临界水中非均相催化还原脱氯氯苯的研究[D]. 华南理工大学，博士论文，2009.

[249] Ward J, Mohapatra S, Mitchell A. An overview of policies for managing polybrominated diphenyl ethers(PBDEs) in the Great Lakes basin [J]. Environment International. 34(2008)：1149～1162.

[250] 刘汉霞，张庆华，江桂斌. 多溴联苯醚及其环境问题[J]. 化学进展. 3(17)(2005)：557～558.

[251] 陈多宏，李丽萍，毕新慧. 典型电子垃圾拆解区大气中多溴联苯醚的污染[J]. 环境科学. 29(8)(2008)：2105～2111.

[252] 任金亮，王平. 多溴联苯醚环境行为的特征与研究进展[J]. 化工进展. 12(25)：2006：1152.

[253] Frederiksen M, Vorkamp K, Thomsenl M. Human internal and external exposure to PBDEs-A review of level sands ources [J]. Int. J. Hyg. Environ. Health. 212(2009)：109～116.

[254] Gaofeng Zhao, Zijian Wang, M H Dong. PBBs, PBDEs and PCBs levels in hair of residents around e-waste disassembly sites in Zhejiang Province, China, and their potential sources [J]. Science of the total environment. 397(2008)：46.

[255] Deng W J, Zheng J S, Bi X H. Distribution of PBDEs in air particles from an electronic waste recycling site compared with Guangzhou and Hong Kong, South China [J]. Environment International. 33(2007)：1063.

[256] Yogui G, Sericano J. Polybrominated diphenyl ether flame retardants in the U. S. marine environment：A review [J]. Environment International. 35(2009)：655.

[257] Gerecke C, Hartmann C, Heeb V. Anaerobic Degradation of Decabromodiphenyl Ether [J]. Environ Sci. Technol. 39(4)(2005)：1078～1083.

[258] Eriksson J, Green N, Marsh G, et al. Photochemical Decomposition of 15 Polybrominated Diphenyl Ether Congeners in Methanol/Water [J]. Environ. Sci. Technol. 38(2004)：3119～3125.

[259] Pfeifer F, Schacht S, Klein J. Degradation of diphenylether by Pseudomonas cepacia [J]. Arch Microbiol. 152(6)(1989)：515～519.

[260] Kajiwara N, Noma Y, Takigami H. Photolysis Studies of Technical Decabromodiphenyl Ether (DecaBDE) and Ethane (DeBDethane) in Plastics under Natural Sunlight [J]. Environ. Sci. Technol. 42(2008)：4404～4409.

[261] Rayne S, Wan P, Ikonomou M. Photochemistry of a major commercial polybrominated diphenyl ether flame retardant congener：2,2′,4,4′,5,5′-Hexabromodiphenylether(BDE153) [J].

Environ, Int. 32(5)(2009): 575~585.

[262] Sun C, Chen C, Zhao J C. TiO$_2$-Mediated Photocatalytic Debromination of Decabromodiphenyl Ether: Kinetics and Intermediates [J]. Environ. Sci. Technol. 43(2009): 157~162.

[263] Kazutoshi Nose, Shunji Hashimoto, Shin Takahashi, et al. Degradation pathways of decabromodiphenyl ether during hydrothermal treatment [J]. Chemosphere. 68(2007): 120~125.

[264] Kristen J Hansen, Lisa A Clemen, Mark E Ellefson, et al. Compound-Specific, Quantitative Characterization of Organic Fluorochemicals in Biological Matrices, Environ [J]. Sci. Technol. 35(2001): 766~770.

[265] Tamas R Varga, Yasuhisa Ikeda, Hiroshi Tomiyasu. Desulfuration of Aromatic Sulfones with Fluorides in Supercritical Water [J]. Energy & Fuels. 18(2004): 287~288.

[266] Hisao Hori, Yumiko Nagaoka, Ari Yamamoto, et al. Efficient Decomposition of Environmentally Persistent Perfluorooctanesulfonate and Related Fluorochemicals Using Zerovalent Iron in Subcritical Water [J]. Environ. Sci. Technol. 40(2006): 1049~1054.

[267] Masamichi Akimoto, Kiyoshi Ninomiya, Shigeo Takami, et al. Hydrothermal Dechlorination and Denitrogenation of Municipal-Waste-Plastics-Derived Fuel Oil under Sub-and Supercritical Conditions [J]. Ind. Eng. Chem. Res. 41(2002): 5393~5400.

4 亚/超临界水气化（SCWG）

环境与能源已经成为 21 世纪最重要的课题之一。自工业革命以来，人类对石油等化石能源的过度开采与利用，使得空气中的二氧化碳浓度从 280×10^{-6} 增加到 390×10^{-6}。由于二氧化碳的温室效应，数据表明，地球的温度已升高 $0.74 \pm 0.18℃$ [1]。

温室效应造成的地球温度升高已成全球最为棘手的问题，已经直接开始威胁到人类的未来与生存。温室效应造成极端的气候现象，使得部分地区雨水增加，而部分地区雨水减少。数据表明，由于撒哈拉沙漠地区的雨水减少，已经使得该地区约 200 万人由于缺水及缺乏粮食而死亡。同时，部分地区的雨水剧增，如孟加拉地区连年遭受巨大的洪水，使得超过 20 万人口失去家园[2]。温室效应造成的最可怕后果是加速南极洲冰雪的融化，带来海水水平面的升高，使得地球上许多低洼地区（如上海及广东）或部分国家（如荷兰及日本）消失。因此，如果不能有效控制二氧化碳的排放，其后果人类将难以承担。

造成温室效应的直接原因是人类对化石能源的依赖。目前，人类 80% 以上的能源来自于石油、煤等化石燃料。汽车每年消耗的能源占全部能源的 30% ~ 45%，而目前汽车主要依赖石油等燃料。现探明的世界石油储存量为 1350 亿吨，而目前世界汽车保有量已达约 10 亿辆，每年消耗约 40 亿吨石油[3]。因此，如果不能寻找到有效的替代能料，目前探明的石油储量则只能满足不到 80 年的使用需求。

开发新型可持续能源已成为世界范围内最重要的课题之一。一方面，利用风能、太阳能、水能、地热能、海洋能等新型清洁能源，另外，从生物质及有机废物中获取能源，同样是寻求可持续能源的有效途径（见图 4-1）。

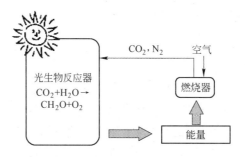

图 4-1 生物质碳源循环图

　　科学家预测，生物质能源在未来将占总能源的 20% 左右[4]。气化指生物质在高温过程中，转化成为气体（二氧化碳，甲烷，氢气等）的化学过程[5]。为降低气化的温度，通常需适用部分催化剂或者加入部分氧（或空气）进行部分氧化。研究发现，超临界水气化制氢是利用超临界水作反应介质，利用其较强的溶解能力，生物质在其中进行水汽重整、热解、聚合等一系列热化学反应的过程，主要产物是 H_2、CO_2、CO 和烃类等混合气体。同时，由于水还作为反应物参与反应，因此过程中生成的氢气高于其他气化方式。气化过程开始于 1980 年，到今天已经有 30 年的研究历史[6]。目前，部分公司正运用气化技术获取燃料气体。研究表明，气化是一种有效获取能源的手段。但目前，气化获取燃料的成本依然是天然气体的 1.8 倍左右[7]，因此，限制了技术的广泛运用。但随着能源的紧缺，燃料价格的上涨及技术的进步，气化依然是一个充满前景的研究方向。

　　超临界水气化（SCWG）最早可追溯到 1985 年麻省理工大学 Modell 教授等在超临界水中将枫木锯屑快速气化降解[8]。目前，超临界水气化（SCWG）在美国、日本、欧洲及国内均有相关研究。美国历史最悠久的研究单位为美国太平洋西北实验室（Pacific Northwest Laboratory，简称 PNL）及夏威夷自然能源研究所（Hawaii Natural Energy Institute，简称 HNEI），麻省理工大学及美国密歇根大学均在该领域开展了相关研究。在欧洲历史最悠久的为德国卡尔斯鲁厄能源研究所（Forschungszentrum Karlsruhe，简称 FK），另外，英国的利兹大学、西班牙及法国均有研究所从事该领域的相关研究。在亚洲，日本在该领域的研究最为出色，其中包括日本国立资源环境研究所（National Institute for Resources and Environment，简称 NIRE）、日本东京大学及日本东北大学等著名研究机构及著名大学。国内在该领域最为出色的研究单位为西安交通大学，另外，华南理工大学、天津大学及山西煤化所等也有对 SCWG 相关研究的报道。

　　超临界水气化的研究主要包括对不同物质气化过程的原理分析、气化的动力学及热力学的探讨及超临界水催化气化过程的研究。本章节将对超临界水气化领域的研究现状、主要技术、原理等问题进行论述。

4.1　木质素、纤维素的 SCWG

　　纤维素（cellulose）、木质素（lignin）是自然界中分布最广、最重要的资源之一，占植物界碳含量的 50% 以上。在一般木材中，纤维素占 40%～50%，木质素占 20%～30%。由于从生物质中获得的能源具有可再生性，符合可持续发展的观点，因此，随着能源和环境问题的日趋重要，从纤维素、木质素获取能源越来越受到人们的关注[9~12]。纤维素与木质素是自然界最重要的可再生资源，其中纤维素容易气化，而木质素对气化的条件要求很高。部分研究报道如表 4-1 所示。

表 4-1　纤维素、木质素及其模型物 SCWG 研究[9~19]

作　者	模型物	反应器	催化剂	温度/℃	压力/MPa	水密度 /g·cm⁻³	反应时间 /min	浓度质量 分数/%
Mao et al.[9]	纤维素粉	镍基合金	无	500~650 550	20~35 35		0.42~0.71 0.42	1~8 1
Ji et al.[10]	碱木素	2520 高温 合金	无	500~650 650	15.0~27.5 27.5			1~3 1
Xu et al.[13]	葡萄糖	625 铬镍铁 合金	活性炭	500~600 600	25.5,34.5 34.5			
Saisu et al.[14]	木质素	316 不锈钢	无	400	37.1	0~0.5 0.5	60	
Sato et al.[15]	木质素	316 不锈钢	Ru/TiO₂	400	37.1	0~0.5 0.5	15	0~0.32
Resend et al.[16]	纤维素, 木质素	石英	无	400~600 600		0.00~0.18 0.18	2.5~30 30	1.0~33.3 33.3
Li et al.[17]	木材	高压 反应釜	K₂CO₃	400~500 500	30		1	2.5
Lin et al.[18]	纤维素	316 不锈钢	K₂CO₃, Ca(OH)₂	450~500 500	24~26 26		20	
Elliott et al.[19]	纤维素	石英	R-Ni	500,600 500		0.05~0.18 0.05,0.18	7.5,15	5~33.3

4.1.1　工艺参数的影响

如表 4-1 所示，目前，对纤维素和木质素超临界水气化制氢已有部分研究。其中，进料浓度、反应温度、水密度（或压力）等因素均对该过程有影响。

由于纤维素的单元结构主要为多糖而木质素主要结构单元为酚类，而芳香烃较多糖化学性质更为稳定，因此在相似条件下，超临界水气化纤维素较木质素效率更高，且木质素超临界水气化温度通常需要在 500℃以上才能实现有效气化。气化过程中，纤维素通常在最初的 5~15min 已基本稳定，但木质素气化需要更长的时间，45min 后逐渐趋于稳定。

不同条件下的研究结果都表明，纤维素、木质素在超临界水气化过程中，较长反应时间、高温、低反应物浓度及高水密度（或压力）将会得到更好的气化效果。动力学模型表明，高温过程尽管可同时加快气化与结焦速率，但气化产生气体的速率远高于结焦速率，因此，使得气化过程更为显著，从而明显提高了气化的效率。研究同时发现，温度升高通常有利于氢气的生成，主要因为气体间发生的甲烷化反应，即：

$$CH_4 + 2H_2O \Longleftrightarrow CO_2 + 4H_2 \tag{4-1}$$

高温使得甲烷化反应平衡常数增加，因此将更有利于氢气的产生。

另外，在气化过程中将发生水汽重整反应，即：

$$C_xH_yO_z + (2x - z)H_2O \longrightarrow xCO_2 + (2x - z + y/2)H_2 \tag{4-2}$$

当水密度增加（或压力增加）及进料浓度减少时，作为反应物的水相对含量将相应增加，从而促进水汽置换反应的正向进行，使得纤维素及木质素的气化效率提高，并使得生成气体中氢气的含量增加。

4.1.2 纤维素、木质素的气化机理与动力学

纤维素、木质素的气化过程复杂，研究表明，纤维素、木质素气化过程的中间产物有上百种[14]。HNEI 等在研究生物质气化时，将气化过程归纳为几类主要过程，即重整反应（1）、水气转换反应（2）和甲烷化反应（3）和反应（4）：

$$CH_nO_m + (1 - m)H_2O \longrightarrow (n/2 + 1 - m)H_2 + CO \tag{4-3}$$

$$CO + H_2O \longrightarrow CO_2 + H_2 \tag{4-4}$$

$$CO + 3H_2 \longrightarrow CH_4 + H_2O \tag{4-5}$$

$$CO_2 + 4H_2 \longrightarrow CH_4 + 2H_2O \tag{4-6}$$

一般认为，在超临界水中的生物质气化制氢实验中，纤维素和木质素主要经历了水解、热化学分解、水气重整及气体转化等过程。超临界水体对有机物有良好的溶解性，因此，高分子的纤维素和木质素先通过水解等反应生成小分子单体，之后进一步与水气化作用并发生热解反应，进而生成气体。

4.1.2.1 纤维素的反应过程及反应机理

常温下，纤维素分子之间以氢键的形式连接，形成高分子聚合，因此纤维素比较稳定，不溶于水。在高温高压超临界水中，由于超临界水的特殊性质，纤维素与水发生水解反应，产物主要包括水溶性成分和多糖以及少部分液态的焦油。Kabyemela 等人[20]在葡萄糖超临界水的反应过程中，发现其分解过程中有果糖、赤藓糖、葡萄糖酐、二羟基丙酮、甘油醛、丙酮醛等中间产物生成。另外，研究总结发现，纤维素在超临界水中的水解产物主要是葡萄糖、果糖、低聚糖果糖、赤藓糖、乙醇醛、二羟基丙酮、甘油醛、丙酮醛以及一些低碳酸和醇。水解之后的中间产物将继续发生气化反应，最为主要、典型的中间产物为葡萄糖。研究发现，葡萄糖通过进一步的水解、缩聚、裂解、异构化转化为果糖、乙二醛、二羟基丙酮、酸、丙酮酸酯等。丙酮醛、赤藓糖和二羟基丙酮可进一步分解为 1 ~ 3

个含碳的酸、醛和醇。进一步提高反应温度，酸、酮、酯等会分解成 H_2 等气体。不同条件的反应过程有所差异，通常认为葡萄糖在超临界水中的气化总过程分为蒸汽重整反应和水气变换反应：

$$C_6H_{12}O_6 + 6H_2O \longrightarrow 6CO_2 + 14H_2 \qquad (4\text{-}7)$$

$$CO + H_2O \longrightarrow CO_2 + H_2 \qquad (4\text{-}8)$$

纤维素能在很短的时间内就转化成中间产物，之后，中间产物用更长的时间进行分解和气化，生成的气体产物通过气体间的相互反应影响产物分布。通常，中间产物通过聚合或结焦形成焦油、焦炭等重质化合物。

4.1.2.2 木质素的反应过程及反应机理

木质素是由四种醇单体形成的一种复杂酚类聚合物，包含一些芳香环[21]，结构比较稳定，所以很难被气化。与纤维素的气化过程存在相似之处。Resende等人[22]总结发现木质素单体之间通过醚桥梁连接，首先发生水解反应使连接单体的醚桥梁断裂，大分子结构部分被降解，主要产生酚类物质。之后，一些小分子如甲醛、愈创木酚等气化并部分发生交联反应生成固体残渣的大分子化合物。Lundquist 总结木质素的降解过程为[23]：

$$木质素 \longrightarrow HCHO + 酚类化合物 + 其他 \qquad (4\text{-}9)$$

$$HCHO + 酚类化合物 \longrightarrow 酚醛树脂 \qquad (4\text{-}10)$$

$$HCHO \longrightarrow H_2 + CO \qquad (4\text{-}11)$$

Osada 等人[24]也发现木质素水解生成 HCHO、酚类化合物以及一小部分含有苯环的高分子化合物，得到相似结果。Sinag[25]通过研究认为酚类物质不仅来自木质素，另一部分还来自糖类。Yoshida[26]将葡萄糖和木质素超临界气化过程分为三个阶段：

（1）主要为分解和聚合反应，产生生物质碎片；

（2）焦油、焦炭等产物被快速分解成低分子量产物；

（3）低分子量产物进一步分解成气体，CO 通过水气变换反应转化成 H_2 和 CO_2。

4.1.2.3 动力学研究

超临界水气化纤维素、木质素过程的动力学研究目前已经有二十多年的历史，纤维素、木质素气化反应过程比较复杂，目前常用的模型为经验模型、半经验通用模型。

应用最为普遍的为通用模型。纤维素、木质素超临界水气化制氢的反应物分别为纤维素、木质素和水，其反应速率与纤维素、木质素和水的浓度成幂指数关系，即可用方程（4-12）表示[27]。

$$r = -\frac{\mathrm{d}[C]}{\mathrm{d}t} = k[C]^\alpha[H_2O]^\beta \tag{4-12}$$

式中　r——碳气化反应速率，$mol/(L \cdot s)$；

　　$[C]$——未气化的碳浓度，mol/L；

　$[H_2O]$——水的浓度，mol/L；

　　α,β——反应级数；

　　k——碳气化反应速率常数。

温度 T 对反应速率常数 k 有较大的影响，可利用 Arrhenius 公式来描述它们之间的关系：

$$\ln k = \frac{E}{RT} + \ln A \tag{4-13}$$

式中，E 为反应的活化能；A 为指前因子。

部分研究者用通用模型得到的结果见表 4-2。

表 4-2　部分研究者通用动力学模型实验结果[27~29]

作　者	起始浓度 /mol · L⁻¹	温度/℃	压力/MPa	反 应 常 数
Lee et al. [27]	0.6	480 ~ 700	28	模型： $-r_g = 10^{3.09\pm0.26}\exp(-67.6\pm3.9/RT)C_g$ $k = 0.29 \sim 0.85 \mathrm{s}^{-1}$
Kabyemela et al. [28]	0.007	300 ~ 400	25 ~ 40	$k = 0.45 \sim 15.8 \mathrm{s}^{-1}$
Mao et al. [29]		500 ~ 650	25 ~ 35	$E = 97 \sim 81 \mathrm{kJ/mol}$

但上述模型未考虑过程中的结焦。1976 年，Broido 总结了纤维素热解的模型，为后续研究提供了有利基础[30]。

$$
\begin{array}{cc}
 & B \qquad\qquad (\text{挥发性焦油}) \\
 & \uparrow \\
A \xrightarrow{k_1} B \xrightarrow{k_2} C & \xrightarrow{k_3} D \xrightarrow{k_4} E \\
{\scriptstyle wt=1} \quad {\scriptstyle wt=1} \quad {\scriptstyle wt=w_c} & {\scriptstyle wt=w_d} \quad {\scriptstyle wt=w_e} \\
 & \qquad\qquad (\text{结焦})
\end{array}
$$

Bradbury 等人[31]分析提出了以下模型：

鉴于以上两种模型的基础，Antal 等人[32]提出了一级反应的修正模型：

$$-\frac{\mathrm{d}a}{\mathrm{d}t} = A\exp\left(-\frac{E}{RT}\right)(1-\alpha) \tag{4-14}$$

式中，α 为挥发性组分比重。

Antal 利用此模型估计的结果与实验重量损失曲线有很好的吻合，并计算得活化能 $E \approx 193\mathrm{kJ/mol}$。该模型能有效描述纤维素的超临界水气化过程的重量损失变化，充分考虑到了结焦及焦油的产生，但不能准确描述低于 5mg 样品的微妙化学过程。为了将蒸汽与固体之间的反应和热转移的干扰最小化，Varhegyi[33]等人选用更小的微晶纤维素样品（0.5~2.5mg）进行热解，得到了和微晶纤维素倒数热重曲线相吻合的简单的高活化能的一阶模型，活化能为 $E = 238\mathrm{kJ/mol}$。

2010 年，Resende 等人[34]提出了第一个能够用于拟合与分析纤维素及木质素超临界水气化的气体生成动力学过程。模型中提出将中间产物用通用中间物 $C_xH_yO_z$ 表示，将反应过程总结为以下几类主要反应（见表4-3）。

表4-3 模型主要反应过程[34]

生成中间产物	反应物单体 $\xrightarrow{k_2}$ $C_xH_yO_z$	(3)
水汽重整	$C_xH_yO_z + (x-z)H_2O \xrightarrow{k_3} xCO + (x-y+z/2)H_2$	(4)
	$C_xH_yO_z + (2x-z)H_2O \xrightarrow{k_4} xCO_2 + (2x-z+y/2)H_2$	(5)
中间产物降解	中间产物产 CO：$C_xH_yO_z \xrightarrow{k_5} CO$	(6)
	中间产物产 CO₂：$C_xH_yO_z \xrightarrow{k_6} CO_2$	(7)
	中间产物产 CH₄：$C_xH_yO_z \xrightarrow{k_7} CH_4$	(8)
	中间产物产 H₂：$C_xH_yO_z \xrightarrow{k_8} H_2$	(9)
结焦	$C_xH_yO_z \xrightarrow{k_{10}} Char$	(10)
气相内部转化	水气转化反应：$CO + H_2O \underset{}{\overset{k_{11}}{\rightleftharpoons}} CO_2 + H_2$	(11)
	产甲烷反应：$CO + 3H_2 \underset{}{\overset{k_{12}}{\rightleftharpoons}} CH_4 + H_2O$	(12)

模型在 500℃ 下，纤维素的平衡常数 $k_{11} = 5.15$，水气变换反应（11）速率常数 $k_{11} = 6.11 \times 10^{-3}\mathrm{L/(mol \cdot min)}$；600℃ 下木质素的平衡常数 $k_{12} = 2.68$，速率常数 $k_{11} = 2.8 \times 10^{-3}\mathrm{L/(mol \cdot min)}$。对于甲烷化（12），500℃ 下纤维素的平衡常数为 $3.62 \times 10^5 \mathrm{l^2/mol^2}$，速率常数 $k_{12} = 0.00 \times 10^0 \mathrm{L/(mol \cdot min)}$。600℃ 下木质素的平衡常数 $K_{12} = 1.02 \times 10^4 \mathrm{l^2/mol^2}$，速率常数 $k_{12} = 7.71 \times 10^{-2}\mathrm{L/(mol \cdot min)}$。

　　该模型是能描述气体产生的第一个超临界水非催化气化生物质定量模型。模型可以准确估算纤维素和木质素的气体产率，确定特定气体产生的路径来源，并将其定量化，还能预测生物质浓度、水密度等对气体产率的影响。

　　另外，由于气化过程很复杂，Yoon 等人[35]在研究生物质及其组分纤维素、木聚糖和木质素在惰性、蒸汽、空气/蒸汽条件下的气化/热解过程中，提出总结性定律模型。模型假设各生物质各组分间不互相反应，反应为三个平行过程，即：

$$\frac{d[\alpha]}{dt} = \sum_{i=纤维素,木聚糖,木质素} \gamma_i [k_{0,i}(-E_{a,i}/RT)(1-\alpha_i)^{n_i}] \qquad (4-15)$$

式中　α——木质纤维生物质的反应程度，$\alpha = (m_i - m)/(m_i - m_f)$；

　　　　α_i——各组分的反应程度（i = 纤维素，木聚糖，木质素）；

　　　　γ_i——各组分的初始质量分数。

　　预测的气体产率表示为：

$$Y = \sum_{i=纤维素,木聚糖,木质素} \gamma_i Y_i \qquad (4-16)$$

并得到了纤维素和木质素不同气化条件下的动力学参数（见表4-4）。

表4-4　纤维素和木质素在不同气化条件下的气化动力学参数[35]

实验条件	物　质	温度/℃	k_0/s^{-1}	$E_a/kJ \cdot mol^{-1}$	N
50%空气/ 50%蒸汽	纤维素	260～360	2.49×10^{28}	337.11	1.82
		422～577	4.60×10^{0}	49.29	0.62
	木质素	150～385	9.10×10^{-3}	12.0	0
		390～510	4.33×10^{6}	127.27	0.77
25%空气/ 75%蒸汽	纤维素	265～367	2.13×10^{25}	304.57	1.62
		424～580	2.11×10^{-1}	32.53	0.27
	木质素	155～429	2.48×10^{-2}	18.20	0
		431～540	2.09×10^{5}	112.66	0.72

　　该模型可以有效预测木质纤维生物质的组分包括纤维素、木聚糖和木质素的气体产量、CH_4 产率及碳气化率等，但无法解释生物质各组分间的作用。

4.1.3　催化剂作用

　　催化过程是提高纤维素及木质素的气化效率的有效方式。国内外研究表明，催化剂的作用不仅能增加所需的化学反应速率（活性），并能降低过程的反应条件，提高反应产物的选择性。不同的催化剂对气化过程具有不同影响，因此本章节对比各催化剂的催化效果，分析催化剂对纤维素和木质素催化气化的原理。

　　目前研究的催化剂主要包括碱性催化剂和金属催化剂，本小结分别论述各催化剂的作用与原理。

4.1.3.1 碱性催化

在催化过程中，使用较多的催化剂为碱性化合物如 KOH、$NaOH$、K_2CO_3 等，另外，Lin[18] 提出 HyPr-RING 方法，认为在超临界水气化时加入 CaO、$Ca(OH)_2$ 等二氧化碳吸收剂，可以提高气态产物中氢气的含量。碱性催化剂可以降低有机物的分解温度，加速纤维素、木质素水解，从而更易于进一步向气体产物转化。

关等人[36] 在温度 450~500℃、压力为 24~26MPa、反应时间为 20min 时以 K_2CO_3 和 $Ca(OH)_2$ 为催化剂对纤维素进行了气化实验研究，结果表明：当催化剂 K_2CO_3 的量为纤维素量的 20% 时，产氢量为 8.265mol/kg，约为不加催化剂的 2 倍，而使用 $Ca(OH)_2$ 时，产氢量为 9.456mol/kg，约为不加催化剂时的 1.7 倍。不同研究对比会存在差异，但一般研究对比发现，H_2 产率由高到低的是：$NaOH > KOH > Ca(OH)_2 > K_2CO_3 > Na_2CO_3 > NaHCO_3$[37]。

碱性催化剂催化原理复杂，生成甲酸钠等重要的中间产物，Kruse 等人[38] 认为：

$$Na_2CO_3 + H_2O \longrightarrow NaHCO_3 + NaOH \tag{4-17}$$

$$NaOH + CO \longrightarrow HCOONa \tag{4-18}$$

$$HCOONa + H_2O \longrightarrow NaHCO_3 + H_2 \tag{4-19}$$

相似，对于 $NaHCO_3$，催化应机理为：

$$NaHCO_3 + CO \longrightarrow CO_2 + NaCOOH \tag{4-20}$$

$$2NaCOOH \longrightarrow Na_2CO_3 + CO + H_2 \tag{4-21}$$

最近的研究发现，$NaOH$ 通过物理溶解和化学作用使 Na^+ 与酚羟基（—OH）和羧基酸组（—COOH）通过化学键结合形成酚钠（—CONa）和羧酸钠（—COONa）。因此，部分研究则认为有机碳的气化和 Na_2CO_3 的催化过程为[39~41]：

$$Na_2CO_3(s) + C(s) \longrightarrow —COONa + —CONa \tag{4-22}$$

$$—COONa + C(s) \longrightarrow —CONa + CO(g) \tag{4-23}$$

$$—CONa + C(s) \longrightarrow —CNa + CO(g) \tag{4-24}$$

$$—CNa + CO_2(g) \longrightarrow —CONa + CO(g) \tag{4-25}$$

$$—CONa + CO_2(g) \longrightarrow —COONa + CO(g) \tag{4-26}$$

可以认为通过式（4-22）和式（4-23）催化位减少了，式（4-25）和式（4-26）中，Na—C 催化位被 CO_2 氧化。而—CONa 和 CO_2 的反应速率比—COONa

和有机碳的速率快，所以式（4-24）是速率控制步骤。

Guan 等人[42]在以木质素典型单体苯酚为研究对象中发现，芳香环在 400℃，甚至在 450℃下也很难开环，但碱催化剂的加入使得苯酚开环气化。因此，研究中提出了 NaOH 和 KOH 在气化过程中不同的催化机理，推测氢氧化物在超临界水中生成 OH 自由基，OH 加成在芳香族环上从而导致了环类化合物的开环气化，从而使得碱催化剂具有高效催化活性，但也使得碱金属在超临界水体系中对反应器产生强腐蚀。

总之，碱性催化剂能有效提高水汽的置换反应，提高氢气的生成，有效提高气化效率，特别是 NaOH、KOH 能促使木质素在 450℃时开环高效气化，具有较高的催化活性。碱性催化剂成本低，但是难以回收，反应过程中可能会对反应器造成腐蚀，并且易造成二次污染。

4.1.3.2　金属催化

金属等非均相催化剂具有可回收等特点，可以在相对较低的温度下有效促进纤维素、木质素等的超临界水气化[43]，因此备受关注。金属催化剂包括 Cr、Co、Ni、Cu、Mo、W、Zn、Ru、Rh 等，Elliott 等人对有机物的 SCWG 气化研究发现 Ni、Ru 和 Rh 具有良好的催化活性[44]。Resende 等人[45]在石英毛细反应堆里也研究了 Ni、Fe、Cu、Zn、Ru、Zr 和 R—Ni 等催化剂对纤维素和木质素超临界水气化过程的影响，结果表明 Zn、Zr 几乎没有催化效果，对于纤维素，Ni 催化剂的催化效果最明显。

Ni 具有较高的活性并且成本相对较低。在反应过程中可以增强焦油的裂解，水气交换，甲烷化反应。Minowa 等人[46,47]在纤维素的超临界水气化研究中发现，加入 Ni 可以提高纤维素的气化速率，同时提高甲烷的产率，但抑制了氢气的产生。Trimm 等人[48]把镍对甲烷的影响解释为：镍和氢气相互作用，氢气分子被吸收在镍表面上分裂，产生氢原子，氢原子和来自葡萄糖的碳原子结合，形成甲烷，然后从镍催化剂上脱附，用以下几个式子表示：

$$H_2 + N \Longleftrightarrow 2(H)N \tag{4-27}$$

$$2(H)N + C \longrightarrow (CH_2)N \longrightarrow (CH)N \tag{4-28}$$

$$(CH_4)N \longrightarrow CH_4 + N(N 为镍) \tag{4-29}$$

贵金属如 Ru、Rh 较 Ni 在生物质超临界水气化研究中可表现出更高的活性。如 Osada[49]对木质素的超临界催化气化研究中发现，在 673K 条件下，贵金属催化剂催化效果顺序为：Ru > Rh > Pt > Pd > Ni。Aritomo 等人[50]对木质素超临界水气化制氢研究也得到类似的趋势，气化效果从高到低的排序是：Ru、Rh、Pt、Pd、Ni。Ru 对纤维素、木质素在超临界水中气化反应有很显著的促进作用，在450℃时，1h 左右实现了其 90% 以上的炭转化。

不同于 Ni，部分研究认为其催化作用是促进 C—C 键的断裂，使烷基酚中苯环开环，从而提高气体产率。部分研究认为 RuO_2 的催化机制是[51]：

$$RuO_2 + Org \longrightarrow Ru^{2+} + Org^+ + CO \tag{4-30}$$

$$CO + 3H_2 \longrightarrow CH_4 + H_2O \tag{4-31}$$

$$2CO + 2H_2 \longrightarrow CH_4 + CO_2 \tag{4-32}$$

$$Ru^{2+} + 2H_2O \longrightarrow RuO_2 + 2H^+ + H_2 \tag{4-33}$$

Park 等研究发现 SCW 中 RuO_2 形成 Ru^{IV}/Ru^{II} 氧化还原簇，使有机化合物几乎彻底气化为 CH_4、CO_2 和 H_2（见图 4-2）。但该机理目前被广泛质疑。Resende 及 Savage 报道了在 500℃时 Ru 粉末氧化过程的 H_2 生成率，当 3.6mg 粉末 10min 仅能生成 $0.5\mu mol$ 的 H_2 气体（500℃，$0.08g/cm^3$ 水密度）。因此，H_2 生成速率为 $0.014\mu mol/(min \cdot mg)$[45]。此外，最近 Rabe 等人的研究表明在超临界水气化过程中 Ru 主要为还原态，氧化还原机理存在严重缺陷[52]。可以推测，Ru 在超临界水气化过程中始终保持还原状态，因此，Ru 可直接吸附并促进有机物的裂解气化。

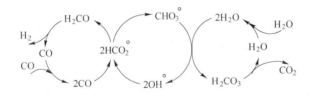

图 4-2　Park 等分析的 Ru 催化剂超临界水催化气化机理图

4.1.3.3　催化载体

载体是提高金属催化剂的有效方式，部分氧化剂能有效提高金属催化剂的表面活性，从而提高催化剂的催化活性。常用的载体包括 C、MgO、CaO、ZrO_2、TiO_2、Al_2O_3、CeO_2 等。Delgado 等人[53]最早考察 MgO、CaO 作为催化剂对超临界水气化的作用，结果表明 MgO、CaO 能促进水汽置换反应；Watanabe 等人[54]发现 ZrO_2 可促进超临界水中气化反应的进行，气化效率提高 2 倍左右；Guo 等人[55]发现，CeO_2、$(CeZr)_xO_2$ 等金属氧化物在纤维素 SCWG 过程中也表现出高活性。而 Antal[56]以木炭或活性炭为催化剂，有效提高了葡萄糖和纤维素在超临界水气化。

4.2   藻类的气化

尽管生物质如树木、稻草、玉米、马铃薯淀粉、稻秆等广泛存在，但为保证人类及自然生物的生存需要，必须保留一定的自然存在量。如用于作为持续能源的替代品，将遇到重大瓶颈，原因在于其生长缓慢，且需要占用大量土地。在2009年，美国对天然气类气体能源的需求量达到了 $31.82 \times 10^6 TJ$。如果所有的能源气体均需要从生物质中获得，那么，将大约需要 $9.64 \times 10^{12} kg$ 左右的生物质才能满足该需要。按该类生物质的生长速率计算，将需要 $1.5 million km^2$ 的土地种植该类作物才能提供足够的生物质。$1.5 million km^2$ 的土地将用去美国国土面积约15%，显然，人类已无法提供足够的土地，用于耕种作为能源的生物质。

藻类的生长速率通常是陆地生长植物的 $3.3 \sim 5$ 倍。研究表明，在管式反应器中，其单位土地的生物质产出率将是一般植物的 $5 \sim 9$ 倍。同样按每年能源的需求量 $31.82 \times 10^6 TJ$ 及 $9.64 \times 10^{12} kg$ 左右的生物质计算，满足该需要的土地量少于 $0.295 million km^2$，也即仅仅需要用约美国3%的区域种植藻类就能满足提供足够生物质的需要，明显对比如图4-3所示。而且，藻类同样可以在海洋、湖泊中种植，不需要与粮食等农作物竞争土地，不需要砍伐大量森林或开辟自然绿地用作生物质耕种用地。因此，藻类目前被认为是能供应足量的生物质满足未来能源需求的最重要生物。

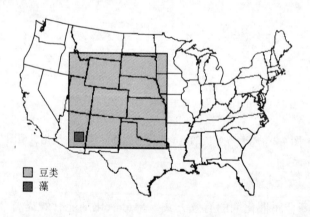

图4-3   藻类与豆类农作物土地需求对比图

由于藻类在被认为是能满足提供未来能源需求的生物质重要来源，对藻类的气化研究已成为目前超临界水气化的热点问题。部分相关报道过的研究如表4-5所示。藻类本身成分复杂，并含有大量的蛋白质，气化过程异常复杂。但由于其未来运用的前景及实际意义，因此，也使得对藻类气化过程的研究成为气化研究的热点、重点。

表 4-5 藻类超临界水气化相关的研究

文献报道	催化剂	温度/℃	时间/min	藻浓度（质量分数)/%	催化剂用量比
Antal[57]	—	520, 550	约0.5	0.1 ~ 2.5	3
Minowa & Sawayama[58]	Ni/SiO_2-Al_2O_3	350	约45	12.6	0
Stucki et al. [59]	Ru/C; Ru/ZrO_2	400	60 ~ 361	2.5 ~ 20	1
Haiduc et al. [60]	Ru/C	400	12 ~ 67	2.5 ~ 13	3
Brown et al. [61]	—	200 ~ 500	60	5.2 ~ 17	7
Duan & Savage[62]	Pt/C, Pd/C, Ru/C, Zeolite Ni/SiO_2-Al_2O_3	350	60	4.5	2
Hirano et al. [63]	—	850 ~ 1000	90	21	3
Chakinala et al. [64]	Ni, Inconel, Ru/TiO_2 $NiMo/Al_2O_3$ $PtPd/Al_2O_3$ $CoMo/Al_2O_3$	400 ~ 700	1 ~ 15	2.9, 7.3	17

4.2.1 藻的气化过程

典型海藻 *Nannochloropsis sp.* 的超临界水气化气体生成规律如图4-4所示。在温度500℃、水密度0.087g/cm³ 及生物质浓度4.7%（质量分数）时，在生产的气体中，CO_2 在气化阶段始终为生成气体的主要成分，其次为 H_2，其含量与 CO_2 接近。CH_4 也是重要的生成气体，其含量在超临界水气化的起始阶段生成率仅为 CO_2 的一半，但随时间逐步增加，在反应75min 时，其含量与二氧化碳及氢气的生成量接近。此外，在气化过程中，同时有 C_2H_4 及 C_2H_6 的生成，但含量较低。CO 也为生成气体之一，含量非常低。

在气化过程中，CO_2、H_2 和 CH_4 气体含量的逐渐增加，在60min 之后，三种气体的含量均为30% 左右。CO 气体迅速减少，在50min 后，其含量几乎可以被忽略。造成 CO 含量减少而 H_2 含量升高的最重要原因可能是金属反应器的器壁的催化作用，金属器壁催化了水气置换反应，使得气体反应迅速达到反应的平衡状态。其他研究表明，在石英反应器中，CO 的含量将高于金属反应器中 CO 的含量，而 H_2 的含量将低于金属反应器中 H_2 的生成量。当金属表面积与生物质量比值大于15mm²/mg 时，金属器壁的催化作用将明显[88]。另外，海藻中的金属盐也可能对水气置换产生一定的催化作用。

气体的平衡状态如图 4-4b 横线所示。为分析气体的最终平衡状态，气态的理论平衡状态由软件 ASPEN 计算分析得出，计算采用 RGIBBS 模块分析气态平衡的最终状态。RGIBBS 利用 Gibbs 自由能最低原理，确定分析各气体的最终含量。超临界水为高温高压状态，因此计算采用PR 方程修正各气体的状态自由能，

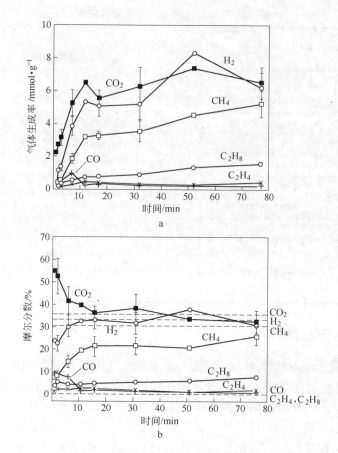

图4-4 藻的超临界水气化过程

a—气体生成率；b—各气体的摩尔比重含量

（500℃，0.087g/cm³，藻质量分数4.7%）

过程原理详见第2章。藻的分子采用 $C_{23}H_{38}O_{10}N_3$，该分子式与藻类的基本成分一致。在计算过程中，进料中海藻与水的比例按实验过程中两者的比例输入。出流中，存在的物质为海藻，水，H_2，N_2，NH_3，NO，NO_2，N_2O，CO，CO_2，CH_4，C_2H_4，C_2H_6 及 NH_3，其中水和 NH_3 假设与气态的形式存在。计算的气态平衡（摩尔分数，%）为 H_2（32%），CH_4（30%）和 CO_2（34%），该结果与实验的77min 结果基本一致。在 ASPEN 输出结果中，CO，C_2H_4，C_2H_6 等，稍低于实验结果，但基本与实验结果相符合。气态平衡计算表明，海藻中的 N 主要以 NH_3 的形式存在于水中。由于 NH_3 在常温下将溶解于水中，在实验过程中，未能有效检测出。因此，器壁催化作用会促进反应气体在25min 左右快速进入气态的平衡。

藻类的气化过程较为复杂。研究表明，在短反应时间内（约 1～2min），气化的主要中间产物为分子量较大的分子。这些产物中包含大量含氮化合物，其主要来自藻中蛋白质的解聚水解[65]。另外，中间产物中也包含大量碳水化合物，如新植二烯及长链正构烷烃（n-alkanes）。在长反应时间（约 30min），主要中间产物变为小分子，如苯，苯酚，吲哚等。苯，苯酚可能主要来自碳氢类物质的水解[66]。对气化过程的液体产物分析发现，典型物质如乙苯在 20min 左右达到峰值。但十六烷（Hexadecane）在约 5min 左右达到峰值，而后迅速被降解。可知，典型的芳香族化合物逐渐积累，然后逐渐被转化分解。因此，在超临界水气化过程中，海藻将被迅速转化为中间产物，而这些中间产物将部分或全部转化成最终的生成气体或者产生结焦。

藻类的气化机理可认为是存在两种典型产物的气化途径，即两种类型：部分被迅速转化及将逐步转化两类。在超临界水气化过程中，藻将先被转化成为非气体的中间产物，这些中间产物将以不同的降解速率逐渐转化成为气体或者逐渐结焦。

此外，温度升高能明显提高藻类气化的效率及能量转化效率。与木质素、纤维素相比，在相似条件下，超临界水气化藻类能明显获得更多可利用的能量。在 450 ~ 550℃时，气化生成的主要气体为 H_2、CO_2 及 CH_4 等气体，并有少量的 CO、C_2H_4 及 C_2H_6。高温，长停留时间，高水密度及低藻浓度将获得高气体生成率。过程中，藻浓度对 H_2 产生率影响巨大，当浓度从 15% 减少到 1%（质量分数），H_2 产生率增加约三倍。水密度从 0.02g/cm^3 增加到 0.13g/cm^3 时，气化效率增加了近一倍（28% 到 57%），但水密度对生成的气体组分影响较小。

4.2.2 藻的气化动力学

4.2.2.1 模型的建立

藻类的气化过程复杂，部分研究拟建立相关的通用的动力学模型，但无法解析藻的超临界水气化实质。因此，本章节总结藻的典型模块式动力学过程，并用于分析藻 SCWG 关键因素。

如前所述藻类由一系列大分子构成，这些大分子在超临界水中将被降解与转换，并且部分将转化成气体。超临界气化藻类的实验研究结果表明，藻将转化成为部分小分子的中间产物，如十六烷等，这些中间产物将被快速气化；同时，转化成为另外一类中间产物，如苯酚、芳香族环类化合物等，这些中间产物性质稳定，将被缓慢气化。因此，可将藻超临界气化原理两类物质的气化，基于该实验结果，用于建立藻超临界水气化的定量化动力学模型。

藻超临界水气化动力学反应过程归纳如表 4-6 所示。首先，藻将被转化成为中间产物。分析发现，藻类转化成为中间产物，不现实也无法简单地归结成为单一的一种中间产物。因此，模型将其气化过程归结成为典型的两类中间产物，即反应 1（生成 Int1）和反应 2（生成 Int2）。

表 4-6　模型中的化学反应

$Algae \xrightarrow{k_1} Int.\ 1$	(1)
$Algae \xrightarrow{k_2} Int.\ 2$	(2)
$Int\ i + 0.57H_2O \xrightarrow{k_{i1}} CO + 1.43H_2$	(3)
$Int\ i + 1.57H_2O \xrightarrow{k_{i2}} CO_2 + 2.43H_2$	(4)
$Int\ i \xrightarrow{k_{i3}} CO$	(5)
$Int\ i \xrightarrow{k_{i4}} CO_2$	(6)
$Int\ i \xrightarrow{k_{i5}} CH_4$	(7)
$Int\ i \xrightarrow{k_{i6}} H_2$	(8)
$Int\ i \xrightarrow{k_{i7}} C_2H_4$	(9)
$Int\ i \xrightarrow{k_{i8}} Char$	(10)
$CO + H_2O \xrightleftharpoons{k_3} CO_2 + H_2$	(11)
$CO + 3H_2 \xrightarrow{k_i} CH_4 + H_2O$	(12)

注：Int 为中间产物。

在气化过程中，由中间产物生成气体主要依靠两种途径：水汽重整及直接分解。水汽重整将生成 CO 和 H_2（反应式(3)）或者 CO_2 和 H_2（反应式(4)）。为水汽重整反应化学计量，假设中间产物的平均分子式为 $C_7H_{12}O_3$。因此，根据中间产物的平均分子式，可以计算出在反应式（3）中，每产生 1mol CO 将生成 1.43mol H_2。在反应式（4）中，每产生 1mol CO_2 将生成 2.43mol H_2。

除水汽重整将产生气体外，气体也可通过热解及水热反应从中间产物中直接生成。从气体 H_2 及 CO_2 生成活化能计算结果可见，单单水汽重整反应不能准确描述气体的生成。因此，模型考虑气体直接从中间产物中产生。在计算模型中，气体如 H_2，CO，CO_2，CH_4 及 C_2 气体（乙炔及乙烯气体，在实验过程中其生成率较低，因此两者累加按 C_2H_a 考虑）允许从两类不同中间产物中生成（反应式(9)）。同时，反应考虑结焦过程（反应式(10)）。

最后，模型考虑水汽置换反应及甲烷化反应（反应式（11）及反应式（12））。生物质气化后，气体间将相互反应，并最终趋向气态的平衡。

因此，气化过程的平衡方程式（4-34）~式（4-43）所示。在方程中，藻及中间产物的物质量按其在反应器中的碳摩尔浓度表示。气体的生成率按单位容积生成的各气体量与藻干物质量之比表示。其中，生物质的起始量为 4.8g/L。

$$\frac{dC_A}{dt} = -(k_1 + k_2)C_A \tag{4-34}$$

$$\frac{dC_{I1}}{dt} = k_1 C_A - (k_{13} + k_{14} + k_{15} + 2k_{17} + k_{18})C_{I1} - (k_{11} + k_{12})C_{I1}C_W \tag{4-35}$$

$$\frac{dC_{I2}}{dt} = k_2 C_A - (k_{23} + k_{24} + k_{25} + 2k_{27} + k_{28})C_{I2} - (k_{21} + k_{22})C_{I2}C_W \tag{4-36}$$

$$\frac{dC_{CO}}{dt} = k_{11}C_{I1}C_W + k_{13}C_{I1} + k_{21}C_{I2}C_W + k_{23}C_{I2} - k_3 C_{CO}C_W +$$
$$(k_3/K_3)C_{CO_2}C_{H_2} - k_4 C_{CO}C_{H_2} + (k_4/K_4)C_{CH_4}C_W \tag{4-37}$$

$$\frac{dC_{CO_2}}{dt} = k_{12}C_{I1}C_W + k_{14}C_{I1} + k_{22}C_{I2}C_W + k_{24}C_{I2} + k_3 C_{CO}C_W - (k_3/K_3)C_{CO_2}C_{H_2} \tag{4-38}$$

$$\frac{dC_{CH_4}}{dt} = k_{15}C_{I1} + k_{25}C_{I2} + k_4 C_{CO}C_{H_2} - (k_4/K_4)C_{CH_4}C_W \tag{4-39}$$

$$\frac{dC_{H_2}}{dt} = (1.43k_{11} + 2.43k_{12})C_{I1}C_W + k_{16}C_{I1} + (1.43k_{21} + 2.43k_{22})C_{I2}C_W + k_{26}C_{I2} +$$
$$k_3 C_{CO}C_W - (k_3/K_3)C_{CO_2}C_{H_2} - 3k_4 C_{CO}C_{H_2} + 3(k_4/K_4)C_{CH_4}C_W \tag{4-40}$$

$$\frac{dC_{C_2H_a}}{dt} = k_{17}C_{I1} + k_{27}C_{I2} \tag{4-41}$$

$$\frac{dC_{Char}}{dt} = k_{18}C_{I1} + k_{28}C_{I2} \tag{4-42}$$

$$\frac{dC_W}{dt} = -(0.57k_{11} + 1.57k_{12})C_{I1}C_W - (0.57k_{21} + 1.57k_{22})C_{I2}C_W -$$
$$k_3 C_{CO}C_W + (k_3/K_3)C_{CO_2}C_{H_2} + k_4 C_{CO}C_{H_2} - (k_4/K_4)C_{CH_4}C_W \tag{4-43}$$

式中，A，I1，I2 和 W 分别表示藻，中间产物 1，中间产物 2 和水。K_3 和 K_4 分别为水汽置换反应及甲烷化反应的气体反应平衡常数。

4.2.2.2 参数估计

根据藻超临界水气化在 450℃，500℃ 及 550℃ 的实验数据，方程拟合了各温度下的反应速率常数（k_1，k_2，k_3，k_4，k_{11-18} 和 k_{21-28}）。方程拟合软件采用了 Berkeley Madonna[67] 软件进行相关数据拟合及计算仿真反应过程。此外，对于方程中的可逆平衡参数（水汽置换反应的 K_3 及甲烷化的 K_4）按 ASPEN 中的 REQUIL 模块计算得出。根据反应的条件，运用 REQUIL 模块可得出气体的平衡反应量，按：

$$K_3 = \frac{k_3}{k_{-3}} = \frac{C_{H_2} C_{CO_2}}{C_{CO} C_{H_2O}} \qquad (4\text{-}44)$$

$$K_4 = \frac{k_4}{k_{-4}} = \frac{C_{CH_4} C_{H_2O}}{C_{CO} C_{H_2}^3} \qquad (4\text{-}45)$$

得出对应的反应平衡常数。在水密度 $p_w = 0.087 g/cm^3$ 时，水汽置换反应的计算平衡常数分别为 5.15 (450℃)，3.85 (500℃)，及 2.89 (550℃)。甲烷化的计算平衡常数分别为 $1.89 \times 10^3 l^2/mol^2$ (450℃)，$6.67 \times 10^2 l^2/mol^2$ (500℃) 和 $1.67 \times 10^2 l^2/mol^2$ (550℃)。

在各温度条件下，拟合的速率参数如表 4-7 所示。显然，温度的升高将使得反应速率常数相应增加。按 Arrhenius 方程，可计算各过程的式前常数及活化能，

表 4-7　反应速率常数及 Arrhenius 参数

参　数	450℃	500℃	550℃	$logA$	$E_a/kJ \cdot mol^{-1}$
k_1/min^{-1}	0.988	1.51	1.64	1.85 ± 0.6	25.4 ± 8.9
k_2/min^{-1}	0.218	0.708	0.83	4.25 ± 1.82	67.1 ± 26.9
$k_{11}/L \cdot mol^{-1} \cdot min^{-1}$	1.99e-5	2.07e-5	2.32e-5	−4.15 ± 0.17	7.8 ± 2.5
$k_{12}/L \cdot mol^{-1} \cdot min^{-1}$	3.23e-5	2.69e-4	3.89e-4	−0.41 ± 0.19	125 ± 46
k_{13}/min^{-1}	3.57e-5	7.63e-5	9.25e-5	−0.97 ± 0.1	47.6 ± 15.6
k_{14}/min^{-1}	2.06e-6	2.73e-6	3.88e-6	−7.68 ± 0.61	31.3 ± 0.91
k_{15}/min^{-1}	2.27e-4	0.00483	0.0142	11.37 ± 3.36	206 ± 49
k_{16}/min^{-1}	4.11e-8	5.78e-8	5.8e-8	−6.11 ± 0.61	17.4 ± 9.1
k_{17}/min^{-1}	8.88e-6	2.32e-5	2.5e-5	−1.24 ± 0.29	52 ± 23
k_{18}/min^{-1}	0.0208	0.0235	0.0300	−0.41 ± 0.27	17.8 ± 4
$k_{21}/L \cdot mol^{-1} \cdot min^{-1}$	1.20e-3	1.86e-3	2.15e-3	−0.81 ± 0.5	28.9 ± 7.3
$k_{22}/L \cdot mol^{-1} \cdot min^{-1}$	3.64e-3	4.14e-3	8.80e-3	0.63 ± 1.31	43 ± 19
k_{23}/min^{-1}	0.00158	0.0022	0.00304	−0.46 ± 0.05	32.4 ± 0.7
k_{24}/min^{-1}	0.12	0.148	0.196	0.82 ± 0.18	24.2 ± 2.7
k_{25}/min^{-1}	0.0284	0.0431	0.0665	1.49 ± 0.13	42 ± 2
k_{26}/min^{-1}	0.0321	0.0562	0.0612	0.87 ± 0.74	32.3 ± 12.5
k_{27}/min^{-1}	0.00852	0.0337	0.0676	5.41 ± 1.08	103 ± 16
k_{28}/min^{-1}	0	0	0		
$k_3/L \cdot mol^{-1} \cdot min^{-1}$	5.26e-4	9.44e-4	2.48e-3	2.21 ± 0.06	76.5 ± 1.4
$k_4/L \cdot mol^{-1} \cdot min^{-1}$	2.48e-4	5.75e-4	7.35e-4	0.35 ± 0.1	54.2 ± 15

其数值及对应的误差如表4-7所示。在表中，中间产物2的降解反应常数大于中间产物1的降解反应常数（例如 $k_{21} > k_{11}$ 和 $k_{26} > k_{16}$）表明中间产物2较中间产物1更容易被气化。同时，反应速率 k_{28} 在各温度反应中接近于0，其反应主要来自于中间产物2的结焦反应。因此，模型表明，被缓慢气化的中间产物，由于其化学特性稳定，不容易被气化而成为结焦的主要来源。当然，结焦的主要来源有待进一步研究分析，模型中，数据拟合仅考虑了气体的生成率。

中间产物2的生成活化能高于中间产物1的生成活化能表明温度升高将使得在更高温度，中间产物2的生成速率增加量多于中间产物1的生成速率。由于中间产物1更易被气化，因此，高温将提高藻的气化率。结焦过程的活化能低于中间产物降解的活化能，也就是升高温度，将提高藻的气化率而减少过程的结焦。因此，模型表明在高温条件下，获得更高藻气化率的原理。温度升高，有利于易被气化的中间产物的生成，促进了藻的气化同时还减少了结焦。

此外，藻降解率、中间产物降解率及结焦500℃模型计算结果如图4-5所示。结果表明，藻被迅速转化成为中间产物（约1min）。中间产物1积累而后缓慢降解，而中间产物2积累并迅速被降解。因此，结焦主要来自中间产物2。

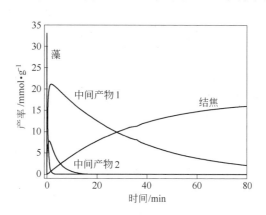

图4-5 藻降解率、中间产物降解率及结焦500℃模型计算生成率
（藻质量分数4.7%，水密度0.087g/cm³）

4.2.2.3 模型的有效性

有效的模型不仅需要能有效拟合实验的结果、合理的参数，并且，需要能预测及解释部分结果，最终利用数学运算分析结果与原因。

模型对生物质浓度影响的预测及实验结果如图4-6所示。模型显示，生物质浓度对气化过程的影响极小，结果与实验中不同生物质浓度下 CO_2，CO 及 CH_4

生成率的结果一致。水密度对气体生成率的影响如图 4-7 所示。模型预测在气化过程中，水密度增加而 CH_4 及 CO 保持不变，其结论与实验吻合。同时，模型预测随着水密度的增加，CO_2 及 H_2 的生成率将增加，预测符合了实验的结果。尽管模型未能有效预测水密度对 CO_2 的强烈影响，但总体上，模型能有效预测水密度对气化过程的影响，并与实验结果一致。其原因为：水密度的增加使得水气重整反应速率加快。

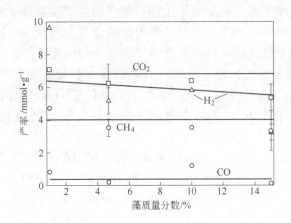

图 4-6　生物质浓度对过程的影响模型预测与实验结果

（32min，500℃，水密度 0.087g/cm³）

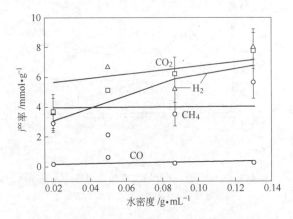

图 4-7　水密度对过程的影响模型预测与实验结果

（32min，500℃，藻质量分数 4.7%）

4.2.2.4　反应速率分析

利用数学模型，可用于分析在实验过程中气体生成的关键反应及过程。首先，利用模型分析与对比不同时间下各反应速率对气体生成的贡献，分析气化过程中的关键反应过程。500℃时 CH$_4$ 的生成最主要反应的速率如图 4-8 所示。在短时间内，CH$_4$ 主要来自中间产物 1 的分解。在约 5min 后，中间产物 2 分解将产生较中间产物 2 更多量的 CH$_4$，且持续到反应趋于最终的平衡状态。

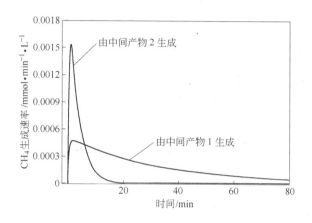

图 4-8　CH$_4$ 的生成速率

（500℃，藻质量分数 4.7%，水密度 0.087g/cm^3）

500℃时 H$_2$、CO$_2$ 的生成最主要反应的速率如图 4-9 及图 4-10 所示，同样，其结果在 450℃ 及 550℃ 时相似。水汽置换及生物质分解产生都将产生 H$_2$，结果同时表明，气体 H$_2$ 中的氢气将很大部分来自水而不仅是生物质。同时，短时间内的气体生成有中间产物 2 的反应生成，而长时间，中间产物 2 将最为显著。与 H$_2$ 不同，CO$_2$ 主要来自于中间产物 2 的分解，如图 4-10 所示。

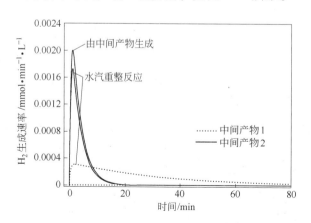

图 4-9　H$_2$ 的生成速率

（500℃，藻质量分数 4.7%，水密度 0.087g/cm^3）

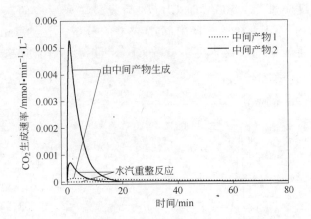

图 4-10　CO_2 的生成速率

（500℃，藻质量分数 4.7%，水密度 $0.087g/cm^3$）

4.2.2.5　敏感性分析

使用敏感性分析，可阐述各反应速率对相关气体生成的影响与作用。敏感性系数，S_{ij}，可被定义为：

$$S_{ij} = \frac{\partial \ln C_i}{\partial \ln k_j} = \frac{\Delta C_i / C_i}{\Delta k_j / k_j} \tag{4-46}$$

敏感性系数越大，速率常数对该反应气体生成速率影响越大。

敏感性系数计算采用在特定时间及温度时，改变 5% 速率参数分析模型输出相应气体变化的方法手动计算。由于速率分析表明，不同反应在不同时间段将展现不同的显著性，因此，可分析计算 1min 及 60min 的敏感性系数。

敏感性系数如表 4-8 所示，其中其绝对值超过 0.1 的敏感性系数列出在表中。也即是仅谈论对相应气体生成影响超过 10% 的相关重要反应。

表 4-8　500℃时藻超临界水气化反应的敏感性系数

反　应	系数	CO		CO_2		CH_4		H_2		C_2H_a	
		1min	60min	1min	60min	1min	60min	1min	60min	1min	60min
Int1 formed	k_1	−0.321	−0.439	−0.341	−0.546	−0.162	—	−0.291	−0.344	−0.31	−0.61
Int2 formed	k_2	0.795	0.439	0.795	0.557	0.584	—	0.762	0.354	0.82	0.65
Int1 SR2	k_{12}	—	—	—	0.102	—	—	—	—	—	—
Int1 →CH_4	k_{15}	—	—	—	—	0.13	0.59	—	—	—	—
Int2 水汽重整反应1	k_{21}	0.734	0.341	—	—	—	—	—	—	—	—
Int2 水汽重整反应2	k_{22}	−0.122	—	0.113	—	—	—	0.367	0.23	—	—

反 应	系数	CO		CO$_2$		CH$_4$		H$_2$		C$_2$H$_a$	
		1min	60min	1min	60min	1min	60min	1min	60min	1min	60min
Int2 →CO	k_{23}	0.183	—	—	—	—	—	—	—	—	—
Int2 →CO$_2$	k_{24}	—	—	0.217	—	—	—	—	—	—	—
Int2 →CH$_4$	k_{25}	—	—	—	—	0.78	0.288	—	—	—	—
Int2 →H$_2$	k_{26}	—	—	—	—	—	—	0.451	0.316	—	—
Int2 →C$_2$H$_a$	k_{27}	—	—	—	—	—	—	—	—	0.94	0.74
水气转换反应	k_3	—	−0.244	—	—	—	—	—	—	—	—

注：Int 为中间产物。

在 1min 和 60min 时，CO，CO$_2$ 及 H$_2$ 对中间产物生成反应 1 及反应 2 参数变化均非常敏锐。而 CH$_4$ 及 C$_2$H$_a$ 气体，对藻类降解为碳水化合物的过程敏锐，也即是中间产物 1 及中间产物 2 的生成反应，对其生成依然很重要。结果表明，藻类的生物化学成分（如蛋白，碳水化合物等）将影响气体的生成率。

在短时间内，气体生成将对中间产物 1 的生成敏锐。因此，中间产物 2（如烷烃类）对初期的气体生成影响大。仅 CH$_4$ 及 CO$_2$ 对中间产物 1 及中间产物 2 的生成均很显著。CO 在 60min，即长时间，将对水汽置换反应敏锐。敏感性分析同时能明确对过程影响较小的化学过程。这些过程包括甲烷化反应、中间产物 1 生成 CO，CO$_2$，H$_2$ 及 C$_2$H$_a$ 等反应。

4.2.3 藻催化气化

在非均相催化剂中，Ru（钌）为超临界水气化过程的有效催化剂。Sato 报道[94]，在 400℃时，Ru 能有效催化气化 alkylphenols，藻超临界水气化过程中的典型中间产物。同时，Ru 被广泛报道能有效催化气化 lignin（木质素），cellulose（纤维素），glucose（葡萄糖）及其他生物质等[69]。

与其他金属催化剂如 Ni、Pt、Pd 等相比，Ru 也是更有效催化藻气化的金属催化剂。Chakinala 等人[64]报道过 600℃时 Ru 催化降解藻的 4 组实验。Haiduc 报道 60min 时，藻气化的 3 组实验结果[60]。Stucki 报道[59]过近 6 组 Ru 催化气化藻的实验研究。

但藻不同于一般陆生生物质，含有大量的蛋白质且含有硫元素。硫对 Ru 催化具有毒性，因此，在藻的气化过程中，将影响催化的活性。

研究表明，与非催化过程相似，长停留时间，高水密度及低藻浓度将获得高气体生成率。在藻的 SCWG 过程中，藻浓度将影响 H$_2$ 产率而水密度的增加将增加藻的气化效率。并且，在催化过程中，催化剂量对气化过程的影响最为显著，当催化剂量大约 2g/g 时（催化剂比干藻生物质量），将实现藻中碳元素的完全气化。

需要指明的是，随着催化剂的重复使用，气化效率显著降低，也即是随着催化剂的重复使用，催化剂迅速失去活性。STEM 及 EDS 的结果表明，藻中含有的硫（约 0.5%，质量分数），是造成催化剂失活的主要原因。

如 410℃，水密度 0.09g/cm³ 及 4.8%（质量分数）生物质浓度时，催化剂 Ru/C 第一次使用、两次使用及三次使用催化气化的效率会逐渐降低，在首次使用催化剂时，40min 气化效率为 33%，75min 时气化效率为 48%。但在第二次使用催化剂时，气化效率降低为 40min 的 17% 及 75min 的 19%。而第三次使用时，在 40min 及 75min 气化效率均仅为 13% 左右。在第三次重复使用催化剂时获得的催化效率，与无催化剂时的气化效率接近。在催化剂的回收过程中，催化剂仅使用烘干处理。结果清楚显示，在相同实验的条件下，气化效率随着催化剂的重复使用次数增加而显著降低。因此，在第三次使用催化剂 Ru/C 时，催化剂已经不具有活性。

Osada 等人[49]使用 Ru/C 进行过相似气化木质素的实验研究。其研究同样表明催化剂随着重复使用将降低活性。其结果表明催化剂活性的降低是由于催化剂失去比表面积造成的。而且，随着催化剂的使用，Ru 的颗粒大小将增加，表明了随着使用，金属分散而降低了催化剂的活性。

STEM 分析催化剂 Ru/C 的结构形态变化表明，其形态结果与 Osada 等人[49]的分析结果一致。Ru/C 催化剂在使用前及每次使用的 STEM 图如图 4-11 所示。由图可知催化剂颗粒为 3.9nm 左右。而第一使用后，部分催化剂颗粒增加到约 5nm，并有少数 Ru 颗粒甚至增加到 10nm 左右。而在三次使用后，大部分 Ru 颗粒增加到 5nm。因此，催化剂在使用过程中还会出现烧焦现象，使得 Ru 颗粒大小增加并减少了其分散性。这些物理性可能造成了本研究中的催化剂小部分失活。

仅物理上的变化可能并不是催化剂失活的主要原因。原因为 Osada 等在气化纯木质素时假如延长足够的反应时间，那么利用使用过的催化剂气化木质素效率依然能达到近 100%。但藻气化过程中，在催化剂三次使用时，即使继续延长时间，气化效率并不能增加气化的效率。因此，藻中的硫使得催化剂中毒。

如 EDS（energy dispersive spectroscopy）结果所示，除 Ru 及碳峰值外，S 的峰同样在图 4-12 中出现。事实上，S 是超临界水化过程中 Ru 的著名"有毒物质"，能使得 Ru 中毒。硫（S），藻中自然存在的物质（约 1%，质量分数）而陆生生物并不广泛存在的物质，是使得超临界水气化过程中催化剂失去活性的最主要原因。因此，不同于陆生植物，藻中自然存在的成分 S，将对藻超临界水催化气化工业中的催化剂设计及催化工程运行带来新的挑战。

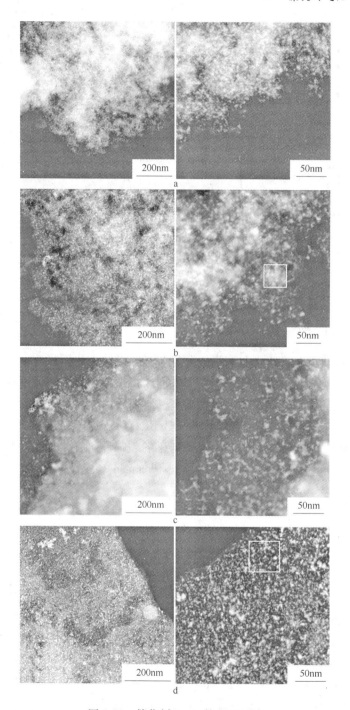

图 4-11 催化剂 Ru/C 的 STEM 图
a—使用前；b—第一次使用后；c—第二次使用后；d—第三次使用后
（催化剂比例 1g/g，40min，410℃，水密度 0.09 g/cm³，藻质量分数 4.8%）

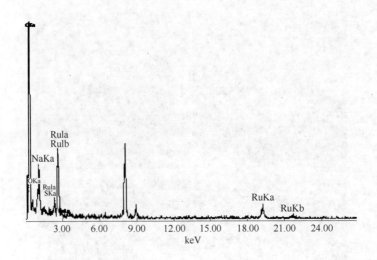

图 4-12　三次使用后的 EDS 图

4.3　典型化合物气化

由于生物质、有机废水及废物成分复杂，难以深入分析，而模型产物的研究有助于深入了解气化过程，因此，典型模型产物的超临界水气化过程同样得到重视。超临界水气化研究的模型反应物较多，研究较为广泛与深入的典型模型为葡萄糖（$C_6H_{12}O_6$）[70~72]、甲醇（CH_3OH）[73,74]及苯酚（C_6H_5OH）[75]等。含单碳元素如 CO、HCHO、HCOOH、CH_3OH 及 CH_4 的超临界水气化过程，可参见 Watanabe 等人在 Chemical review 上发表的综述 Chemical Reactions of C1 Compounds in Near-Critical and Supercritical Water[76]。

4.3.1　葡萄糖

葡萄糖是纤维素的单体及水解产物，同时，葡萄糖的分子式与生物质通用的单体分子式接近，因此，常常用作为生物质气化的模型反应物，得到最为广泛的研究。

葡萄糖的超临界气化，碳气化效率超过 85%，并且仅有少量结焦和焦油的产生（反应温度 600℃、压力 34.5MPa、停留时间 30s、葡萄糖浓度 0.1 ~ 0.8mol/L）[77]。当然，与甲醇相比，其气化效率略低，报道表明，而在管流式 Inconel625 镍基合金反应器中不加催化剂条件下，甲醇超临界水中气化最高转化率高达 99.9%（400~600℃反应温度），且气体产物主要为 H_2，CO_2，同时含有少量的 CO 和 CH_4[78]。但效应远高于苯酚，因苯酚为环烃类，属于难超临界水气化的模型产物，在无催化剂条件下其碳气化效率约为 45%（反应温度 600 ~ 700℃、停留时间 1h、浓度 5%（质量分数））[75]。

葡萄糖超临界水中气化过程如图 4-13 所示。葡萄糖将异构化为果糖、生成呋喃并降解为乙醇醛、甘油醛、二羟基丙酮等。这些中间产物将进一步反应，小分子生成物在水中进一步水解从而被气化，而部分发生接枝反应导致高聚合度的低聚物形成。

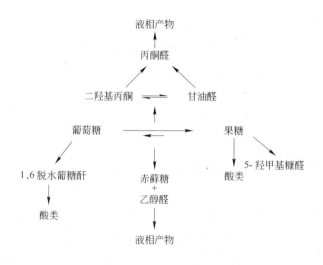

图 4-13 葡萄糖超临界水气化途径[79]

4.3.2 苯酚（部分氧化技术与机理）

苯酚及其衍生物不仅是焦油的重要成分，也是典型工业有机废水的重要组成，同时苯酚是木质素的基础单元产物之一。Savage 课题组报道了在超临界水中 600～700℃ 的温度下实现了苯酚的气化[80]。Rorer 和 Goodwin 在 800℃ 研究了苯酚及木糖超临界水气化过程。但显然，高温气化过程将使得气化的能耗增加，不利于未来的商业运行[81]。但 Yoshida 和 Oshima 的研究表明，在 400℃ 苯环无法直接气化降解[82]。研究发现，部分氧化技术能有效减少苯环的结焦聚合。而超临界水部分氧化苯酚将有助于理解环状化合物的降解过程。

4.3.2.1 部分氧化过程

部分氧化过程中氧在气化过程中氧的作用显著，如图 4-14 所示。可知，在氧碳比（O/C）少于 1.25 时，即氧与苯酚比为 7.5∶1，保证过程中氧气量小于理论完全氧化苯酚的需要量。温度 450℃，压力 24MPa 及停留时间为 180s 时，氧碳比（O/C）为 1.25 时，苯酚的去除率达到约 76.9%。而在 O/C 为 0 时，即无氧加入时，苯酚去除率少于 3%。因此，氧促进了苯酚的降解，实现了苯酚的有效气化。此外，苯酚的去除率高于 TOC 的降解率，表明在气化过程中，部分苯酚除转化为气体外，同时残留部分中间产物在水体中。

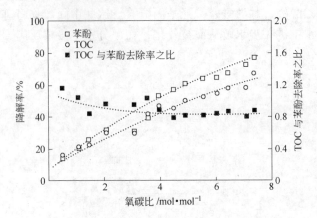

图 4-14 氧量对苯酚降解及 TOC 去除的影响
（温度：723K，压力：24MPa，反应时间：180s）

中间产物的 Mass 图如图 4-15 所示。这些中间产物中，包括能稳定存在的中间产物如二苯并呋喃（dibenzofuran），2-羟基二苯醚（2-phenoxyphenol），对苯氧

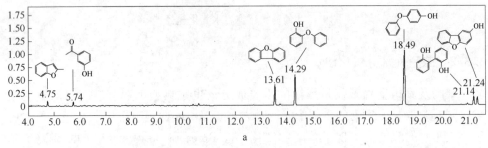

a

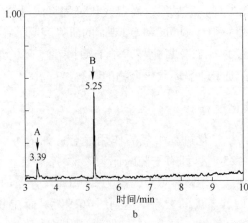

b

图 4-15 部分氧化过程的质谱图

基苯酚（4-phenoxyphenol）和 2,2'-二羟基联苯（2,2'-biphenol）等。同时，水相中的部分产物检测为开环后的产物如草酸及顺丁烯二酸等。由于这些中间产物在苯酚的超临界水氧化过程也有报道，因此，氧化过程导致了这些中间产物的产生并积累。

同时，在部分氧化过程中，氧气量的增加，促进了总气体的增加，即高的 O/Phenol 比，将获得更高的气体生成率。对应每摩尔被气化的苯酚，在低 O/Phenol 比时，单位生成的 H_2 产率更高。主要生成气体随 O/C 比变化如图 4-16 所示，过程中 H_2 为主要生成气体，但随着 O/C 的增加，其含量低于 CO_2 的含量，另外，CO 也是重要的生成气体。

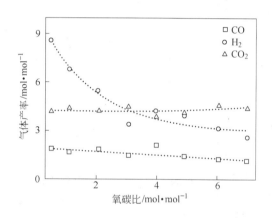

图 4-16 不同 O/Pheno 下的单位降解苯酚气体产率

因此，单位氢气的生成率随着 O/C 比的增加而逐渐减少，在高 O/C 比时，气化过程中水解反应最为显著，而随着 O/C 比的增加，在高 O/C 比时，氧化过程最为显著。Lilac 及 Lee 等人的相似研究发现[83]，在聚合物/氧（polymer/oxygen）低于 19∶1 时，氧体现为有效打断聚合物间的化合键。其他研究表明[84]，在 O/C 比为 0.2 时，正十六烷（n-hexadecane）气化过程的水解过程反应依然显著。但当 O/C 比增加到 1 时，CO 和 CO_2 量显著增加，即氧化作用增强。因此，在低 O/C 比时（<0.3），氧主要作用为打开苯环，因此导致水解反应显著。而随着 O/C 比的增加，氧化反应也会随着逐步增强，CO 及 CO_2 含量逐步增加，氧化作用增加而水解反应减弱。

苯酚超临界水氧化结果表明，苯酚氧化过程中，最先苯酚生成开环的中间产物如各种酸类、氧化物及部分生成了二聚体[85]。开环后的中间产物将进一步经氧化反应而产生 CO 并且最终被氧化为 CO_2。在部分氧化过程中，开环后的中间产物如草酸和顺丁烯二酸（oxalic and maleic acid）等为部分氧化过程中的中间产物。在低 O/C 比时，不完成氧化使得草酸和顺丁烯二酸大量生成并存在水中，而这些中间产物将进一步气化生成氢气。因此，O/C 比低于 0.3 时，氧主要作用为将苯环打开。而随着 O/C 比值的增加，草酸和顺丁烯二酸被氧化为 CO 及 CO_2。因此，在高 O/C 比时，CO 及 CO_2 显著增加，即氧化反应开始占主导。

4.3.2.2 机理分析

如图 4-17a 所示，在部分氧化过程中，在 40s 内，苯酚被迅速去除，而 TOC 的降解需要更长的时间。因此，在苯酚的部分氧化气化过程中，苯酚被转化成为中间产物而不是直接转化成为无机碳（CO_2 和 CO）。在气化过程，如图 4-17b 所示，过程中 CO 在反应初期非常显著，而后随着时间的增长而逐渐减少。但同时，气体 H_2 及 CO_2 随着时间的增加而不断增加。

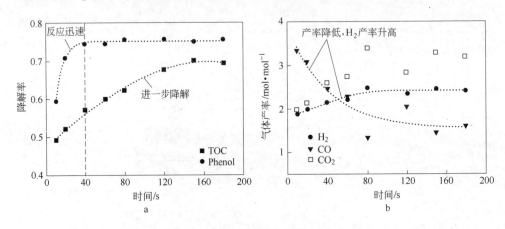

图 4-17 苯酚的超临界水部分氧化
a—酚与 TOC 的去除；b—气体组分
（温度 450℃，压力 24MPa，O/C_6H_6O：7）

由于典型的二聚体包括二苯并呋喃（dibenzofuran），2-羟基二苯醚（2-phenoxyphenol），对苯氧基苯酚（4-phenoxyphenol），2,2'-二羟基联苯（2,2'-biphenol），同时典型的开环后中间产物包括草酸和顺丁烯二酸等。部分氧化过程复杂，同时存在氧化过程，并同时存在气化的过程。在气体中，不仅存在 CO_2 及 CO，同时还存在 H_2。

DiLeo 等人的研究表明，苯酚在 600℃ 时能直接气化生成 H_2 及 CO_2 等气体[80]。但在本实验中，苯酚的直接气化不是主要的反应途径。可见，在温度 450℃，压力 24MPa 时，直接超临界水气化苯酚的效率非常低，即在过程中，停留时间为 300s 时，仅有少于 5% 的苯酚被直接气化。其他的实验研究表明，在温度低于 450℃ 时，芳香族苯环难以被开环气化。本实验的实验结果同时与苯酚及水的物理化学性质一致，如表 4-9 所示，苯酚和水的绝对硬度及相对电位梯度低，表明两种化合物化学性质稳定，难以相互反应。

表4-9 苯酚及水的物理化学特性

物 质	HOMO 能量水平	LUMO 能量水平	绝对硬度 η/eV	电子梯度/eV
苯 酚	-11.177	0.324	-5.751	5.427
水	-0.476	0.263	-0.376	0.107

Thornton 及 Savage 的研究表明[85]，在直接超临界水氧化苯酚时，生成的中间产物包括二聚体（dimer products）、甲酸（formic）、乙二醛（glyoxalic）、草酸（oxalic）、丙酸（propionic）、羟基丙酸（hydracrylic）、琥珀酸（succinic）及顺丁烯酸（maleic acids）等。由于苯酚直接气化在低温过程并不显著，因此，dimer及开环后的中间产物是由于苯酚的氧化过程产生的。

在这些中间产物生成后，中间产物将进一步发生反应。在部分氧化过程中，由于部分氧化过程的氧不足，因此氧化过程中二聚体的氧化速率缓慢。同时，气体中间产物，如各种酸类及CO等，在反应过程中具有更高的活性，因此将迅速消耗尽有限的氧。尽管研究表明，在200%氧过量时，二聚体如2-羟基二苯醚（2-phenoxyphenol）、对苯氧基苯酚（4-phenoxyphenol）等将被氧化，但在部分氧化过程中，受氧的限制，二聚体的氧化反应在低温时不是部分氧化过程中的主要反应。

因此，开环后中间产物的进一步反应为苯酚部分氧化反应的主要途径。如图4-17b 所示，在反应的起始阶段，CO 非常显著。而随着时间的推移，CO 含量不断减少而 H_2 的含量在不断增加。结果表明，在部分氧化过程中，苯酚并未直接被氧化成为最终的 CO_2 和 H_2O，而是由于受有限氧量的限制，苯酚被转化成为中间产物及生成了 CO。CO 将通过水汽置换反应，生成氢气。而酸在超临界水中不能稳定存在，将被进一步气化。

基于上述分析讨论，可以推断苯酚的超临界水部分氧化过程中，主要包含四类主要的反应过程，如图4-18 所示：

（1）苯酚的氧化（产生二聚体及开环）；

（2）酸的氧化；

（3）酸的气化；

（4）气体的相互转化。

4.3.2.3 动力学模型

部分氧化为复杂的反应过程，包含超临界水氧化及超临界水气化。但在过程中，最重要的四类反应为：

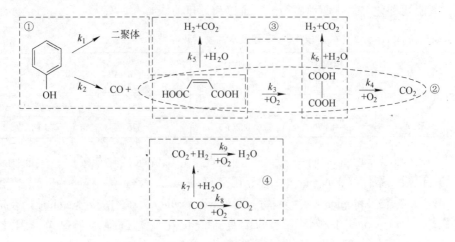

图 4-18 苯酚的部分氧化途径

（1）苯酚氧化；

（2）酸氧化；

（3）酸气化；

（4）气相产物相互转化。

根据图 4-18 所示的反应途径，将建立部分氧化过程中的动力学过程用以描述酚的降解及气体的生成。在过程中，大量的二聚体，如二苯并呋喃，2-羟基二苯醚，对苯氧基苯酚，2,2'-二羟基联苯等，直接简单归纳为总称二聚体（Dimers）。反应过程具体归纳如下：

反应 1：苯酚氧化

聚合反应：$\qquad C_6H_6O + O_2 \xrightarrow{k_1}$ 二聚体 （4-47）

开环反应：$\qquad C_6H_6O + 3O_2 \xrightarrow{k_2} C_4H_4O_4 + 2CO + H_2O$ （4-48）

在超临界水中，由于氧的作用及自由基反应，苯酚将发生聚合反应，生成二聚体。由于氧对苯环的攻击作用，使得过程产生了顺丁烯二酸（maleic acid）。这些产物在苯酚的超临界水氧化过程亦有出现，因此，苯酚的降解主要是由于氧的作用。

反应 2：酸氧化

生成草酸反应：$\qquad C_4H_4O_4 + 2O_2 \xrightarrow{k_3} 2C_2H_2O_4$ （4-49）

草酸氧化反应：$\qquad C_2H_2O_4 + 0.5O_2 \xrightarrow{k_4} H_2O + 2CO_2$ （4-50）

顺丁烯二酸形成后，将进一步非氧化成为草酸。但草酸在超临界水中并不稳定，因此继续被氧化成为气体 CO_2 并生成水。

反应 3：酸气化

顺丁烯二酸气化：$C_4H_4O_4 + 4H_2O \xrightarrow{k_5} 4CO_2 + 6H_2$ （4-51）

草酸气化：$\qquad C_2H_2O_4 + H_2O \xrightarrow{k_6} 2CO_2 + H_2 + H_2O$ （4-52）

酸除被氧化外，同时将被气化，从而生成气体产物。因此，在部分氧化过程中，既存在氧化过程，同时也存在气化过程。

反应4：气体反应

水气转换反应：$\qquad CO + H_2O \xrightarrow{k_7} CO_2 + H_2$ （4-53）

CO 氧化反应：$\qquad CO + 0.5O_2 \xrightarrow{k_8} CO_2$ （4-54）

H$_2$ 氧化反应：$\qquad H_2 + 0.5O_2 \xrightarrow{k_9} H_2O$ （4-55）

在气化转化过程中，水汽置换反应是 H$_2$ 生成的重要反应，过程中，同时消耗 CO。由于 CO 及 H$_2$ 在氧存在的条件下，能进一步反应，因此，反应过程同时考虑了气体被氧化反应的存在可能。

根据上述反应，假设各反应与浓度之间关系为一级反应。那么，根据各反应的方程，可列出动力学与各反应物即 phenol[C_{phenol}]，H$_2$[C_{H_2}]，CO[C_{CO}]，CO$_2$[C_{CO_2}] 及中间产物间的方程为：

$$-\frac{d[C_{phenol}]}{dt} = (k_1 + k_2)[C_{phenol}][O_2] \tag{4-56}$$

$$\frac{d[C_{dim}]}{dt} = 0.5k_1[C_{phenol}][O_2] \tag{4-57}$$

$$\frac{d[C_M]}{dt} = k_2[C_{phenol}][O_2] - k_3[C_M][O_2] - k_5[C_M] \tag{4-58}$$

$$\frac{d[C_O]}{dt} = 2k_3[C_M][O_2] - k_4[C_O][O_2] - k_6[C_O] \tag{4-59}$$

$$\frac{d[CO]}{dt} = 2k_2[C_{phenol}][O_2] - k_7[CO] - k_8[CO][O_2] \tag{4-60}$$

$$\frac{d[CO_2]}{dt} = 2k_4[C_O][O_2] + 4k_5[C_M] + 2k_6[C_O] +$$
$$k_7[CO] + k_8[CO][O_2] \tag{4-61}$$

$$\frac{d[H_2]}{dt} = k_6[CO] + 6k_5[C_M] + k_6[C_O] - k_9[H_2][O_2] \tag{4-62}$$

$$\frac{d[O_2]}{dt} = -((k_1 + 2.5k_2)[C_{phenol}] + 2k_3[C_M] +$$
$$0.5k_4[C_O] + 0.5k_8[CO] + 0.5k_9[H_2])[O_2] \tag{4-63}$$

参数结果如表 4-10 所示。计算分析的结果及实用的数据对比如图 4-19 所示。图中 CO 迅速增加，达到峰值然后逐渐减少。而 CO_2 及 H_2 气体在起始时迅速增加后逐渐增加。显然，动力学模型清楚捕捉了气体的变化趋势，准确描述了气体的生成及变化过程。

表 4-10　反应的速率常数　　　　　　　　　　　　　　（mmol/s）

k_1	k_2	k_3	k_4	k_5	k_6	k_7	k_8	k_9
8.76e-5	4.678	45.2	1.004	23.64	0.0926	0.157	0.0881	0.00183

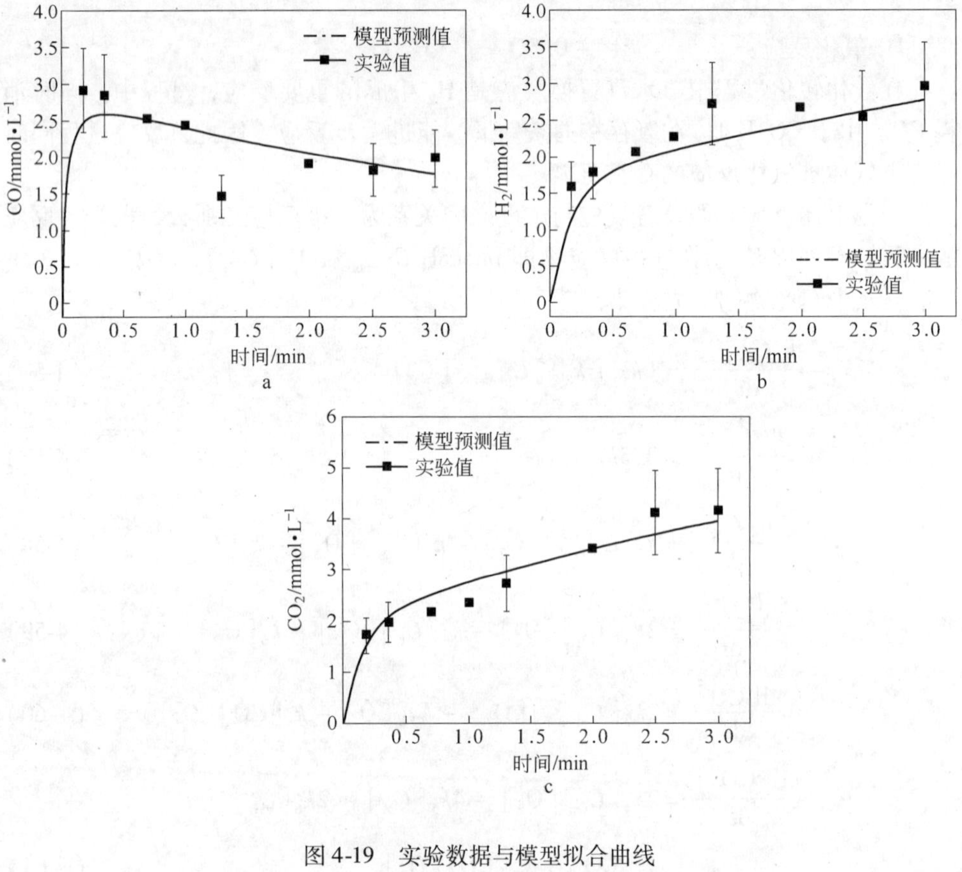

图 4-19　实验数据与模型拟合曲线
（温度 450℃，压力 24MPa 和 $O/C_6H_6O_7$）

部分氧化与完全氧化的一个重要区别在于，在部分氧化过程中，由于氧的含量有限，因此，苯酚无法完成被氧化。剩余的苯酚，由于在较低温度 450℃，难以与水直接发生反应，因此，当氧被完全消耗掉，这时，苯酚的降解也随着氧的耗尽而停止反应。在超临界水氧化的过程中，氧过量时，苯酚将被完全转化。但在部分氧化过程中，苯酚无法完全被氧化掉。

在部分氧化过程中，氧在反应过程中作用为"开环剂"，因此，是苯酚降解的直接驱动。同时，氧碳比的增加将显著改变生成气体的组分，在部分氧化过程中，H_2 随着氧碳比的增加而减少，CO_2 随着氧碳比的增加而增加。其原因在于当增加氧碳比的比值时，苯酚、中间产物、气体的氧化降解率也相应地增加，减少了燃料气体的产生。

苯酚的降解原理及动力学模型说明，氧在超临界水部分氧化过程中扮演重要角色。在部分氧化的过程中，在实验条件下，苯酚的降解受有限氧的制约。在氧低浓度时，低量的氧使得酸氧化及气体氧化的速率减少，因此，使得部分氧化过程中酸的气化及水汽置换反应显著。

因此，在部分氧化的过程中，苯酚的降解受有限氧的制约。在氧低浓度时，低量的氧使得酸氧化及气体氧化的速率减缓，因此，使得部分氧化过程中酸的气化及水汽置换反应显著。当氧碳比例高时，酸氧化剂气体氧化速率加快而使得氧化过程显著。

4.4 其他废水、废物的气化

将废水/物中的有机物转化成为能源，既有效实现了废物的有效降解，又同时获取资源化能源，是环境与能源双赢的可持续途径。SCWG 过程作为一种高效的产能过程，同时也能高效降解有机废物/水。每年，世界（特别是中国）大量的有机废物和高浓度有机废水，造成了严重的环境污染。对于化工、煤化工、造纸、制糖等行业废水，其排出的废水中有机物浓度高，毒性大，使得生物处理工艺复杂、成本高。因此，废水的资源化处理，实现了环境污染处理与新能源化结合，充分利用废弃物制取能源，作为可持续能源的一条补充途径，是一种可持续发展的新型污水处理方式。

目前，运用超临界水气化对废物/水的研究已较为广泛及深入。早在 1996 年就有关于运用超临界水气化降解市政污泥产氢的报道[86]。对于该过程的经济分析发现，其效率及经济运行成本均优于传统的污泥处理方式。但超临界水气化过程产生的燃料气体依然高于石油天然气，其成本是石油天然气价格的 1.86 倍[7]。

废物/水的超临界水气化过程的研究还包括对木素纤维和制革厂废物、麦秆发酵裂解后产生的有机废液及其他典型污染物的研究。目前，对废物处理研究较多的是美国西北大学（Northwest University）的 Gupta 教授，其课题组研究广泛涉及食物废料、纸类废渣、污泥等[87,88]，研究表明超临界水气化可作为一种处理该类废料的有效新型处理方式。另外，英国的利兹大学的 Williams 教授对废水的处理研究最为广泛，也最为著名。其课题组通常寻求低温高效处理废水的方式，因此，气化过程广泛涉及催化剂、部分氧化等复合技术的运用。其研究表明，运用部分氧化即均相催化剂对食品废水处理的气化效率在 300℃ 可以达到 70%，但氢气含量较低[89,90]。在国内，华南理工大学韦朝海教授课题组一直致力于高浓度难降解有机废水的超临界水气化研究，其研究对象涉及 o-cresol、聚乙二醇、聚乙烯醇等废水，讨论了相关工艺条件对过程的影响，并分析了均相催化剂对酚类废水处理的影响及对比了部分非均相催化剂对过程的影响，分析了降解过程[91,92]。

　　总之，目前气化涉及的物质、过程多且复杂，在机理、催化过程及热力学分析方面，依然存在较大空间。基于未来对能源的需求，已有公司进行中试及商业生产。对于相关技术的运用及设备情况，将在第 7 章中叙述。

参 考 文 献

[1] Rodhe H. A Comparison of the Contribution of Various Gases to the Greenhouse Effect[J]. Science. 248(1990):1217~1219.

[2] Lala R, Bruceb J P. The potential of world cropland soils to sequester C and mitigate the greenhouse effect[J]. Environmental Science & Policy. 2(1999):177~185.

[3] Zoua G, Chaub K W. Short-and long-run effects between oil consumption and economic growth in China[J]. Energy Policy. 34(18)(2006):3644~3655.

[4] Hoogwijka M, Faaija A, Broeka A. Exploration of the ranges of the global potential of biomass for energy[J]. Biomass and Bioenergy. 25(2)(2003):119~133.

[5] Sutton D, Kelleher B, Ross R H. Review of literature on catalysts for biomass gasification[J]. Fuel Processing Technology. 73(3)(2001):155~173.

[6] Modell M. Processing methods for the oxidation of organics insupercritical water[P]. US Pat. 199 4338, 1982.

[7] Matsumura Y. Evaluation of supercritical water gasificationand biomethanation for wet biomass utilization in Japan[J]. Energy Conversion and Management. 43(2002):1301~1310.

[8] Modell M. Processing methods for the oxidation of organics in supercritical water[P]. US Pat. 543 190, 1985.

[9] 毛肖岸, 郝小红, 郭烈锦, 等. 超临界水中纤维素气化制氢的实验研究[J]. 工程热物理学报, 24(3)(2003):388~390.

[10] 冀承猛, 郭烈锦, 吕友军. 木质素在超临界水中气化制氢的实验研究[J]. 太阳能学报, 28(9)(2007):961~966.

[11] 闫秋会, 赵亮, 吕友军. 操作参数对纤维素超临界水气化制氢产气性能的影响[J]. 应用基础与工程科学学报, 17(2)(2009):257~264.

[12] 王景昌, 苑塔亮, 王琨, 等. 氧化钙对生物质在超临界水中气化制氢的影响[J]. 石油化工高等学校学报, 20(1)(2007):21~23.

[13] Xu X, Matsumumra Y, Stenberg J. Carbon-catalyzed gasification of organic feedstocks in super-

critical water[J]. Ind Eng Chem Res. 35(8)(1996):2522~2530.

[14] Saisu M, Sato T, Watanabe M, et al. Conversion of Lignin with Supercritical Water-Phenol Mixtures[J]. Energy & Fuels. 17(2003):922~928.

[15] Sato T, Osada M, Watanabe M, et al. Gasification of Alkylphenols with Supported Noble Metal Catalysts in Supercritical Water[J]. *Ind. Eng. Chem. Res.* 42(2003):4277~4282.

[16] Fernando Resende L P, Savage P E. Expanded and Updated Results for Supercritical Water Gasification of Cellulose and Lignin in Metal-Free Reactors[J]. Energy & Fuels. 23(2009): 6213~6221.

[17] 李卫宏, 刘学武, 夏远景, 等. 木质素在超临界水中气化制氢反应机理分析[J]. 中国农机化. 4(2011):60~63.

[18] Lin S Y, Suzuki Y, Hatano H. Hydrogen Production from Hydrocarbon by Integration of Water-Carbon Reaction and Carbon Dioxide Removal (HyPr—RING Method)[J]. Energy & Fuels. 15(2001):339~343.

[19] Elliott D C, Phelps M R, Sealoek L J. Chemical processing in high-pressure aqueous environments. 4. Continuous-flow reactor process development experiments for organics destruction. Ind. Eng. Chem. Res. 33(3)1994:566~574.

[20] Kabyemela B M, Adschiri T, Arai K. In Reaction Pathway of Glucose and Fructose Decomposition in Subcritical and Supercritical Water[J]. Proceedings of the AIChE Annual Meeting, Chicago, 1996.

[21] Dorrstijn E, Laarhoven L J J, Mulder P. The occurrence and reactivity of phenoxyl linkages in lignin and low rank coal[J]. J Anal Appl Pyrolysis. 54(2000):153~192.

[22] Fernando L P Resende, Stephanie A Fraley, Michael J Berger, et al. Noncatalytic Gasification of Lignin in Supercritical Water[J]. Energy & Fuels, 22(2008):1328~1334.

[23] Lundquist K, Ericsson L. Acid degradation of lignin. Ⅲ. Formation of formaldehyde. Acta Chem Scand 24(1970):3681~3686.

[24] Mitsumasa Osada, Takafumi Sato, Masaru Watanabe. Low-temperature catalytic gasification of lignin and cellulose with a ruthenium catalyst in supercritical water[J]. Energy and Fuel. 18(2) 2004: 327~333.

[25] Sinag A, Kruse A, Rathert J. Influence of the heating rate and the type of catalyst on the formation of selected intermediates and on the generation of gases during hydropyrolysis of glucose with supercritical water in a batch reactor[J]. Ind Eng Chem Res. 43(2004):502~508.

[26] Yoshida T, Oshima T, Matsumura Y. Partial oxidative and catalytic biomass gasification in supercritical water: A promising flow reactor system [J]. Ind. Eng. Chem. Res. 43 (2004): 4097~4104.

[27] Lee I G, Kim M S, Ihm Son-Ki. Gasification of glucose in supercritical water[J]. Ind. Eng. Chem. Res. 41(2002):1182~1188.

[28] Kabyemela B M, Adschiri T, Malaluan R M, et al. Kinetics of Glucose Epimerization and Decomposition in Subcritical and Supercritical Water[J]. Ind. Eng. Chem. Res. 36(1997):1552.

[29] 毛肖岸, 郝小红, 郭烈锦, 等. 超临界水中纤维素气化制氢的实验研究[J]. 工程热物

理学报，2003.

[30] Broido A. Kinetics of Solid-Phase Cellulose Pyrolysis[M]. In Thermal Uses and Properties of Carbohydrates and Lignins. F. Shafizadeh, K. V. Sarkanen, D. A. Tillman, Eds. Academic Press: New York, 1976.

[31] Bradbury A G W, Sakai Y, Shafizadeh F. A Kinetic Model for Pyrolysis of Cellulose[J]. J. Appl. Polym. Sci. (1979)23: 3271~3280.

[32] Antal M J, Varhegyi G. Cellulose Pyrolysis Kinetics: The Current State of Knowledge[J]. Ind. Eng. Chem. Res. 34(1995):703~717.

[33] Varhegyi G, Antal M J, Szekely T, et al. Simultaneous Thermogravimetric-Mass Spectrometric Studies of the Thermal Decomposition of Biopolymers. 1. Avicel Cellulose in the Presence and Absence of Catalysts[J]. Energy Fuels. 2(1988):267~272.

[34] Resende F L P, Savage P E. Kinetic Model for Noncatalytic Supercritical Water Gasification of Cellulose and Lignin[J]. AIChE Journal. 56(2010):2412~2420.

[35] Hyung Chul Yoon, Peter Pozivil, Aldo Steinfeld. Thermogravimetric Pyrolysis and Gasification of Lignocellulosic Biomass and Kinetic Summative Law for Parallel Reactions with Cellulose, Xylan and Lignin[J]. Energy & Fuels. 26(2012):357~364.

[36] 关宇，郭烈锦，裴爱霞. 超临界水中木质素/CMC 催化气化制氢[J]. 太阳能学报. 10 (2007).

[37] Muangrat R, Onwudili J A, Williams P T. Influence of alkali catalysts on the production of hydrogen-rich gas from the hydrothermal gasification of food processing waste[J]. Applied Catalysis B: Environmental. 100(2010):440~449.

[38] Sinag A, Kruse A, Rathert J. Influence of the heating rate and the type of catalyst on the formation of selected intermediates and on the generation of gases during hydropyrolysis of glucose with supercritical water in a batch reactor[J]. Ind. Eng. Chem. Res. 43(2004):502~508.

[39] Kumar V. Pyrolysis and gasification of lignin and effect of alkali addition[J]. PhD thesis, Georgia Institute of Technology, 2009.

[40] Guo D L, Wu S B, Lou R, et al. Effect of organic bound Na groups on pyrolysis and CO_2-gasification of alkali lignin[J]. BioResources. 6(2011):4145~4157.

[41] Da-liang Guo, Shu-bin Wu, Bei Liu, et al. Catalytic effects of NaOH and Na_2CO_3 additives on alkali lignin pyrolysis and gasification[J]. Applied Energy. 95(2012):22~30.

[42] Qingqing Guan, Chaohai Wei, Ping Ning, et al. Catalytic gasification of algae *Nannochloropsis sp.* in sub/supercritical water[J]. Procedia Environmental Sciences, 2013.

[43] Matsumura Y, Minowa T, Potic B, et al. Biomass gasification in near-and supercritical water: Status and prospects[J]. Biomass Bioenergy. 29(2005):269~292.

[44] Elliott D C, Sealoek L J J, Baker E G. Chemical processing in high pressure aqueous environments: 2. Development of catalysts for gasification[J]. Ind. Eng. Chem. Res. 32(8)(1993): 1542~1548.

[45] Fernando L P Resende, Phillip E Savage. Effect of Metals on Supercritical Water Gasification of Cellulose and Lignin[J]. Ind. Eng. Chem. Res. 49(2010):2694~2700.

［46］ Minowa T, Ogi T. Hydrogen Production from Cellulose Using a Reduced Nickel Catalyst. Catal Today［J］. 45(1998):411~416.

［47］ Minowa T, F'Ogi T Zhen. Cellulose decomposition in hot-compressed water with alkali or nickel catalyst［J］. J. Supercritical Fluids. 13(1998):253~259.

［48］ Trimm D L. Fundamental aspects of the formation and gasification of coke［M］. L. F. Albright, B. L. Crynes, W. H. Corcoran, Pyrolysis theory and industrial practice. New York: Academic Press, 1983.

［49］ Mitsumasa Osada, Osamu Sato, Kunio Arai, et al. Stability of Supported Ruthenium Catalysts for Lignin Gasification in Supercritical Water［J］. Energy & Fuels. 20(2006):2337~2343.

［50］ Aritomo Yamaguchi, Norihito Hiyoshi, Osamu Sato, et al. Lignin Gasification over Supported Ruthenium Trivalent Salts in Supercritical Water［J］. Energy & Fuels. 22(2008):1485~1492.

［51］ Park K C, Tomyiasu H. Gasification reaction of organic compounds catalyzed by RuO_2 in supercritical water［J］. Chem. Commun. 2003.

［52］ Rabe S, Nachtegaal M, Ulrich T. Towards Understanding the Catalytic Reforming of Biomass in Supercritical Water［J］. Angew. Chem. Int. Ed. 49(2010):6434~6437.

［53］ Delgado J, Aznar M, Corella J. Biomass gasification with steam in fluidized bed: Effectiveness of CaO, MgO for hot raw gas cleaning［J］. Industrial and Engineering Chemistry Research. 36 (1997):1535~1543.

［54］ Watanabe M, lnomata H, AntiCatalytic K. Hydrogen generation from biomass (glucose and cellulose) with ZrO_2 in supercritical water［J］. Biomass and Bioenergy. 22(2002):405~410.

［55］ Guo L J, Lu Y J, Zhang X. Hydrogen production by biomass gasification in supercritical water: A systematic experimental and analytical study［J］. Catalysis Today. 129(2007):275~286.

［56］ Antal M J. Catalytic Supercritical Gasification of Wet Biomass［J］. Europe Patent. 0820497, 1996.

［57］ Antal M J. Hydrogen production by gasification of glucose and wet biomass in supercritical water ［J］. HNEI Pub, University of Hawaii. 1990.

［58］ Minowa T, Sawayama S. A novel microalgal system for energy production with nitrogen cycling ［J］. Fuel. 78(1999):1213~1218.

［59］ Stucki S, Vogel F, Ludwig C. Catalytic gasification of algae in supercritical water for biofuel production and carbon capture［J］. Energy Environ. Sci. 22(2008):535~541.

［60］ Haiduc A G, Brandenberger M, Suquet S, et al. SunChem: an integrated process for the hydrothermal production of methane from microalgae and CO_2 mitigation［J］. J. Appl. Phycol. 21 (2009):529~541.

［61］ Brown T M, Duan P G, Savage P E. Hydrothermal Liquefaction and Gasification of Nannochloropsis sp［J］. Energ. Fuel. 24(2010):3639~3646.

［62］ Duan P G, Savage P E. Hydrothermal Liquefaction of a Microalga with Heterogeneous Catalysts ［J］. Ind. Eng. Chem. Res. 50(2011):52~61.

［63］ Hirano A, Hon-Nami K, Kunito S, et al. Temperature effect on continuous gasification of microalgal biomass:theoretical yield of methanol production and its energy balance, catalysis Today 45(1998): 399~404.

［64］ Chakinala A G, Brilman D, Swaaij W, et al. Catalytic and Non-catalytic Supercritical Water Gasification of Microalgae and Glycerol[J]. Ind. Eng. Chem. Res. 49(2010):1113～1122.

［65］ Plazaa M, Santoyob S, Jaimeb L, et al. Screening for bioactive compounds from algae[J]. J. Pharmaceut. Biomed. 51(2010):450～455.

［66］ Kruse A. Supercritical water gasification[J]. Biofuel Bioprod. Bior. 2(2008):415～437.

［67］ Macey R, Oster G, Zahnley T. Berkeley Madonna User's Guide[J]. University of California, Berkeley. 2008.

［68］ Elliott D C. Catalytic hydrothermal gasification of biomass [J]. Biofuels, Bioprod. Bioref. 2 (2008):254～265.

［69］ Elliott D C, Sealock L J Jr. Aqueous Catalyst Systems for the Water-Gas Shift Reaction[J]. 2. Mechanism of Basic Catalysis. Ind. Eng. Chem. Prod. Res. Dev. 22(3)(1983):431～435.

［70］ Kabyemela B M, Malaluan R M, et al. Kinetics of Glucose Epimerization and Decomposition in Subcritical and Supercritical Water[J]. Ind. Eng. Chem. Res. 36(5)(1997):1552～1558.

［71］ Kabyemela B M, Malaluan R M, et al. Rapid and Selective Conversion of Glucose to Erythrose in Supercritical Water[J]. Ind. Eng. Chem. Res. 36(12)(1997):5063～5067.

［72］ Kabyemela B M, Malaluan R M, et al. Glucose and Fructose Decomposition in Subcritical and Supercritical Water: Detailed Reaction Pathway, Mechanisms and Kinetics[J]. Ind. Eng. Chem. Res. 1999, 38(8):2888～2895.

［73］ Brock E E, Savage P E, et al. Kinetics and Mechanism of Methanol Oxidation in Supercritical Water[J]. J Phys Chem. 100(1996):15834～15842.

［74］ Brock E E, Savage P E, Barker J R. A Reduced Mechanism for Methanol Oxidation in Super-critical Water[J]. Chemical Engineering Science. 53(1997):857～867.

［75］ DiLeo G J, Neff M E, Kim S, et al. Supercritical Water Gasification of Phenol and Glycine as Models for Plant and Protein Biomass[J]. Energ Fuels. 22(2008):871～877.

［76］ Masaru Watanabe, Takafumi Sato, Hiroshi Inomata, et al. Chemical Reactions of C1 Compounds in Near-Critical and Supercritical Water[J]. Chem. Rev. 104(2004):5803～5821.

［77］ Yu D H, Antal Jr M J, Hydrogen Production by Steam Reforming Glucose in Supercritical Water[J]. Energy & Fuels. 7(5)(1993):574～577.

［78］ Boukis N, Habicht W, et al. Methanol Reforming in Supercritical Water[J]. Ind. Eng. Chem. Res. 42 (4)(2003):728～735.

［79］ Kabyemela B M, Adschiri T, Malaluan R M, et al. Glucose and Fructose Decomposition in Subcritical and Supercritical Water: Detailed Reaction Pathway, Mechanisms and Kinetics[J]. Ind. Eng. Chem. Res. 38(1999):2888～2895.

［80］ DiLeo G J, Neff M E, Savage P E. Gasification of Guaiacol and Phenol in Supercritical Water [J]. Energ. Fuels. 21(2007):2340～2345.

［81］ Goodwin A K, Rorrer G L. Conversion of Xylose and Xylose-Phenol Mixtures to Hydrogen-Rich Gas by Supercritical Water in an Isothermal Microtube Flow Reactor[J]. Energ Fuels. 2009, 23: 3818～3825.

［82］ Yoshida T, Oshima Y. Partial Oxidative and Catalytic Biomass Gasification in Supercritical Water: A Promising Flow Reactor System[J]. Ind Eng Chem Res. 2004, 43: 4097~4104.

[83] Lilac W D, Lee S. Kinetics and mechanisms of styrene monomer recovery from waste polystyrene by supercritical water partial oxidation[J]. Advances in Environmental Research. 6 (2001): 9~16.

[84] Watanabe M, Mochiduki M, Sawamoto S. Partial oxidation of n-hexadecane and polyethylene in supercritical water[J]. J Supercrit Fluids. 20(2001):257~266.

[85] Thornton T D, Savage P E. Phenol Oxidation Pathways in Supercritical Water[J]. Ind. Eng. Chem. Res. 31(1992):2451~2456.

[86] Elliott D C, Butner R S, Sealock L J, et al. Low-temperature gasification of high-moisture biomass[J]. Reasearch in Thermocemical biomass. Elsevier Alllied Sciences, 1988.

[87] Ahmed I, Gupta A K. Syngas yield during pyrolysis and steam gasification of paper[J]. Appl Energ. 86(2009):1813~1821.

[88] Ahmed I, Gupta A K. Pyrolysis and gasification of food waste: Syngas characteristics and char gasification kinetics[J]. Appl Energ. 87(2009):101~108.

[89] Muangrat R, Onwudili J A, Williams P T. Reaction products from the subcritical water gasification of food wastes and glucose with NaOH and H_2O_2[J]. Bioresource Technol. 101(2010): 6812~6821.

[90] Onwudili J A, Williams P T. Hydrothermal reforming of bio-diesel plant waste: Products distribution and characterization[J]. Fuel. 89(2010):501~509.

[91] Yan B, Wu J Z, Xie C, et al. Supercritical water gasification with Ni/ZrO_2 catalyst for hydrogen productionfrom model wastewater of polyethylene glycol[J]. J Supercrit Fluids. 50(2009): 155~161.

[92] Wei G T, Wei C H, He F M, et al. Dechlorination of chlorobenzene in subcritical water with Fe/ZrO_2, Ni/ZrO_2 and Cu/ZrO_2[J]. J. Environ. Monit. 11(2009):678~683.

5 亚/超临界水液化与油升级

随着化石燃料的逐渐枯竭以及使用化石燃料所引起环境污染的加剧，寻求可再生、无污染可替代新能源已迫在眉睫。在所有可再生新能源当中，生物质以其高产量、低污染、二氧化碳零排放等诸多优点而成为争相研究的热点。

水根据所处温度和压力范围不同分为亚临界水（温度处于 150 ~ 374℃、压力处于 0.4 ~ 22.1MPa）和超临界水（温度高于 374℃，压力高于 22.1MPa）。二者兼具价廉、无毒、良好的传质、传热等特性，是一种环境友好的介质[1]。和室温水相比，在亚/超临界水中进行化学反应具有以下特点：

（1）可与大多数有机物和气体互溶，变传统的多相反应为均相反应，增加反应速率；

（2）可降低某些高温反应的反应温度，同时改善产物的选择性和收率；

（3）较小的温度和压力变化即可实现同时兼具液体密度和气体传质性能的最佳结合，从而可把焦前体从催化剂孔径中萃取出来，有效地抑制焦的形成，延长催化剂的使用寿命；

（4）产物分离简单，只需降温降压便可实现产物与水的分离，节省分离费用。

此外，采用亚/超临界水为反应介质，可以免除对生物质的干燥，减少投入能耗。因此，采用亚/超临界水处理生物质制备生物油燃料有望是一条潜在可行的途径。

目前，亚/超临界水主要用于不同生物质的水热液化以及液化油的改质等方面。不同生物质经过水热液化，可最大限度地转化为液体燃料，所得液体燃料（生物油）能量密度高、附加值大、储运方便。通过水热液化，不仅可将生物质原料中的油分加以转化，而且其中碳水化合物和蛋白质等也可一并转化。因此，生物质无论其含油量高低均可采用水热液化法加以转化。采用直接水热液化制取的生物油大都呈焦油状、水分高，同时富含氮、硫、氧等元素，因而具有黏度大、热值低、热稳定性差等缺点。此外，生物质的催化水热液化研究表明，有无催化剂加入及所加催化剂的类型对所生成液化油的产率及各杂原子的含量影响不大。因此，无论直接液化或者催化液化所得生物油在使用前均需进行氢化改质。生物油的水热氢化改质是以液化油为原料，用亚/超临界水为反应介质，通过氢化脱氮、脱硫及脱氧进而转化为烃含量高、黏度低、热稳定性好的液态烃燃料。

随着生物质液化技术的日趋成熟，生物原油作为液体燃料和化工原料正逐渐凸显其巨大的市场潜力。

5.1 水热液化

目前亚/超临界水中的液化主要涉及生物质、煤、聚合物等多种类型物质，部分研究结果如表5-1所示。油的产率及成分因原料特性、液化工艺条件的不同而迥异。

表5-1 典型物质水热液化研究

物 质	温度/℃	催化剂	停留时间/min	物/水质量比	油产率（质量分数）/%	油的主成分
次烟煤	300	NiMo/Al$_2$O$_3$	150		45	
泥 煤	350~500	FeOOH，Fe$_2$O$_3$	10~240	1：20	19~40	酚类化合物和衍生物，直链烷烃等
褐 煤	400~600	KOH	5~30	1：0.5~1：10		苯酚类，烃基衍生物，吡啶类，酮类，酸类物质等
生物质	370~390			1：10~1：20	85~95	C3~C9 小分子有机酸、糠醛及含有甲基及甲氧基的醛、酮、苯酚类化合物等
纤维素	340~420			1：5~1：40	98	糠醛、5-甲基糠醛、5-羟甲基糠醛，酮类、苯酚类化合物等
稻 草	280	NaOH		1：16	50	呋喃衍生物、酯类化合物和酚的衍生物等
锯 木	320		10	3：20	36	主要是酚类物质和苯的衍生物等
木 片	300~350	Na$_2$CO$_3$	60		40~60	
蓝 藻	380			1：20	41	芳香族、吡咯和吡啶衍生物等物质
高密度聚乙烯	425~500		120	1：5	90	1-烯烃、正构烷烃、支链的烷烃和烯烃和芳香族化合物等
聚碳酸酯	260~340		15~60	1：8	37	苯酚、对叔丁基、对异丙烯基苯酚、双酚 A 等
沥 青	400	Zn	60		62	烷基、烯烃、环烷烃、环烯烃、芳香烃、噻吩类等

5.1.1 木质纤维素的水热液化

木质纤维素是地球上最丰富的可再生资源之一，其来源广泛，主要包括工农业废弃物、可种植于边际土地的能源作物等。因其有助于解决生物能源发展所遇到的资源问题，因而备受关注。木质纤维素是由纤维素（38%～50%）、半纤维素（23%～32%）和木质素（15%～30%）的混合物组成[2]。尽管已有对纤维素、木质素液化相关研究，但水热体系中的生物质液化技术依然处于研究探索阶段。

5.1.1.1 纤维素

纤维素是葡萄糖通过 β-1，4-糖苷连接而成的碳水化合物，其内部的分子之间形成氢键。因此，纤维素具有一定的结晶度，这使得其不溶于水并且具有一定的耐酶性质。然而在亚/超临界水中，纤维素能够快速地溶解，并且发生分解。在逐渐升温的水热环境中，纤维素中的糖苷键会逐渐断裂生成葡萄糖，从而实现纤维素制糖。Rogalinski[3]对纤维素、淀粉和蛋白质的水热液化进行了探究。研究发现，快速升温有利于避免生物聚合体在未到达指定温度之前发生解聚。在液化过程中增加二氧化碳的含量，能够增加水解速率，这可能是由于其形成的碳酸在反应中起了酸催化作用。纤维素可以在水热环境中分解成一些低聚物，然而葡萄糖在水热环境中也会进一步分解。葡萄糖本身可以通过 Lobry-de Bruyn-van Ekenstein 转化异构为果糖。这个转化意义重大，因为有较多的实验表明，果糖的活性要高于葡萄糖。当它们溶解在水中时，都会以三种形式存在：长链、吡喃环和呋喃环。然而在水热条件下，葡萄糖和果糖之间的相互转化要小于两者的分解速率。Kabyemela 等人[4]研究葡萄糖和果糖的分解机理时发现，当温度为 300～400℃，压力为 25～40MPa 时，葡萄糖异构为果糖的反应速率较大，不能够被忽略。异构所形成的果糖会快速的进一步发生分解，这些分解过程涵盖诸多反应，如异构化、脱水、分子重组以及再聚合等。所得到的产物成分复杂，主要包括苯酚、呋喃、酸以及醛类。D-葡萄糖和其他一些单体糖类，在酸性环境中有利于脱水而生成 5-羟甲基糠醛，而在碱性环境中则更有利于分裂产物如乙醇醛和甘油醛。这些物质的进一步分解会导致一些低分子的酸类形成，如甲酸、乙酸以及乳酸等。同时也会有如 1,2,4-苯三酚芳香化合物的形成。该过程也会得到一些黑色的焦油，证明该过程有聚合反应的发生。另有研究发现，在磷酸存在的条件下，果糖的分解速率远远大于葡萄糖。由于葡萄糖和果糖之间的转化速率要小于其分解速率，因此两者作为原料来进行水热反应时，其产物存在着很大的差异。普遍认为葡萄糖分解生成小分子产物乙醇醛、丙酮醛和甘油醛。Kamio 等人[5]在水热环境下对纤维素的水热液化做了研究。实验发现，在温度超过 240℃时，纤维素完全分解，其分解产物为低聚糖、单糖以及甘油醛等产物。Karagöz 等人[6] 在对不同物质的水热液化所得的油成分进行分析时发现，在 280℃ 的水热环境中，纤维素液化生成得到的物质主要是一些呋喃的衍生物。伍超文等人[7] 在超临界水中研究了纤维素的水热液化行为，并考察了不同气氛（N_2、H_2、CO）对非催化和催化条件下纤维素水热液化过程的影响。研究发现，受分子结构的影响，纤维素的热解特性主要表现为较高的起始温度和较窄的热解温度区间。在非催化条件下，反应气氛对于纤维素的水热液化影响较小；加入催化剂 KOH 后，还原性气氛对纤维素水热液化影响显著。特别是在 CO 气氛下，纤维素总转化率可达 98.5%，液相产物产率达 33.3%，热值达 39MJ/kg。表明在还原性气氛下，加入碱性催化剂，可使纤维素水热液化转化率及液相产物产率提高，所得油品得到改善。

5.1.1.2 半纤维素

半纤维素是木质纤维素类生物质中的第二大组分，半纤维素的高效、低成本转化是实现木质纤维素类生物质转化工艺实用化的一个技术关键。半纤维素是由多种单糖聚合而成的杂聚物，这些单糖包括木糖、葡萄糖、甘露糖和乳糖。草本植物的半纤维素主要含有木聚糖，木本植物的半纤维素主要含有甘露聚糖、葡萄聚糖和乳聚糖。相比于纤维素，半纤维素含有更多的支链组分以及不规则的半纤维素结构，使得它的结晶度低于纤维素，因而更加容易分解。当温度高于 180℃ 时，纤维素就能在水中溶解并开始分解。Mok 和 Antal[8] 研究发现，当温度高于 230℃ 时，生物质中的大部分半纤维素都能完全水解。在半纤维素水解过程中，也伴随着单糖的分解。木糖是半纤维素中一种主要的单糖，它是一种五碳单糖，是生产糠醛的主要原料。在室温水中，木糖以吡喃糖、呋喃糖或者开环的形式存在。而其在水热条件下会经过一系列转化生成糠醛。Garrote[9] 也发现多糖会分解为低聚糖和糖单体，糖单体也会继续分解得到糠醛及其衍生物。Sasaki 等人[10] 对 D-木糖在亚临界和超临界水中的分解反应进行研究，发现分解产物主要是乙醇醛、甘油醛和二羟基丙酮。呋喃糖环相对比较稳定不发生分解，而糠醛则由吡喃糖环形成，开环结构主要生成甘油醛、丙酮醛等生产糠醛的原料。同时糠醛在水热条件下也会分解，分解为甘油醛、丙酮醛和乙醇醛等，只是其分解速率要小于木糖转化为糠醛的速率。木糖在水热条件下，除了可以转化为醛类以外，也可以转化为芳烃化合物。

5.1.1.3 木质素

木质素是构成植物细胞壁的成分之一，也是植物的主要成分。木质素是由对香豆醇、松柏醇、5-羟基松柏醇和芥子醇四种单体醇形成的一种复杂的酚类聚合物，其结构主要通过 C—C 键以及 C—O—C 键连接。木质素水热液化是使其转化为酚类小分子物质的有效途径。Kang 等人[11] 对木质素的水热转化进行了综述。

木质素的水热液化一般在 25 ~ 450℃之间, 水热液化所得生物油的含氧量在 10% ~ 15%, 远低于生物质原料中的氧含量。木质素水热液化得到的生物油主要含有羧酸、酚类化合物、芳香烃、醛类和酮类。研究发现, 木质素水热液化产物中酚羟基的含量高于木质素中酚羟基的含量, 表明水在木质素液化中起到了关键作用。Wahyudiono 等人[12]研究了木质素在 350 ~ 400℃时的水热液化分解。结果发现, 其主要的产物是邻苯二酚、苯酚以及甲酚, 这意味着甲氧基发生了第二次分解。Zhang 等人[13]对于木质素的研究也得到了类似的结果, 同时, 作者认为固体残渣的形成, 是由于木质素水解降解后得到的酚类产品发生了聚合。Liu 等人[14]对胡桃壳的水热液化进行了研究。在碱性催化剂存在的条件下, 所得液化产物的主要成分为酚类化合物, 同时还含有少量的环戊烯衍生物和 C12-18 脂肪酸。Resende 等人[15]总结了木质素液化机理。研究表明, 木质素液化过程中首先会发生水解反应, 连接单体的醚桥键断裂使大分子结构水解, 产生酚类等主要物质。其后, 小分子如甲醛、愈创木酚等部分气化, 随后发生部分交联反应生成油类。

5.1.1.4 淀粉

淀粉是由葡萄糖单体组成的多聚糖, 其中的葡萄糖通过 β-1, 4 和 α-1, 6 键连接。淀粉主要有两种形式, 拥有线性结构的直链淀粉和拥有大量支链的支链淀粉。相比于纤维素, 淀粉很容易水解。在 180 ~ 240℃之间, 淀粉可以在没有催化剂的情况下水解。然而其生成的葡萄糖并不多, 主要是由于这个过程中葡萄糖发生了进一步反应, 生成羟甲基糠醛。Miyazawa 和 Funazukuri[16]在水热条件下研究了淀粉的水解, 使用二氧化碳酸化可提高葡萄糖的产率。另有研究指出, 在 240℃, 没有催化剂的条件下, 生成的葡萄糖可以继续发生分解, 生成 1,6-脱水葡萄糖和 5-羟甲基糠醛。淀粉在水热条件下很容易发生水解。淀粉在没有添加酸或者酶的情况下, 水解速率要小于当酶存在时的速率。这是因为淀粉水解所生成的葡萄糖无法继续分解, 以及所生成的多聚糖, 不能够进一步分解为葡萄糖。

5.1.2 水生生物质的水热液化

水生植物因其自身具有独特优势 (分布广、光合作用效率高、环境适应能力强、生长周期短) 而备受关注。截止至今, 见诸文献报道的水生植生物质主要包括藻类、浮萍、水葫芦以及软水草等[17~22], 且绝大部分是关于微藻的研究。但利用微藻生产生物燃料目前仍面临诸多困境, 如装置投入大、占地广、耗能大以及大规模养殖生物量不高等[23]。相比于微藻, 浮萍同样具有生长速度快、生物量大、可在废水中存活、不威胁粮食生产等诸多优点, 且浮萍更易打捞采收。此外, 浮萍培养成本更低, 其可以有效吸收、积累、分解废水中的营养盐类和多种有机污染物进而转化为淀粉、蛋白质和糖类[24]。浮萍叶状体淀粉的含量最高可达到干重的75%，野生品种也可常达30%左右，经过人工筛选改性后，其淀粉含量在大规模生产中也能达45%[24]。因此，浮萍同样是一种潜在的生物质能源，利用其生产生物燃料将会产生更加可观的生态效益和经济效益。

1993年Ginzburg[25]首次报道了高蛋白盐藻液化可获得硫、氮含量少的优质油。1995年Minowa等人[26]将盐藻在温度300℃，压力10MPa的条件下直接液化为油，最大产率为37%，热值36MJ/kg，与石油相当。Matsui等人[27~30]分别研究了不同藻类的液化过程，发现油成分复杂，主要含C17-C18烷烃和芳香族化合物，还包括脂肪酸、甲醇、酮和醛等。Brown等人[30]对微藻的水热液化研究表明，所得液化油的热值可高达39MJ/kg，主要成分还包括苯酚及其衍生物、含氮杂环化合物、长链脂肪酸、烃类以及植物醇和胆固醇的衍生物等。

另外，部分催化剂对液化有促进作用。Zou等人[29]研究发现，5%的Na_2CO_3在温度360℃、50min时，微藻液化能有效获得25.8%的生物油。Duan[31]尝试在350℃水中使用Pd/C、Pt/C、Ru/C、Ni/SiO_2-Al_2O_3、$CoMo/\gamma$-Al_2O_3和分子筛等催化剂，发现生物油的品质及热值均得到提高。Jin等人[32]采用不锈钢间歇式反应釜研究了螺旋藻和条浒苔在不同反应条件下的水热液化行为。研究发现，微藻和大藻的水热共液化存在协同促进作用且受到反应条件的影响；水热共液化同时还可以在不影响产物产率的条件下降低反应所需温度并对所生成的生物油有脱氧作用；水热共液化在微藻/大藻比1:1时所得生物油的热值为35.3MJ/kg。此外，水热共液化不影响所得生物油的分子组成而只是改变它们的相对含量。相关研究如表5-2所示。

表5-2 藻类液化研究概况

时间/年	研究者	原　料	温度℃	时间/min	催化剂	油率(质量分数)/%
1994	Dote	丛粒藻	200~340	60	Na_2CO_3(0%~5%)	64.0
1995	Minowa	杜氏藻	200~340	60	Na_2CO_3(0%~5%)	43.8
1997	Matsui	螺旋藻	300、340	30、60	Fe(CO)s-S	61.0
2004	Yang	绿微囊藻	300、340	60	Na_2CO_3(0%~5%)	33.0
2010	Ross	小球藻螺旋藻	300、350	60	KOH/Na_2CO_3/CH_3COOH/HCOOH	27.3、20.0
2010	Brown	球　藻	200~500	60		43.0
2010	Duan	球　藻	350	60	Pd/C,Pt/C,Ru/C,Ni/SiO_2-Al_2O_3,$CoMo/r$-Al_2O_3和沸石	57
2011	Biller	球藻、蓝绿藻	350	60	Na_2CO_3和HCOOH	34.3、29
2013	Duan	条浒苔、小球藻	250~370	5~120	无催化	21.6

从表 5-2 可以看出，藻类物质的 SCW 液化研究反应条件较温和，反应停留时间多在 60min 时获得最高油产率，并且使用催化剂时能显著性地改善液化效率，其获得油产率的差异与藻类的成分组成息息相关，脂肪含量较高的藻类比蛋白成分高的藻类更易获得较高的液化油产率。目前，关于藻类的液化过程与机理尚不明确。部分研究认为，一方面水在近临界区将藻类中的有机物萃取，在高温过程发生水解作用，水的离子积常数显著性增加（$K_w = [H^+][OH^-]$），产生大量有机酸；同时在高温过程中，中间产物发生复杂裂解、聚合及气化反应，进一步生成生物油、气体及焦等物质，这也直接造成终产物油中酸成分较高，增加提质处理中除杂脱 O 上的困难。

Catallo 等人[33]首次探索了浮萍在超临界水中的液化行为并将其与软水草和凤眼莲液化产物进行了对比。研究发现，在温度 400 ± 10℃，4h 反应条件下，三种水生植物均可实现 95% 的转化率。但气质分析表明，浮萍液化油与软水草、凤眼莲液化油成分迥异，其除含有其他两种液化产物所含的苯酚、甲基苯酚以及环状含氧化合物外，还含有大量的烷基苯、烷基茚和烷基萘。Xiu 等人[34]考察了反应温度、时间以及催化剂添加量对浮萍液化油产率的影响并对液化油性质进行了表征。结果显示，在 $T = 340℃$，$t = 60min$，无催化剂最佳反应条件下，可获得 30%（质量分数，基于有机质）的生物油产率。所得生物油的 H 含量是原料 2 倍，而其 O 含量则减少到原料的 1/4。浮萍液化油的热值是其原料的 2 倍多，比快速热解油和其他动物粪便水热液化油均较高。Duan 等人[35]系统研究了各反应条件对浮萍水热液化产物（生物油、固体残渣、气体以及水溶物）分布以及液化油性质的影响规律。研究发现，温度和 K_2CO_3 添加量对各产物产率及其相对含量影响最大，且碱性催化剂的存在对生物油的生成有强烈抑制作用。在反应温度为 350℃，时间为 30min，可实现浮萍的完全转化，此时可获得 30% 的最大生物油产率（基于有机质）。与原料相比，液化油中的 C、H 以及 N 的含量明显升高，O 的含量明显下降，其热值为 32 ~ 35MJ/kg。生物油的主要成分为酮类及其衍生物、醇、含氮杂环、饱和脂肪酸以及饱和与不饱和的烃类。水热液化虽极大降低了浮萍液化油中的 O 含量，但其值还是远高于现行国家燃料标准。浮萍本身含有一定量的蛋白质，导致液化油含有一定量的 N 和少量的 S。因此，浮萍液化油使用前须进行改质以增加其稳定性和热值。

5.1.3 煤的水热液化

英国国家煤炭局（NCB）率先提出将超临界萃取技术应用于煤炭的加工利用。Gorbaty[36]研究表明，在适宜超临界条件下煤转化率可高达 70% ~ 75%。但从 Vostrikov、Shui 等人[37~40]研究发现，煤的水热液化与煤的品质相关。

研究表明煤制油的主要成分是苯类、烷烃类化合物，而含氧化合物较少。另外对生成油中的沥青烯和前沥青烯的 FTIR 分析表明，主要油成分为缩合羟基（—OH）、双键类（C＝C）和少量的脂肪类化合物；通过对褐煤液化产物的分析发现，液化产物中以苯酚类，烃基衍生物最多，其次是吡啶类、酮类、酸类等物质。

国内外对于煤的水热液化机理已经进行了很多研究[41~45]，钱佰章[46]认为水在超临界区时不存在相分界线、亚/超临界水能分离成 OH⁻ 和 H⁺，同时分离为强酸和强碱的物质，在此条件下产生的 OH⁻、H⁺ 不会彼此中和，它们会破解有机聚合物中的弱链，使有机聚合物直接降解成为有价值的油品和固体产品。

煤的 SCW 液化过程主要发生 3 类反应。

5.1.3.1　裂解/热解反应

过程中，煤的非共价键发生断裂并快速裂解生成油，当达到一定温度（褐煤为 300~320℃，烟煤约 350℃）时，较弱键发生裂解，形成不稳定的自由基碎片（前沥青烯），随着反应温度的升高，煤中牢固键发生裂解，生成较小的分子碎片（沥青烯）。主要为：

热解反应：

$$R—CH_2—CH_2—R' \longrightarrow RCH_2 \cdot + R'CH_2 \cdot$$

受热易裂解的桥键反应：

（1）次甲基键：—CH₂—，—CH₂—CH₂—，—CH₂—CH₂—CH₂—；
（2）含氧桥键：—O—，—CH₂—O—；
（3）含硫桥键：—S—，—S—S—，—CH₂—S—。

5.1.3.2　杂原子脱出反应

煤分子结构中的 O、S、N 等杂原子在液化过程中发生裂解，易以 H_2O、H_2S 和 NH_3 等气体形式脱出，一般煤分子侧链上的杂原子较芳环上的杂原子更易脱除，反应如下：

（1）脱氧反应。氧杂原子脱除较容易的两条途径是：干燥和脱羧，通常以水、碳氧化物的形式脱除。脱氧反应中醚键，羧基，羰基中氧较易脱除，而酚羟基较难脱出。因此，Dietenberger 和 Anderson[47]指出补充外界氢源能够使单位生物质原料获得更多的生物油产品。

（2）脱硫反应。煤气化时由硫生成的 SO_2 不仅会腐蚀设备，而且易使催化剂中毒，影响操作和产品质量，燃烧时 SO_2 排入大气，会腐蚀金属设备和设施，污染环境。脱硫与脱氧均较易进行，有机硫中硫醚最易脱除，而噻吩一般要用催化剂。

（3）脱氮反应。煤中含 N 少（约 0.5%~3.0%），以有机状态存在。在煤转化过程中，煤中的 N 可生成胺类、含氮杂环、含氮多环化合物和氢化物等。脱氮较脱氧脱硫困难得多，它需剧烈反应条件及催化剂，并且只有当含氮杂环旁边的苯环全部饱和后才能破裂。

5.1.3.3　缩聚反应

当温度过高、供氢量不足或反应时间过长，煤热解生成的自由基碎片不能及时获得氢而稳定，此时将发生逆向反应和缩聚反应，生成半焦和焦炭。

5.1.4　蛋白质的水热液化

蛋白质是生物质的主要组成部分，同时也大量存在于动物以及微生物中。蛋白质由一个或者多个肽链连接而成，而肽链是由氨基酸按照一定的顺序通过肽键连接而成的聚合物。氨基酸作为构成蛋白质的基本单体，是蛋白质水解的主要产物。氨基酸的种类较多，然而不同氨基酸的肽键骨架是一样的，因此存在相同的脱羧和脱氨反应。蛋白质中含有大量的氮存在，这些氮经过水热液化反应进入产物之中，对于产物的性质影响很大，所以蛋白质的分解反应在水热过程中很重要。蛋白质中肽键要比纤维素和淀粉中的糖苷键稳定。因而在低于230℃的环境下，蛋白质分解速率缓慢。由于在水热环境中氨基酸的分解速率要比其他生物质单体快，因而水热液化产物中的氨基酸的含量要远远小于低温时的酸催化水解反应。对于牛血清蛋白的水热降解的研究，在290℃时得到了最高产率的氨基酸产物，然而由于产物的进一步分解，得到水解产物的量依旧较低。当温度高于250℃时，氨基酸的分解速率超过水解速率[48]。然而不同的氨基酸个体之间，其分解速率会存在差异。然而水解氨基酸产量要低于酸解，因为水解后氨基酸会继续分解。一些研究者发现，酸性催化剂能够加速水解速率。有研究表明，当水热体系中加入二氧化碳来进行酸化时，氨基酸的产量明显地增加了。同时发现，随着温度的升高，二氧化碳作为酸催化剂的影响会逐渐降低[49]。

Klingler 等人[50]对于甘氨酸和丙氨酸的水热分解研究表明，这些氨基酸分解的主要机理是脱氨基和脱羧基。脱氨基作用有利于除去其中的 N 元素，脱羧基作用有利于除去其中的 O 元素，而这两种元素正好是生物油改质的目的，因而脱氨以及脱羧反应有利于得到高质量的生物油产品。在350℃时，有70%的氨基酸被分解，其分解产物为乙醛、水合乙醛、二酮哌嗪、乙胺、甲胺、甲醛、乳酸以及丙酸。在另一个关于丙氨酸以及丙氨酸的衍生物的分解研究中[51]，作者通过两个途径来研究水热条件下的氨基酸降解反应。一是脱氨作用来产生有机酸和氨，另一个是脱羧作用产生碳酸和胺。例如，丙氨酸在温度300℃和压力20MPa的条件下，产生氨、乙胺、丙酮酸、乳酸、丙酸、醋酸和甲酸。

氨基酸的分解产物主要包括烃类化合物、胺、醛、酸，一部分与糖类的分解产物一样。当蛋白质单独或者和碳水化合物同时存在于水热条件下时，这些分解生成的产物会发生聚合反应。当在水热环境中，氨基酸和糖同时生成时，它们之间会发生 Maillard 反应。这类反应导致含氮杂环的形成，比如吡啶、吡咯等化合物。这些含氮杂环是水热液化中常见的反应产物，可以抑制自由链反应，从而有效地减少在亚/超临界水作用下气体产物的形成。由于氨基酸的商业价值很高，所以对于水热法从富含蛋白质的原料中提取氨基酸的研究很多。陈裕鹏等人[52]利用石英毛细管反应器，研究了藻类蛋白质的模型化合物苯丙氨酸在水热条件下的反应特性。研究表明，苯丙氨酸在130～190℃温度段下很难发生反应，可作为藻类水热液化过程中提取蛋白质的参考温度；在220～280℃温度段，苯乙胺是主要产物，随着反应温度升高和反应时间加长，苯乙烯产率增加。苯丙氨酸先脱羧生成苯乙胺，随着反应的加剧，苯乙胺经脱氨生成苯乙烯，苯乙烯进一步加成生成少量苯乙醇；大部分氮元素先经脱羧反应转移到苯乙胺中，进一步由脱氨反应转移到水溶性较强的 NH_4^+ 中。

5.1.5　聚合物的水热液化

5.1.5.1　塑料

塑料是一种合成的高分子化合物，是利用单体原料以合成或者缩合反应聚合而成的材料。塑料有很多种，常用的材料有聚碳酸酯、聚苯乙烯、聚乙烯以及聚丙烯等。塑料容易燃烧，燃烧时产生有毒气体。例如聚苯乙烯燃烧时产生甲苯，这种物质少量就会导致人失明，吸入有呕吐等症状，PVC 燃烧也会产生氯化氢有毒气体，除了燃烧，就是高温环境，会导致塑料分解出有毒成分，例如苯等。塑料无法自然降解，其废弃物已经引起了很多动物的死亡。而且随着塑料工业的迅速发展以及塑料制品的广泛应用，白色污染日趋严重，如何处理塑料废弃物以及塑料的再循环利用成为亟待解决的问题。将塑料在亚超临界水中进行液化处理，可有效解决塑料废弃物，同时实现塑料废弃物的再次利用的良好途径。

聚氯乙烯，即我们通常所说的 PVC，是塑料家族中一个重要的成员。常见的主要有 PVC 管、PVC 墙纸等。聚氯乙烯在温度高于100℃时开始分解，产生氯化氢气体腐蚀锅炉，且会进一步产生有毒的有机卤化物，污染环境。Yamasaki[53]认为在高密度的超临界流体中，有机卤化物更加容易分解。由于有机卤化物分解时的不可逆性，所以塑料中的有机氯化物在超临界水中可以完全分解。亚/超临界水液化聚氯乙烯是一种有效的再次利用塑料废弃物的方法，且在液化过程中没有有毒有害气体的产生。Takeshita 等人[54]研究了聚氯乙烯的亚/超临界水液化。他们发现在聚氯乙烯的液化过程中，PVC 中的氯均以盐酸的形式溶解在水中，在气相以及液相产物中并没有发现明显的含氯的有机物。当温度在250～350℃时，气相和液相产物主要是低分子的芳香物质以及烃类。主要的气体以及液体产物是二氧化碳、丙酮、酚、苯甲酸、苯、苯的衍生物以及一些饱和和不饱和的烃类。当温度高于350℃时，环合、热解、氧化等反应重叠发生生成以及丁烷等低分子的烃类。在亚/超临界水液化的过程中，聚氯乙烯生成的固体残余物也可以作为固体燃料加以利用。王军等人[55]以聚丙烯在超临界水中的降解作为模型反应，研究了温度、压力、时间及水/聚丙烯等条件对该反应的影响。用超临界水进行聚丙烯的降解，可以避免热降解时发生的炭化现象，油化率提高。反应时间越长，反应进行得越彻底所得的油相产物收率高、品质好。要使收率达到90%以上，反应时间应在2.5h以上。

塑料还可以与其他物质在水热条件下发生共液化以提高塑料的转化率和油的产率。如塑料与煤在超临界水中的共液化[56]，高密度聚乙烯与生物质在亚/超临界水中的共液化[57]。吴海燕等人[56]在间歇式高压反应装置中，研究了兖州烟煤与塑料聚苯乙烯在超临界水中的共液化。结果表明，增加水/物料比，增加煤液化转化率，所得液化油的产率同时也增加。当反应温度高于420℃，随着温度的升高，煤液化转化率和油气产率有明显上升的趋势，当温度为430℃时，得到最高转化率为31.2%、油气产率12.6%、沥青质产率18.6%。与煤、塑料单独液化油产率的加权平均值对比，塑料投加量小于20%时，油产率提高0.6%~2.7%，表明在超临界水体系中塑料的添加对煤的液化具有一定的协同作用。在超临界水中，塑料以及其他物质的液化所得油能够溶解在超临界水中，从而阻止了聚合以及焦化反应的发生。塑料聚合物，如聚乙烯和聚丙烯，含有大约14%的氢。这些氢在亚/超临界水液化中可以作为供氢剂，在生物质液化中提供活性氢，从而导致液体产物的增加。且塑料聚合物中所含的元素相比于生物质来说种类比较单一，这对于塑料聚合物液化油的进一步改质升级以及利用都是有利的。曹洪涛等人[57]采用500mL间歇式高压反应釜，在超临界和亚临界水的条件下进行了一系列生物质和塑料单独及共液化实验。考察了反应温度、反应时间、水与木屑—聚乙烯的配比和反应压力对两者共液化的影响。实验结果表明，温度对共液化影响比较大。在653K，混合物的组成是对液化物产率影响最大的因素，生物质与塑料质量比为1:4时油产率最高，可达到60%。生物质能降低塑料的降解温度，塑料为生物质供氢，两者在共液化过程中具有协同作用。生物质和塑料共液化能够提高反应转化率，提高油产率，减缓反应条件的苛刻度。

由此可见，利用废弃的塑料类合成有机物进行亚/超临界水液化具有巨大的潜力。在液化过程中能够分解产生低分子的有机物质，并且在液化过程中不会对环境造成伤害，实现了塑料的二次利用。液化过程的产物不止可以用于生产化学原料，而且还可以通过单独或者与其他物质共业化生产生物燃料，缓解化石燃料缺乏带来的能源危机，具有很大的经济意义。

5.1.5.2 橡胶

随着汽车工业的发展，出现越来越多的废旧轮胎，废旧轮胎的处理再利用问题也随之日益重要。废旧轮胎的处理办法大多是以填埋为主，这些废旧轮胎对环境造成了严重污染，同时还容易引起火灾。因而有效地处理废旧轮胎，并且将这些废旧轮胎转化为可利用物质对保护环境实现可持续发展有着很大的意义。

目前所使用的轮胎，都是橡胶轮胎。最常见的橡胶轮胎是丁二烯苯乙烯橡胶，其他的还有聚异戊二烯橡胶以及聚丁二烯橡胶。橡胶轮胎的主要成分包含硫化脂、芳烃橡胶、芳香油炭黑以及锌。废旧轮胎中存在的炭黑、锌、硫以及一些芳香结构，这些物质都与煤的结构类似，所以其亚/超临界水液化与煤的液化过程类似。

Funazukuri 等人[58]首次利用了超临界水作为供氢溶剂来代替有机溶剂，证明了超临界水作为溶剂与甲苯同样有效，并且得到了大约 57% 的橡胶轮胎转化率。Chen 等人[59]研究了超临界水中橡胶的液化行为，其结果发现橡胶产品的固体残渣主要是炭黑，且大部分的 S 都残留在了固体中。在反应的过程中，其反应时间会影响液化过程中橡胶的降解程度。Park 等人[60]对橡胶的亚/超临界水作了研究，发现对于油产品产率影响最大的因素是温度和初始气体氛围。温度高于 400℃ 时，部分油产品转化为气体，从而使油的产率减少，气体产率增加。当使用氦气作为气氛时，更加有利于油产品的生成。由于橡胶轮胎中有 S 元素，会导致催化剂的失活，所以催化剂的加入与否并不会对油的产率有很大影响。Onsri 等人[61]对于褐煤和废旧轮胎的水热液化作了研究，并且分析了所得油的成分，其结果表明液化产物油与温度有着很大的关系，且橡胶的存在促进了油产品的产生。

5.1.6 亚/超临界水催化液化技术展望

综上所述，亚/超临界水对有机质具有热解、水解、萃取等作用，能实现生物质的高效转化。亚/超临界水液化是生物质液化的有效手段与技术，也是未来能源获取的重要手段，运用前景广泛。目前相关理论与实验研究仍需深入，今后有待重视以下几个方面的研究。

（1）不同物质在亚/超临界水体系中液化过程的优化及过程化学机理解析。由于有机质的复杂性，不同有机质的亚/超临界水液化过程、液化效率、产物都存在显著性差别，如以藻类为代表的蛋白组分含量较高的有机质液化易产生酸类及氮化物，而煤炭类含量较多有机质液化产物则以环烃类为主，以回收解聚单体为主的废塑料亚/超临界液化可获得高达约 90% 的油产率（质量分数）。这不仅与物质本身的结构相关，且工艺条件如温度、时间、水密度等对液化效率及产物影响显著。分析液化的关键化学过程，最终可实现液化的优化控制，高效产出燃料，依然是研究的重要方向。

（2）在亚/超临界体系下，催化液化及液化油催化改质的过程研究。目前，虽水热液化可获得较高的液化油产率，但液化油的产率及品质依然有待提升。所得液化油的催化改质一直都是研究的焦点，开发高效催化剂则是研究的核心内容。另外，加氢脱硫（HDS）、加氢脱氮（HDN）、加氢脱氧（HDO）、加氢脱金属（HDM 如 Ni、V、As 等）等依然是研究的热点及难点。

（3）亚/超临界液化的产业化放大过程设备研究。目前，已有相关中试研究报道，但产业化中，设备腐蚀、热传递依然是过程的难点问题。因此，有必要进一步分析相关过程，为技术的运用提供基础。

5.2 液化油的水热改质升级

5.2.1 生物油的性质

生物油的结构复杂，由水、有机相和灰分颗粒构成，其中含水率对生物油的黏度和热值影响较大，含水率越大，黏度和热值越小，生物油中的含氧极性基团和较大的分子间的作用力越大，致使黏度增加。对生物油溶解和分离常用的萃取溶剂有水、环己烷、正己烷、二氯甲烷等。表 5-3 为生物油主要的物理性质[62]。

表 5-3 生物油主要性质

性 质	特 征
外 观	棕色、红棕色到黑色
黏度(40℃)/mPa·s	$20 \sim 200$
密度/kg·L^{-1}	$1.15 \sim 1.2$
热值 HHV/MJ·kg^{-1}	$14 \sim 19$
含水量(质量分数)/%	$15 \sim 40$
PH	$2 \sim 3.5$
固体物含量(质量分数)/%	$0.2 \sim 1.0$
稳定性	随时间的增长，生物油黏度增加、挥发性降低、相分离、出现沉降物。适于在低于室温保存

5.2.2 重质燃料水热改质

近年来，亚/超临界水作为一种新型经济环保介质，因其具有来源广、价廉无毒，易于从产物中分离等特点，已逐渐成为绿色化学重点研究的领域之一，其中一重要应用即为重质燃料改质。

鉴于超（亚）临界水自身所具有的独特性能，其在高水分生物质液化领域展现了广阔的应用前景。用超（亚）临界水进行生物质的液化简单易行，但所得生物油都不能被直接利用，仍需进一步改质升级。生物质水热液化方面的研究比较多、也较为透彻，在此不再一一叙述。此外，超（亚）临界水在石油化工尤其是在重质燃料转化或改质方面的研究也正在逐渐兴起，研究热点主要集中在煤、油页岩、重油和焦油沥青的超临界水转化或改质等方向[63~74]。采用超临界水转化或改质重质燃料油，超临界水不仅是溶剂，而且可以作为反应物直接参与反应，起到了供氢溶剂的作用，从而促进了轻质化反应的进行。目前，采用超临界水作为反应介质主要是为了增加液体产物的产率，减少副产物（气体、结焦）的生成等。Kershaw[63]分别采用超临界水和超临界甲苯处理煤，结果显示，煤在超临界水中的转化率高于其在超临界甲苯中的转化率，且所得液体产物的分子量比用超临界甲苯的小。研究还发现，煤在超临界水中的转化过程中，热结合水解反应都发生，且如再引入一氧化碳可进一步提高煤的转化率。Yanik[64]用超临界水抽提油页岩研究发现，抽提产物的油品及极性产物的含量相对于传统的油页岩热解产物较高。这可能是超临界水对生成的烃类化合物和生成的轻质产物能够迅速分散在超临界水中，进而有效地抑制了焦的生成。Paspek 和 Klein[65]用超临界水改质 Paraho 页岩油，研究发现，增加水密度不仅可以提高馏分所得产物的选择性而且还可以增强盐酸脱氮的催化能力。在 $T = 425℃$，$\rho = 0.2g/cm^3$ 和 5% HCl（质量分数，相对于页岩油）最佳实验条件，可实现90%的脱氮率和75%的馏分产率。Sato 等人[66]考察了超临界水中石油沥青质分别在氩气和空气条件下的改质行为。研究发现，超临界水的存在可促使沥青质转化，且增加水密度，提高沥青质的转化率。研究认为，水分子可作为氢源捕获沥青热解过程中所产生的自由基，从而促进轻质化产物的生成，继而提高了轻质油的产率。随后，Sato 等人[67]又在超临界水中分别引入甲酸、一氧化碳和氢气对比研究沥青的改质行为，发现超临界水-甲酸体系相对于纯超临界水可实现更高的沥青转化率，同时还可更有效地抑制焦的生成。原因解释是，甲酸在超临界水中分解产生活性的物种，该物种可以强化沥青向低分子化合物转化。韩丽娜等人[68,69]分别考察了不同来源的焦油沥青在超临界水中的反应特性。研究发现，超临界水的存在提高了改质油中轻质油的质量分数，可达原料中轻质油的两倍，同时也抑制了气体和残焦的生成。Watanabe 等人[70]研究了加拿大油砂沥青在超临界水中反应行为并对改质机理进行了探讨，研究认为，轻质油在高水密度下易被萃取，从而导致其在重油相中的浓度降低，进而相应地提高了油相中重油的浓度。接着轻质油在高水密度相中被进一步裂解，而油相中的重质油则由于其浓度高而相互缔结成焦。研究还认为，焦前体在高水密度下转相促使形成的结焦体呈现多孔形状，且增加水密度可提高焦转化率。然而 Morimoto 等人[71]却认为，加拿大油砂沥青在超临界水中的改质机理主要是由于超临界水的物理性质（如高分散效应）所致。鉴于此，Cheng 等人[72]探索了超临界水条件下减压渣油的热化学转化行为，并对水在减压渣油改质中的作用进行了初步探索。研究结果显示，减压渣油经过超临界水改质可获得较高的轻质油产率（83%）和较低的焦产率（3.6%）；水在减压渣油改质中的作用主要取决于其溶剂效应和分散效应，和 Morimoto 等提出的重质油改质机理基本一致，即超临界水的存在溶解了可能产生的焦前体，从而抑制了焦的生成。目前，超临界水中重质燃料的改质多采用间歇式反应釜进行研究，且大都在无催化的条件下进行，虽所得改质油质量较无改质时有所提高，但仍达不到国家现行的燃料标准，需进行进一步的改质升级。但前期超临界水中重质油的转化或改质基础研究仍具有极其重要的意义，因为所有研究均表明超临界水对重质油燃料改质起到非常重要的促进作用，是一种行之有效的转化途径，同时这些研究也为超临界水中进行其他燃料油改质提供了前提基础。

5.2.3　生物油的催化升级

PNNL 的研究者[75]采用滴流床反应器在硫化 CoMo 催化剂催化的条件下对硬木生物油进行改质。第一步在 274℃、$0.62h^{-1}$ 条件下温和加氢，第二步在 353℃、$0.11h^{-1}$ 下进行深度加氢。研究发现，第一步改质生物油氧含量由 52.6% 降至 32.7%，第二步继续降至 2.3%，两步的油相产率分别为 0.3L/L 和 0.43L/L，有 17% 气相 C_{1-4} 生成。Gagnon 等人[76]在间歇式反应器中采用 Ru 基催化剂进行温和氢化脱氧（HDO），使用 $NiO-WO_3/Al_2O_3$ 进行深度 HDO 研究。第一步反应条件为 80℃、$4MPaH_2$，第二步条件为 350℃、$17MPaH_2$，Gagnon 认为第一步在低温下可以控制聚合反应的发生，通过分析发现随着醛氢化和聚合反应，Ru 催化剂基本不受影响。Huber 等人[77]在温和 HDO 阶段使用 Ru 基催化剂，在对深度 HDO 阶段选用了 Pt 催化剂，实验在间歇式反应釜内进行，第一阶段条件 20～175℃、6.89MPa。结果表明，低温有利于减少甲烷产率，而较高温度有利于不期望组分的快速轻化。第二阶段使用 4% $Pt/SiO_2-Al_2O_3$ 在 260℃、5.17MPa H_2 条件下进行，得到理论烷烃产率的 48%。Elliott 等人[78]在滴流床中对不同原料进行提质研究，温和 HDO 使用 Pd 催化剂在 340℃、0.18～$1.12h^{-1}$ 可得到 0.45～0.789g/g 产率，在此温度下易导致管路堵塞，在深度 HDO 阶段使用常规硫化裂化催化剂在 405℃，10MPa H_2 和 $0.2h^{-1}$ 下进行，得到 0.60～0.82g/g 油产率。

Venderbosch 等人[79]将生物油提质看作是三个阶段进行，反应在贵金属和高压 H_2 条件下进行，第一阶段为温和氢化作用，条件 175～250℃，$2 \times 10^7 Pa$，第二阶段为温和脱氧加氢，条件 >250℃，$2 \times 10^7 Pa$，第三阶段条件为 >250℃，$3.50 \times 10^7 Pa$。

结果如下所示：

温和加氢：

$$CH_{1.47}O_{0.56} + 0.40H_2O + 0.264H_2 \longrightarrow 0.742(CH_{1.31}O_{0.19} + 0.076H_2O) +$$
$$0.192(CH_{3.02}O_{1.09} + 2.95H_2O)$$

温和去氧加氢：

$$CH_{1.47}O_{0.56} + 0.40H_2O + 0.264H_2 \longrightarrow 0.68(CH_{1.21}O_{0.27} + 0.245H_2O) +$$
$$0.34(CH_{1.5}O_{0.38} + 1.34H_2O)$$

剧烈去氧加氢：

$$CH_{1.47}O_{0.56} + 0.40H_2O + 0.264H_2 \longrightarrow 0.742(CH_{1.31}O_{0.19} + 0.076H_2O) +$$
$$0.192(CH_{3.02}O_{1.09} + 2.95H_2O)$$

总反应：

$$CH_{1.47}O_{0.56} + 0.40H_2O + 0.386H_2 \longrightarrow 0.742CH_{1.47}O_{0.11} + 0.192CH_{3.02}O_{1.09} + 0.685H_2O$$

Duan 和 Savage[80] 使用间歇式微型反应釜在超临界水中（Pd/C 作为催化剂、400℃、3.4MPa H_2）对通过水热液化得来的微藻粗生物油进行改质升级。研究了反应时间（1～8h），催化剂的加入量（5%～80%）对生物油的产率和组成、气体的产量和组成以及氢气消耗的影响，对 C、H 和能量回收进行了分析。实验结果显示，延长反应时间和增加催化剂加入量对生物油的产率是不利的，因其增加了气体的产率和焦炭的生成量，但长的反应时间和多的催化剂加入量对油的品质的改善是有利的，以此产生的生物油的热值（41～44MJ/kg）比粗微藻油的热值（37MJ/kg）要高。在催化剂加入量为80%（质量分数）、反应时间为4h时改质油的热值最高为44MJ/kg。长的反应时间和多的催化剂加入量产生改质油能够自由流动，具有高的 H 含量，O 和 N 含量比粗生物油要明显降低，硫降到检测限以下。经不同的反应时间，不同的催化剂的加入量所得的产物里面 H/C 在1.65～1.79，O/C 在 0.028～0.067 之间。经催化反应后所产生的气体由 H_2，CH_4、CO_2、C_2H_6、C_3H_8 组成。经测验后对比，在超临界水中经 Pd/C 催化所得改质油的很多性质和化石能源相似。

Duan 等人[81] 使用间歇式反应在超临界水中用 Pt/γ-Al$_2$O$_3$ 催化剂对水热液化所得来的微藻粗生物油进行改质升级。此研究是在温度（400℃）、氢气（6MPa）、反应时间 60min 的条件下考察了不同的催化剂的加入量（0%～40%，质量分数），不同的水密度（0～0.1g/cm³），不同的甲酸加入量（2～37mmol）对改质升级的生物油的产率和性质的影响。研究发现，增加催化剂的加入量、水密度和甲酸的加入量会使改质油的产率降低，但是产生的油具有高品位。经过 Pt/γ-Al$_2$O$_3$ 在超临界水中对粗生物油进行改质，所得的产品油可以自由流动，而不是黏性的焦油状的粗生物油。研究结果还发现，相对于 SCW + H_2 来说，SCW + HCOOH 更能有效地控制焦的生成。研究还发现，在升级实验中催化剂的表面积和微孔体积减少并不影响催化剂的催化活性。在气体产物中没有反应的氢气是主要成分，产生有少量的 CO_2 和 C_1-C_5 气体。

Duan 和 Savage[82] 对微藻粗生物油在超临界水中进行催化优化研究。研究了微藻液化生物油在超临界水中升级的各个条件对油的性质的影响。本实验采用正交四个因素在三个方向考察。四个因素是温度（430～530℃）、时间（2～6h）、催化剂种类（Pt/C，Mo_2C，HZSM-5）、催化剂加入量（5%～20%，质量分数）。分析了油的性质和实验条件之间的关系。测试了改质油的元素组成，原子比，化学组成和热值。在四个因素中，温度是最大的影响因素。其他的三个因素，催化剂的类型能极大地影响改质油的脂肪酸组成和改质油中的含氧、含氮化合物。催化剂的加入量对改质油的热值和 O/C 比有很大的影响；反应时间对 H/C、N/C 有很大的影响；实验结果显示，在430℃的超临界水中改质的油的 N 和 O 会大幅度降低，硫降低到检测限之下，热值比粗生物油提高了10%。在研究参数的条件内，饱和化合物含量最高的是在430℃、6h、10% Mo_2C（质量分数）条件下。粗生物油中约有76%（质量分数）的 C 被留在改质油中。

Duan 等人[83]使用间歇式反应釜在临界水中对通过水热液化所得来的粗生物油进行改质升级。研究了生物油在不同的氛围中（H_2，CO），温度（330～370℃），时间（2，4h），Pt/C-S（0～20%，质量分数），目的是研究这些条件对生物油产品的产率和油的性质的影响。研究发现在超临界水中，在 H_2 或者 CO 的氛围中有催化剂或者没催化油有几个变化。相对于 H_2 来说，使用 CO 能使改质油有高的产率，低的黏度和高的氢含量，且有更高的能量回收率，这可能是由于加入的 CO 在临界水中发生了水汽转换反应，产生了 H_2，由反应产生的 H_2 的活性比加入的 H_2 的活性高。高的反应温度和长的反应时间能使改制油有更好的品质，但对油的产率是不利的，因为高的反应温度和长的反应时间增加了焦的生成和气体的产量；多的催化剂加入量对油的品质的改善也是有益的，也不利于油的产率，因为多的催化剂加入量增加了焦的生成和水溶物的量；在改质的过程中氧比氮更容易被反应掉，尤其在有催化剂的情况下；改质油有高的热值，热值在37.3～39.0MJ/kg；在气体组成中 CO_2 是主要成分，这个研究显示在超临界水中浮萍生物油进行改质升级是一种很有效的方法。

Duan 和 Savage[84]在超临界水中对生物油进行改质升级，他们考察催化剂 Pt/C、H_2 和 pH 对微藻生物油性质的影响。经超临界水的处理，生物油有一个高的热值（42MJ/kg）和低的酸值比微藻原油，经改制的油也有低的 O 和 N 含量及很少的硫；加入 Pt/C 催化剂可以使产品油有很好的流动性和高的碳氢含量。从实验中得出，在超临界水中对生物粗油进行催化升级得到的产品与从化石燃料得到的燃料有很多相似处。因此，研究在超临界水中以 Pt/C 为催化剂对微藻粗生物油进行改质升级是一种行之有效的方法。

5.2.4　模型化合物的催化升级

以往的研究揭示了从水热液化制得的生物油中的分子类型，研究这些模型化合物实验的目的是更好地对生物油进行催化升级。所选择的物质都是在生物油中具有代表性的物质。气质分析显示生物油中的含氧物质主要由脂肪酸、含氧杂环和酮等组成。Duan 等研究表明 Pt/C、Pd/C 催化剂在水热环境对液化油升级是很有效的，傅和他的研究伙伴得出的结果和结论是一致的[85,86]。实验结果显示，Pt/C 对软脂酸和硬脂酸的脱氧是一种有效的催化剂，这两种酸代表了生物油中所含的脂肪酸。实验得出在 350℃、60min 催化硬脂酸得到 80% 的十五烷。Pd/C 也是一种非常有效的脱羧催化剂，但它在水热环境下的活性比 Pt/C 低。然而 Pd/C 在有机溶剂中的催化活性比 Pt/C 在有机溶剂的脱羧效果好[87]，进而表明了不能通过催化剂在水热催化效果而推出催化剂在其他溶剂中的效果。Pt/C 催化剂也能有效的脱除生物油中的不饱和脂肪酸中的氧，这里的氧是通过加氢破坏双键而脱除的。加氢原理不清楚，因为反应器中没有加入氢，氢的来源可能来自于脂肪酸，也可能是来自于水。

Dickinson 等人[88]研究在 380℃ 的超临界水中使用 Pt/C 催化剂对苯并呋喃进行脱氧，他们考察了反应时间、氢加入量、催化剂加入量、水加入量几个条件。在这些条件下，苯并呋喃脱氧后的产物是乙苯和乙基环己烷等；实验还得出了通过增加水的加入量和减少氢的加入量可以增加乙苯的产量。含氧中间体的反应表明苯并呋喃对羟基的氢解有抑制作用。作者提出了一个反应路线，并总结出了一个与实验结果相匹配的动力学模型。动力学模型显示，在本实验的条件下水不是一个重要的产氢源。

生物油中含氮物质主要是含氮杂环化合物[89~91]。水热非均相催化含氮杂环模型化合物一直是最近研究的热点[92,93]。Duan 等使用庚烷的部分氧化法在超临界水中对喹啉进行加氢脱氮[92]。研究者用 NiMo/γ-Al$_2$O$_3$ 作为催化剂，350℃ 和 450℃ 的反应温度 N 从喹啉中被脱除。有趣的是，氧气可以提高反应速率，但研究者却发现在反应器中没有加入氧而庚烷的却发生了部分氧化，这说明超临界水提供了一个强的氧化环境，生成 CO 然后通过水煤气反应产生 CO$_2$ 和 H$_2$。

Duan 和 Savage 考察了水热体系中吡啶的氢化脱氮行为[91]，主要研究了一系列催化剂（Pt/C，Pd/C，Ru/C 和 Rh/C，硫体 Pt/C，Pt/γ-Al$_2$O$_3$-硫体，CoMo/γ-Al$_2$O$_3$，Mo$_2$C 和 Mo$_2$S）对吡啶脱氮产物分布的影响。结果显示，吡啶脱氮产物主要为丁烷和戊烷，Pt/γ-Al$_2$O$_3$ 为最好的脱氮催化剂。随后以 Pt/γ-Al$_2$O$_3$ 为催化剂，研究者又考察了时间、温度、催化剂添加量、初试氢气压力以及水密度对吡啶脱氮产物分布的影响。其中，初试氢气压力和水密度对产物分布影响最大。在最佳反应条件下，可以获得 100% 的吡啶转化率且所得产物烃不含氮。所用催化剂经 3 次循环利用催化活性略有降低。产物分析表明，吡啶中的氮主要以氨气的形式脱除。

生物油中另一个主要的杂原子是硫。由于硫是作为有机杂环化合物存在的，研究者通常用苯并噻吩和二苯并噻吩作为硫的模型化合物在超临界水中进行脱硫研究[93,94]。Yuan 等在 350℃ 和 450℃ 水热体系中，以 CoMo/γ-Al$_2$O$_3$ 作为催化剂，采用部分氧化的方法对苯并噻吩进行催化脱硫。脱硫产物主要为乙苯和甲苯，硫以硫化氢气体的状态存在。在反应初期，脱硫的进行主要通过 CoMo 催化剂表面水汽变换反应生成的氢气，在来不及脱附的情况下直接与苯并噻吩反应。但随着时间的延长，反应系统内的氢气量不断增加，脱附后的氢气直接吸附到催化剂表面与苯并噻吩发生反应。氧/烃比的增加有利于烃类部分氧化。

Adschiri 等人[94]在超临界水中采用部分氧化和水煤气转换反应研究了二苯并噻吩在 NiMo/γ-Al$_2$O$_3$ 催化下的加氢脱硫反应。所考察的反应环境有 H$_2$-SCW，CO-SCW，CO$_2$-H$_2$-SCW 和 HCOOH-SCW。相比于 H$_2$-SCW 体系，CO-SCW，CO$_2$-H$_2$-SCW 和 HCOOH-SCW 可以获得较高的二苯并噻吩转化率，表明，水煤气转化产生的某些物种对二苯并噻吩的氢化反应要比纯氢气好。随后研究者在超临界水中进行了二苯并噻吩的部分氧化实验。研究发现，即使在氧气不存在的情况下，二苯并噻吩也会发生有效氢化。作者认为水煤气变换反应导致了二苯并噻吩更高的转换率。同时也显示，硫是生物油中最容易被脱去的杂原子。在超临界水中改质生物油，即使没有催化剂的情况下也能把硫脱除到检测限以下。

对比非均相催化液化和经无催化液化制得生物油，再进行催化升级的结果可以得出以下几个结论：首先，非均相催化能明显的影响改质油的产率和组成，经催化过的油的产率增加，黏度下降，O、N、S 含量降低，这些都是渴望生物油发生的转化。其次，先制取生物油然后再对生物油进行改质脱除杂原子的效果要比单步催化效果好，出现这种结果的原因尚不清楚，怀疑是因为单步反应过程中催化剂快速失活所致。研究造成这些结果差异的原因和减少催化剂结垢和失活是本领域要开展的重要课题。再次，贵金属催化剂脱氮、脱氧效率高，但贵金属价格高昂以及快速失活将抑制这一产业的大规模化。因此，需要加速开发高效非贵金属催化剂或者是性能稳定的贵金属催化剂。

对模型化合物的升级方面已有比较多的研究，并且在特定的条件下对模型化合物的改质能达到人们所期待的结果，但生物油是数百种化合物的集合体，对单种化合物进行改质升级和对生物油进行改制升级有很大的差异，对单种模型化合物升级可以达到很好的效果，但在相同的条件下对生物油进行改质效果不一定好。因此，对生物油的改质升级还有待进一步研究。

5.2.5 催化剂失活的原因

众所周知，在石油化工行业研发生产过程中存在着催化降解，催化剂常在气态或液态烃环境中。在水热催化反应中，反应环境和热压水或超临界水有很大不同。几乎没有关于在水热媒介中对水生生物质催化液化过程中催化剂的稳定性和活性保持的研究，这里将作介绍。

水热催化反应，催化剂的稳定性是重要条件之一。目前，很少有关于催化剂在水热环境下稳定性和活性保持的研究。Elliot 等测试了不同金属在水中的活性，测试的金属有 Zn，W，Mo，Zn，Cr，Re，Sn，Pb，Ni，Cu 和 Ru。除了 Ni，Cu 和 Ru 没被氧化，其他金属均被氧化。因此大多催化剂的研究都集中在这些在水热条件下未被氧化的金属上[95]。

催化剂失活主要由三个原因造成：反应中有毒的化学物质；催化剂暴露的金属原子的减少；载体。用水热法处理有毒物质过程中这三点都是十分重要的原因。

造成催化剂失活的第一个原因是催化剂中毒，硫是众所周知的。硫结合催化剂表面的金属使催化剂产生不可逆转的失活。研究者已经研究了硫使 Ru 中毒的情况，对所有形式的硫进行检测，结果发现元素硫，硫酸盐，有机硫化物，硫醇等都可使 Ru 催化剂中毒[96,97]。解决硫中毒的方法是研究抗硫催化剂，在催化前脱去原料中的硫，或者是把硫转化成硫盐。一组建议是把硫转化成无毒的形式[98]。第二个主要原因是微晶障碍或烧结使催化剂表面积减少。第三个使催化剂失活的原因是载体的降解。虽然其不直接影响催化剂的活性，但它能影响催化剂的表面积和孔结构。

催化剂是活的第二个原因是由于催化剂表面微晶生长或是烧结而导致催化剂的表面积减少。Elliott 在低温气化（350℃，21MPa）检测了 Ni 和 Ru 处理 10% 苯酚的水溶液的催化剂长时间稳定性。当在 Ni 中掺杂 Ru，催化剂微晶生长是稳定的。纯 Ni 微晶的大小在 70~100nm，而 Ni 掺杂 Ru 的晶粒稳定在 40nm[99]。Ni 掺杂 Cu 或 Ag 比掺杂 Ru 能更有效地控制微晶的生长，掺杂 Cu 微晶尺寸稳定在 10.4nm，掺杂 Ag 微晶稳定在 21.4nm。钌作为基本的材料，在 400℃、30MPa 条件下在连续性流动系统对木材进行综合性液化考察骨架 NiRu 的稳定性，Elliott 证实了在反应 90min 时微晶从 9nm 长到 45nm[100]。

第三个问题是载体支持下降。虽然它不直接影响活性中心的活性，但它会影响催化剂的比表面积和孔结构。载体在有机溶剂中是稳定的，而在水热环境中不太稳定。γ-Al_2O_3 尤其是在超临界状态下（450℃、40MPa、1h）迅速变为薄铝片，比表面积下降 1~2 个数量级[94]。Ravenelle 发现，不管在高温还是在低温都会发生催化剂失活的现象[101]。Pt/γ-Al_2O_3 的稳定性被考察在处理含氧生物质时，在 225℃ 的水中多元醇（山梨糖醇和甘油）的存在抑制了 γ-Al_2O_3 向 α-Al_2O_3 的转变。山梨糖醇能更好地抑制 γ-Al_2O_3 向 α-Al_2O_3 的转变，在使用山梨糖醇时仅有 2% 的相变，而在使用甘油时有 15% 的相变。为了抑制载体的失活建议选用碳质沉积物稳定的 γ-Al_2O_3[102]。通常情况下，稳定的载体有单斜晶的 ZrO_2、金红石、α-Al_2O_3 和碳。

参 考 文 献

［1］ Savage P E. Organic chemical reactions in supercritical water［J］. Chem. Rev. 1999, 99(2): 603~621.

［2］ Sierra R, Smith A, Granda C, et al. Producing fuels and chemicals from lignocellulosic biomass ［J］. SBE Special Section Biofuels 2008, P. S10~18.

［3］ Rogalinski T, Liu K, Albrecht T, et al. Hydrolysis kinetics of biopolymers in subcritical water ［J］. J. Supercrit. Fluid. 2008, 46(3):335~341.

［4］ Kabyemela B M, Adschiri T, Malaluan R M, et al. Kinetics of glucose epimerization and decomposition in subcritical and supercritical water［J］. Ind. Eng. Chem. Res. 1997, 36(5): 1552~1558.

［5］ Kamio E, Sato H, Takahashi S, et al. Liquefaction kinetics of cellulose treated by hot compressed water under variable temperature conditions［J］. J. Mater. Sci. 2008, 43(7):2179~2188.

［6］ Karagöz S, Bhaskar T, Muto A, et al. Comparative studies of oil compositions produced from sawdust, rice husk, lignin and cellulose by hydrothermal treatment［J］. Fuel 2005, 84(7~8): 875~884.

［7］ 伍超文, 吴诗勇, 彭文才, 等. 不同气氛下的纤维素水热液化过程［J］. 华东理工大学学报（自然科学版）2011, 37(4):430~434.

［8］ Mok W S L, Antal Jr M J. Uncatalyzed solvolysis of whole biomass hemicellulose by hot compressed liquid water［J］. Ind. Eng. Chem. Res. 1992, 31(4):1157~1161.

［9］ Garrote G, Dominguez H, Parajo J C. Hydrothermal processing of lignocellulosic materials. Holz Roh Werkst［J］. 1999, 57(3):191~202.

［10］ Sasaki M, Hayakawa T, Arai K, et al. Measurement of the rate of retro-aldol condensation of D-xylose in subcritical and supercritical water［M］. S. H. Feng, J. S. Chen, Z. Shi（Eds.）, Hydrothermal Reactions and Techniques, World Scientific Publishing, Co. Pte. Ltd. , Singapore 2003: 169~176.

［11］ Kang S, Li X, Fan J, et al. Hydrothermal conversion of lignin: A review［J］. Renew. Sust. Energ. Rev. 2013, 27: 546~558.

［12］ Wahyudiono, Kanetake T, Sasaki M, et al. Decomposition of a lignin model compound under hydrothermal conditions［J］. Chem. Eng. Technol. 2007, 30(8):1113~1122.

［13］ Zhang B, Huang H, Ramaswamy S. Reaction kinetics of the hydrothermal treatment of lignin ［J］. Appl. Biochem. Biotechnol. 2008, 147(1~3):119~131.

［14］ Liu A, Park Y K, Huang Z, et al. Product identification and distribution from hydrothermal conversion of walnut shells［J］. Energy Fuels 2006, 20(2):446~454.

［15］ Resende F L P, Fraley S A. Berger M J, et al. Noncatalytic gasification of lignin in supercritical water［J］. Energy Fuels 2008, 22(2):1328~1334.

［16］ Miyazawa T, Funazukuri T. Polysaccharide hydrolysis accelerated by adding carbon dioxide under hydrothermal conditions［J］. Biotechnol. Prog. 2005, 21(6):1782~1785.

［17］ Brennan L, Owende P. Biofuels from microalgae-A review of technologies for production, processing and extractions of biofuels and co-products[J]. Renew. Sust. Energ. Rev. 2010, 14(2):557~577.

[18] Zhou D, Zhang L, Zhang S, et al. Hydrothermal liquefaction of macroalgae Enteromorpha prolifera to bio-oil[J]. Energy Fuels 2010, 24(7):4054~4061.

[19] Zhang L, Li C, Zhou D, et al. Hydrothermal liquefaction of water hyacinth: product distribution and identification[J]. Energ. Source. Part A 2013, 35(14):1349~1357.

[20] Duan P, Chang Z, Xu Y, et aL. Hydrothermal processing of duckweed: effect of reaction conditions on product distribution and composition[J]. Bioresour. Technol. 2013, 135:710~719.

[21] Baliban R C, Elia J A, Floudas C A, et al. Thermochemical conversion of duckweed biomass to gasoline, diesel and jet fuel: process synthesis and global optimization[J]. Ind. Eng. Chem. Res. 2013, 52(33):11436~11450.

[22] Evans J M, Wilkie A C. Life cycle assessment of nutrient remediation and bioenergy production potential from the harvest of hydrilla (Hydrilla verticillata)[J]. J. Environ. Manage. 2010, 91(12):2626~2631.

[23] 闵恩泽. 发展生物质车用燃料前沿技术的思考[R]. 洁净能源国家实验室启动仪式暨学术报告会. 中国大连, 2011.

[24] 朱晔荣, 李亚辉, 刘苗苗, 等. 新型能源植物浮萍生物质能的研究与开发[J]. 自然杂志 2013, 35(5):359~364.

[25] Ginzburg B Z. Liquid fuel (oil) from halophilic algae: a renewable source of non-polluting energy[J]. Renew. Energ. 1993, 3(2~3):249~252.

[26] Minowa T, Yokoyama S, Kishimoto M Okakura T. Oil production from algal cells of Dunaliella tertiolecta by direct thermochemical liquefaction[J]. Fuel 1995, 74(12):1735~1738.

[27] Matsui T, Nishihara A, Ueda C, et al. Liquefaction of microalgae with iron catalyst[J]. Fuel 1997, 76(11):1043~1048.

[28] Yang Y, Feng C, Inamori Y, et al. Analysis of energy conversion characteristics in liquefaction of algae[J]. Resour. Conserv. and Recy. 2004, 43(1):21~33.

[29] Zou S, Wu Y, Yang M, et al. Production and characterization of bio-oil from hydrothermal liquefaction of microalgae Dunaliella tertiolecta cake[J] Energy 2010, 35(12):5406~5411.

[30] Brown T M, Duan P, Savage P E. Hydrothermal liquefaction and gasification of Nannochloropsis sp[J]. Energy Fuels 2010, 24(6):3639~3646.

[31] Duan P, Savage P E. Hydrothermal liquefaction of a microalga with heterogeneous catalysts[J]. Ind. Eng. Chem. Res. 2010, 50(1):52~61.

[32] Jin B, Duan P, Xu Y, et al. Co-liquefaction of micro-and macroalgae in subcritical water[J]. Bioresour. Technol. 2013, 149:103~110.

[33] Catallo W J, Shupe T F, Eberhardt T L. Hydrothermal processing of biomass from invasive aquatic plants[J]. Biomass and Bioenerg. 2008, 32(2):140~145.

[34] Xiu S, Shahbazi A, Croonenberghs J, et al. Oil production from duckweed by thermochemical liquefaction[J]. Energy Source. Part A 2010, 32:1293~1300.

[35] Duan P, Chang Z, Xu Y, et al. Hydrothermal processing of duckweed: effect of reaction con-

ditions on product distribution and composition[J]. Bioresour. Technol. 2013, 135: 710 ~ 719.

[36] Kelemen S R, Gorbaty M L, Kwiatek P J. Quantification of Nitrogen Forms in Argonne Premium Coals[J]. Energy Fuels 1994, 8(4):896 ~ 906.

[37] Vostrikov A A, Fedyaeva O N, Dubov D Y, et al. Conversion of brown coal in supercritical water without and with addition of oxygen at continuous supply of coalewater slurry[J]. Energy 2011, 36(4):1948 ~ 1955.

[38] Shui H, Shan C, Cai Z, et al. Co-liquefaction behavior of a sub-bituminous coal and sawdust [J]. Energy 2011, 36(11):6645 ~ 6650.

[39] Zhang R, Jiang W Cheng L, Sun B, et al. Hydrogen production from lignite via supercritical water in flow-type reactor[J]. Int. J. Hydrogen Energ. 2010, 35(21):11810 ~ 11815.

[40] Yamaguchi D, Sanderson P J, Lim S, et al. Supercritical water gasification of Victorian brown coal: Experimental characterisation[J]. Int. J. Hydrogen Energ. 2009, 34(8):3342 ~ 3350.

[41] Huang H, Wang K, Wang S, et al. Studies of coal liquefaction at very short reaction times [J]. Energy Fuels 1998, 12(1):95 ~ 101.

[42] Benjamin B M, Raaen V F, Maupin P H, et al. Thermal cleavage of chemical bonds in selected coal-related structures[J]. Fuel 1978, 57(5):269 ~ 272.

[43] Wang L, Chen P. Mechanism study of iron-based catalysts in co-liquefaction of coal with waste plastics[J]. Fuel 2002, 81(6):811 ~ 815.

[44] Kidena K, Bandoh N, Murata S, et al. Studies on the bond cleavage reactions of coal molecules and coal model compounds[J]. Fuel Process. Technol. 2001, 74(2):93 ~ 105.

[45] Wei X, Ogata E, Zong Z, et al. Advances in the study of hydrogen transfer to model compounds for coal liquefaction[J]. Fuel Process. Technol. 2000, 62(2 ~ 3):103 ~ 107.

[46] 钱伯章. 澳大利亚将采用 SCW 技术直接煤制油[J]. 能源研究与利用 2009, 5, 30.

[47] Dietenberger M A, Anderson M. Vision of the U. S. biofuel future: A case for hydrogen-enriched biomass gasification[J]. Ind. Eng. Chem. Res. 2007, 46(26):8863 ~ 8874.

[48] Zhu X, Zhu C, Zhao L, et al. Amino acids production from fish proteins hydrolysis in subcritical water[J]. Chin. J. Chem. Eng. 2008, 16(3):456 ~ 460.

[49] Rogalinski T, Herrmann S, Brunner G. Production of amino acids from bovine serum albumin by continuous sub-critical water hydrolysis[J]. J. Supercrit. Fluid. 2005, 36(1):49 ~ 58.

[50] Klingler D, Berg J, Vogel H. Hydrothermal reactions of alanine and glycine in sub-and supercritical water[J]. J. Supercrit. Fluid. 2007, 43(1):112 ~ 119.

[51] Sato N, Quitain A T, Kang K, et al. Reaction kinetics of amino acid decomposition in high-temperature and high-pressure water[J]. Ind. Eng. Chem. Res. 2004, 43(13):3217 ~ 3222.

[52] 陈裕鹏, 黄艳琴, 谢建军, 等. 藻类蛋白质模型化合物苯丙氨酸的水热反应[J]. 燃料化学学报, 2014, 42(1):61 ~ 67.

[53] Yamasaki N. Treatment technology of plastic by supercritical water[J]. Waste Resour. 1996, 33: 8 ~ 17.

[54] Takeshita Y, Kato K, Takahashi K, et al. Basic study on treatment of waste polyvinyl chloride plastics by hydrothermal decomposition in subcritical and supercritical regions[J]. J. Supercrit.

Fluid. 2004, 31(2):185~193.

[55] 王军, 沈美庆, 宫艳玲, 等. 聚丙烯在超临界水中的降解反应初探[J]. 高分子材料科学与工程, 2004, 20(2):65~68.

[56] 吴海燕, 潘志彦, 金赞芳, 等. 超临界水中与煤聚苯乙烯的共液化研究[J]. 燃料化学学报, 2011, 39(4):246~250.

[57] 曹洪涛, 袁兴中, 曾光明, 等. 超/亚临界水条件下生物质和塑料的共液化[J]. 林产化学与工业, 2009, 29(1):95~100.

[58] Funazukuri T, Takanashi T, Wakoa N. Supercritical extraction of used automotive tire with water[J]. J. Chem. Eng. Jpn. 1987, 20(1):23~27.

[59] Chen D T, Perman C A, Riechert M E Hoven J. Depolymerization of tire and natural rubber using supercritical fluids[J]. J. Hazard. Mater. 1995, 44(1):53~60.

[60] Park S, Gloyna E F. Statistical study of the liquefaction of used rubber tire in supercritical water[J]. Fuel 1997, 76(11):999~1003.

[61] Onsri K, Prasassarakich P, Ngamprasertsith S. Co-liquefaction of coal and used tire in supercritical water[J]. Energy Power Eng. 2010, 2(2):95~102.

[62] 朱锡锋, 郑冀鲁, 郭庆祥. 生物质热解油的性质精制与利用[J]. 中国工程科学, 2005, 7(9):83~88.

[63] Kershaw J R. Extraction of victorian brown coals with supercritical water[J]. Fuel Process. Technol. 1986, 13(2):111~124.

[64] Yanik J, Yuksel M, Sağlam M, et al. Characterization of the oil fractions of shale oil obtained by pyrolysis and supercritical water extraction[J]. Fuel, 1995, 74(1):46~50.

[65] Paspek S C, Klein M T. Shale oil upgrading in supercritical water solution[J]. Fuel Sci. Technol. Int. 1990, 8(6):673~687.

[66] Sato T, Adschiri T, Arai K, et al. Upgrading of Asphalt with and without Partial Oxidation in Supercritical Water[J]. Fuel 2003, 82(10):1231~1239.

[67] Sato T, Mori S, Watanabe M, et al. Upgrading of bitumen with formic acid in supercritical water[J]. J. Supercrit. Fluid. 2010, 55(1):232~240.

[68] 韩丽娜, 张荣, 毕继诚. 超临界水中煤焦油沥青轻质化的实验研究[J]. 燃料化学学报, 2008, 36(1):1~5.

[69] 韩丽娜, 张荣, 毕继诚. 煤焦油及其组分在超临界水中的反应特性研究[J]. 燃料化学学报, 2008, 36(6):653~659.

[70] Watanabe M, Kato S, Ishizeki S, et al. Heavy oil upgrading in the presence of high density water: Basic study[J]. J. Supercrit. Fluid. 2010, 53(1~3):48~52.

[71] Morimoto M, Sugimoto Y, Saotome Y, et al. Effect of supercritical water on upgrading reaction of oil sand bitumen[J]. J. Supercrit. Fluid. 2010, 55(1):223~231.

[72] Cheng Z, Ding Y, Zhao L, et al. Effects of supercritical water in vacuum residue upgrading[J]. Energy Fuels, 2009, 23(6):3178~3183.

[73] 丁勇, 赵立群, 程振民, 等. 减压渣油在超临界水中的轻质化[J]. 化学反应工程与工艺, 2005, 21(5):436~467.

［74］ Kozhevnikov I V, Nuzhdin A L, Martyanov O N. Transformation of petroleum asphaltenes in su-percritical water［J］. J. Supercrit. Fluid. 2010, 55(1):217~222.

［75］ Bridgwater A V. In: Bridgwater A V, Kuester J L, editors. In Research in thermochemical bio-mass conversion. London, UK: Elsevier, 1988.

［76］ Gagnon J, Kaliaguine S. Catalytic hydrotreatment of vacuum pyrolysis oils from wood［J］. Ind. Eng. Chem. Res. 1988, 27(10):1783~1788.

［77］ Vispute T P, Huber G W. Productionof hydrogen, alkanes and polyols by aqueous phase pro-cessing of wood-derived pyrolysis oils［J］. Green Chem. 2009, 11(9):1433~1445.

［78］ Elliott D C, Hart T R, Neuenschwander G G, et al. Catalytic hydroprocessing of biomass fast pyrolysis bio-oil to produce hydrocarbonproducts. Environ［J］. Prog. Sustain. Energy 2009, 28(3):441~449.

［79］ Venderbosch R H, Ardiyanti A R, Wildschut J, et al. Stabilization of biomass derived pyroly-sis oils［J］. J. Chem. Technol. Biotechnol. 2010, 85(5):674~686.

［80］ Duan P, Savage P E. Catalytic hydrotreatment of crude algal bio-oil in supercritical water［J］. Appl. Catal. B: Environ. 2011, 104(1~2):136~143.

［81］ Duan P, Bai X, Xu Y, et al. Catalytic upgrading of crude algal oil using platinum/gamma alu-mina in supercritical water［J］:Fuel 2013, 109: 225~233.

［82］ Duan P, Savage P E. Catalytic treatment of crude algal bio-oil in supercritical water: optimiza-tion studies［J］. Energy Environ. Sci. 2011, 4: 1447~1456.

［83］ Duan P, Xu Y, Bai X. Upgrading of crude duckweed bio-oil in subcritical water［J］. Energy Fuels, 2013, 27(8):4279~4738.

［84］ Duan P, Savage P E. Upgrading of crude algal bio-oil in supercritical water［J］. Bioresour. Technol. 2011, 102(2):1899~1906.

［85］ Fu J, Lu X, Savage P E. Hydrothermal decarboxylation and hydrogenation of fatty acids over Pt/C［J］. Chem. Sus. Chem. 2011, 4(4):481~486.

［86］ Fu J, Lu X, Savage P E. Catalytic hydrothermal deoxygenation of palmitic acid［J］. Energy En-viron. Sci. , 2010, 3(3):311~317.

［87］ Snare M, Kubičková I, Mäki-Arvela P, et al. Heterogeneous catalytic deoxygenation of stearic acid for production of biodiesel［J］. Ind. Eng. Chem. Res. 2006, 45(16):5708~5715.

［88］ Dickinson J G, Poberezny J T, Savage P E. Deoxygenation of benzofuran in supercritical water over a platinum catalyst［J］. Appl. Catal. B: Environ. 2012: 123~124, 357~366.

［89］ Alba L G, Torri C, Samorì C, et al. Hydrothermal treatment (HTT) of microalgae: evalua-tion of the process as conversion method in an algae biorefinery concept［J］. Energy Fuels 2012, 26(1):642~657.

［90］ Torri C, Garcia A L, Samoì C, et al. Hydrothermal treatment (HTT) of microalgae: detailed molecular characterization of HTT Oil in view of HTT mechanism elucidation［J］. Energy Fuels 2012, 26(1):658~671.

［91］ Duan P, Savage P E. Catalytic hydrothermal hydrodenitrogenation of pyridine［J］. Appl. Catal. B: Environ. 2011: 108~109, 54~60.

[92] Yuan P, Cheng Z, Zhang X, et al. Catalytic denitrogenation of hydrocarbons through partial oxidation in supercritical water[J]. Fuel 2006, 85(3) :367 ~ 373.

[93] Yuan P, Cheng Z, Jiang W, et al. Catalytic desulfurization of residual oil through partial oxidation in supercritical water[J]. J. Supercrit. Fluid. 2005, 35(1) :70 ~ 75.

[94] Adschiri T, Shibata R, Sato T, et al. Catalytic hydrodesulfurization of dibenzothiophene through partial oxidation and a water-gas shift reaction in supercritical water[J]. Ind. Eng. Chem. Res. 1998, 37(7) :2634 ~ 2638.

[95] Elliott D C. Catalytic hydrothermal gasification of biomass[J]. Biofuels Bioprod Biorefin. 2008, 2 : 254 ~ 265.

[96] Peterson A A, Vogel F, Lachance R P, et al. Thermochemical biofuel production in hydrothermal media : a review of sub-and supercritical water technologies[J]. Energy Environ Sci. 2008, 1 : 32 ~ 65.

[97] Osada M, Hiyoshi N, Sato O, et al. Effect of sulfur on catalytic gasification of lignin in supercritical water[J]. Energy Fuels. 2012, 21 : 1400 ~ 1405.

[98] Stucki S, Vogel F, Ludwig C, et al. Catalytic gasification of algae in supercritical water for biofuel production and carbon capture[J]. Energy Environ Sci. 2009, 2 : 535 ~ 541.

[99] Elliott D C, Hart T R, Neuenschwander G G. Chemical processing in high-pressure aqueous environments. 8. Improved catalysts for hydrothermal gasification [J]. Ind. Eng. Chem. Res. 2006, 45 : 3776 ~ 3781.

[100] Waldner M H, Krumeich F, Vogel F. Synthetic natural gas by hydrothermal gasification of biomass : selection procedure towards a stable catalyst and its sodium sulfate tolerance [J]. J. Supercrit. Fluids. 2007, 43 : 91 ~ 105.

[101] Ravenelle R M, Copeland J R, Kim W G, et al. Structural changes of γ-Al_2O_3-supported catalysts in hot liquid water[J]. ACS Catal. 2011, 1 : 552 ~ 561.

[102] Ravenelle R, Copeland J, Van Pelt A[J]. Stability of Pt/γ-Al_2O_3 catalysts in model biomass solutions[J]. Top Catal. 2012, 55 : 162 ~ 174.

6 亚/超临界水中有机化学反应及催化剂合成

6.1 有机化学反应

有机化学反应通常指对有机物的化学合成、转化等相关反应，即涉及有机化合物的化学反应，是有机合成的基础。几种基本反应类型为：加成反应、消除反应、取代反应、周环反应、重排反应和氧化还原反应。在有机合成当中，有机反应被广泛地应用于各种人造分子的合成中，比如工业原料、塑料、石油加工等等。在工业过程中，许多有机化学过程通常在有机溶剂中进行，而亚/超临界水作为一种绿色溶剂，在有机化学合成方面运用广泛。目前，在超临界水化学合成方面，最重要的几个有机反应是加氢/脱氢反应、C—C 键加成（烷基化等）、脱水/加水及水解反应[1]。

6.1.1 脱氢/加氢

脱氢过程最主要的方向之一为烷烃类脱氢制烯烃的过程。烷烃催化制烯烃是石油化工领域的重要研究方向，是石油化工的重要技术之一。研究表明，工业运用的催化剂水平如 C2（乙烯和乙烷）单程收率在 25% ~ 65% 左右。但通常催化脱氢反应条件苛刻，能耗高。

目前，催化脱氢最典型的工艺为 Catofin 工艺[2]，通常采用 Cr_2O_3/Al_2O_3 催化剂。如用该工艺对丙烷进行脱氢，通常在高于 550℃ 进行，压力（3 ~ 5）× 10^4 Pa，单程转化率 48% ~ 65%，反应时间为 15 ~ 30min。该工艺的缺点是铬系催化剂稳定性差，具有毒性。

Oleflex 催化脱氢工艺[3] 是目前较为先进的工艺，采用贵金属 Pt 作催化剂，因此更具热稳定性。但为了防止催化剂失活，丙烷在临氢条件下脱氢，反应时间为 7h 左右，目前转化率为 40% 左右。Pt 为贵金属，为降低成本，目前有研究报道利用锡金属与贵金属 Pt 复合，形成合金态催化剂。研究还表明，氧化态的锡对活性组分 Pt 可起积极作用。

脱氢催化还包括利用膜反应器随时分离出氢气，可以提高催化平衡，提高丙烯得率。如，采用致密膜如 Pd 膜和 Pd-Ag（Ni、Cu、Rh）等合金膜，对丙烷在膜反应器上的脱氢反应。如在膜反应器上利用 $Pt/K/Sn/Al_2O_3$ 催化剂对丙烷进行脱氢反应研究，丙烷在膜反应器上的转化率为 52%，丙烯选择性为 93%，是固定床的 6 倍[4]。

利用贵金属系双功能催化剂如 Pt、Pd 等，能提高脱氢的活性。过渡金属如 Ga、Zn 负载在沸石分子筛的催化剂上，对催化脱氢具有较高的活性和选择性。最新的研究表明，过渡金属氮化物、碳化物和碳氧化物是一类新型的催化材料，在加氢脱氮、加氢脱硫、烷烃异构以及许多其他的烃类转化中具有优越的催化性能，具有高的催化脱氢能力。这类新型催化材料主要为 VIB 元素，典型的金属氮化物、碳化物包括 $C\text{-}Mo_2N$、$B\text{-}Mo_2C$、WC 和 WC_{1-x} 等[5]。

另外，对苯系物质乙苯催化脱氢制苯烯类是研究的难点，也是重要方向。工业通过制取苯烯类，为化工制聚合物提供原料。目前，工业上为生产苯乙烯单体的传统工艺路线，世界上 90% 的苯乙烯单体采用乙苯脱氢法制得[6]。

利用亚/超临界水良好的溶剂及传质性，脱氢反应能在超临界水体中高效实现。如，在催化剂如 PtO_2、$Ru_3(CO)_{12}$、$Co(OAc)_2$、$IrCl_4$ 及 $Pt(PPh_3)_2Cl_2$ 等作用下，在亚/超临界水体中醇类能产生脱氢作用。另外，部分过渡金属同样具有催化作用。一般脱水路径存在两条平行途径，一条途径为环己基脱水后转变为构成芳香环类化合物；另外一条途径为醇类被氧化作用，转化为相应的酮类。典型路径如图 6-1 所示[7]。

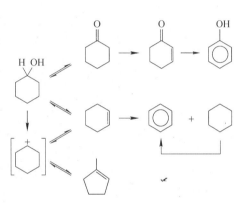

图 6-1 醇脱氢反应的典型路径

在超临界脱氢过程中，pH 值对催化过程的产物形成作用影响显著。Crittendon 等人[7]研究了环己烷等在超临界水条件下的催化脱氢反应。在温度为 375℃ 及停留时间为 20min 时，同样在有催化剂 PtO_2 的作用下，添加不同的酸、碱性物质对产物产率将产生显著影响。

可知，在 PtO_2 的催化作用下，环己醇、环己烯、环己烷等在超临界水体中均发生了脱氢反应（见表 6-1），生成的主要产物为苯。另外，催化过程同时也发生了甲基化反应，即对芳香环进行了加甲基反应。在添加 HCl 的酸性条件下，反应过程几乎停止了最终的芳香化反应；而在添加 NH_4OH 时，虽然最终的芳香化反应受到了抑制，但反应依然进行。在添加 NH_4OH 时，使得最终生成的主要产物发生了改变，如在环己醇脱氢过程中，最终的生成产物以环己酮为主。反应过程也生成了少量的苯酚，其成为环己酮继续脱氢后的产物。

表 6-1 超临界水中 PtO$_2$ 催化脱氢环己醇、环己烯、环己烷生成主要产物产率

催化剂	产物 rel%							
	⬡	⬡(benzene)	⬡(cyclohexene)	H OH (环己醇)	O (环己酮)	⬠(cyclopentene)	OH (苯酚)	NH$_2$ (苯胺)
环己醇脱氢反应								
PtO$_2$	25	44	9	6	11	5		
PtO$_2$ + HCl	76	<1	<1	9	9			
PtO$_2$ + NH$_4$OH		11	2	26	56	3	2	6
环己烯脱氢反应								
PtO$_2$	8	54	38					
PtO$_2$ + HCl	92			5				
PtO$_2$ + NH$_4$OH	40	39	19	2				3
环己烷脱氢反应								
PtO$_2$	27	73						

因此，控制最终产物的最重要手段为改变催化剂对产物的选择性。对 pH 值的调控，也能有效控制最终产物的生成。

加氢是重要的煤化工、石油化工过程。如煤化工过程的德国原 IG 工艺（直接液化工艺）改进开发的 IGOR 工艺（加氢精制一体化联合工艺）；原美国 H-coalEDS 工艺（供氢溶剂直接液化工艺）改进后开发的 NEDOL 工艺（加入铁系催化，重油加氢裂化工艺）和 CTSL 工艺（两段液化工艺）改进后的 HTI 工艺（煤液化催化工艺）；经日本对 EDS 工艺改进后开发的 NEDOL 工艺（加入铁系催化，重油加氢裂化工艺）。石油化工加氢涉及催化（焦化）汽油选择性加氢、柴油深度加氢脱硫、生产清洁柴油加氢等，典型工艺如美国催化蒸馏技术公司开发了 CDHydro/CDHDS 工艺、美国 Mo-bil 公司开发了 Octgain 工艺、美国 Exxon 公司和 AKZO 公司联合开发了 SCANfing 工艺、法国 IFP 开发了 Prime-G 工艺、委内瑞拉国家石油公司（PDVSA）研究开发公司（Intevep）和美国 UOP 公司联合开发了 ISAL 工艺等。

在亚/超临界水体系中，加氢反应也是超临界水体系下的另外一个重要反应，且随着生物油升级的日趋重要，也使得研究得到了越来越多的重视。最初，超临界水中的加氢反应是为了实现有效的脱硫反应。如 Adschiri 等人[8]研究了硫茚（Dibenzothiophene）在超临界水体系下的催化脱硫过程。在有催化剂 NiMo/Al$_2$O$_3$ 的作用下，硫茚在超临界水体中，存在氢的情况下，能实现有效脱硫。另外，附加反应为苯环上加氢反应。反应过程中，生成的主要产物为联苯及环己基苯。环己基苯主要为联苯加氢生成的主要产物，且过程具有一定的可逆性。而 S 在加氢脱硫后的主要生产物为 H$_2$S 产物。

研究还分析利用了在超临界水体系下，利用水气置换反应制得氢气，而后利用反应生成的氢气，加氢脱硫的方法。研究首先分析了在 CO-SCW 体系下，研究分析了硫芴的脱硫过程。由于 CO 在超临界水中，能在催化剂 $NiMo/Al_2O_3$ 的作用下快速反应生成氢气。而氢气又在催化剂 $NiMo/Al_2O_3$ 的作用下，对硫芴进行脱硫反应。结果表明，在该系统下，硫芴的脱硫效率与速率，要高于直接加氢脱硫的效率与速率。

在 HCOOH-SCW 系统下也能实现硫芴的高效快速加氢脱硫作用。原理主要是 HCOOH 在超临界水体中，将发生反应：

$$HCOOH \longrightarrow H_2 + CO_2 \tag{6-1}$$

由于 HCOOH 的供氢作用，使得产生的氢气会进一步与硫芴反应，使得其进一步脱硫。并且，与直接加氢相似，过程的效率与速率，要高于直接加氢脱硫的效率与速率。

由于 CO-SCW 体系及 HCOOH-SCW 系统不需要像 H_2-SCW 体系添加较贵的氢气，并且效率又高于 H_2-SCW 体系，因此，更具有工业运用的潜力。对于 CO-SCW 体系及 HCOOH-SCW 系统效率高于直接加氢的 H_2-SCW 体系，Adschiri 等分析主要原因是水气置换反应在催化脱硫过程中产生了作用，可能是水气置换反应使得过程的效率更高。

为进一步说明问题，Adschiri 等分析了 H_2-SCW 体系与 CO_2-H_2-SCW 体系的脱硫效果的对比，结果如图 6-2 所示。

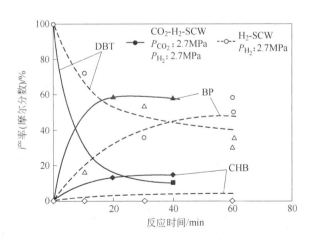

图 6-2　H_2-SCW 体系下脱硫与 CO_2-H_2-SCW 体系的对脱硫的对比[8]

（DBT—二苯并噻吩；BP—联苯；CHB—环己基苯）

显然，在 CO_2 体系中，在相同 H_2 存在的条件下，CO_2-H_2-SCW 体系的脱硫效率及速率明显高于 H_2-SCW 体系。尽管 Adschiri 等分析认为，可能是水气置换反应对催化过程的活性的促进作用，但事实上，最新的一些结果表明，催化过程应该是 CO_2 的酸性作用，提高了催化加氢的效率。

研究表明，路易斯酸对加氢效率有显著的催化与提高作用。其中，Liu 等人[9]分析总结发现，在添加了路易斯酸如 $AlCl_3$、$lnCl_3$、$ZnCl_2$、$SnCl_2$ 等的作用下，在使用 Pd 金属催化的条件下，苯酚加氢的效率几乎达到了 100%。其效率与效果在酸性条件下，明显高于常规的直接催化的金属 Pd 催化。分析还发现，如果使用酸性气体如 CO_2 作为反应的溶剂时，在 CO_2 的溶剂体系下，催化效果与效率也明显被增强。当然，如催化脱氢相似，酸的引入也使得其最终产物选择性发生了改变，如苯酚加氢最终产物多，其中主要为环己酮，效应如图 6-3 所示[9]。

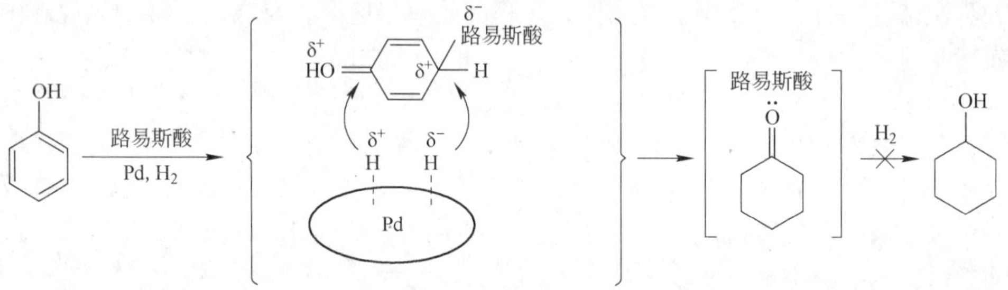

图 6-3　路易斯酸对加氢的催化作用与最终产物的选择性作用

当然，并非在所有体系中，CO_2 的酸性作用均能促进催化加氢的效率与效果。CO_2 的酸性作用还与使用的催化剂相关，与反应体系相关。如 Fujita 等人研究分析了在超临界水体系下，在使用 Rh 催化剂时，CO_2 的存在反而对苯酚的加氢发生了抑制作用。

在研究中，Fujita 等人[10]使用的催化剂为贵金属 Rh，分别负载在活性炭及三氧化二铝上，即 Rh/C 及 Rh/Al_2O_3。增加 CO_2 的量对催化结果的影响主要为对环己酮的生成产生影响，原因为 CO_2 的使用使其阻碍了环己酮向环己醇的转化。且增加 CO_2 的量，使得反应增加生产了 CO，而贵金属 Rh 对 CO 具有强选择吸附性，使得 CO 被吸附到了催化剂的表面，从而使 Rh 无法将苯酚与氢气吸附，发生催化反应。因此，CO_2 的添加，不仅没有加速催化剂反应，反而抑制了催化的进行，阻碍了催化反应。

目前使用亚/超临界水催化加氢得到了广泛的运用与关注。如第 5 章所述，在亚/超临界水中，利用催化加氢，可显著提高液化藻类油的品质。加氢使得油中的芳香族物质、含氧量减少，提高了油中 H/C 比值，即提高了生成油中烷烃类的比重，从而使得生物油的品质得到了显著的提高。因此，亚/超临界水催化加氢是对生物油升级的一种有效手段，亚/超临界水能为加氢发生提供良好的溶剂作用。

使用亚/超临界水催化加氢还可以用于煤焦油及石油提炼后的废焦油升级。在亚/超临界水体中，水不仅具有良好的传质溶解作用，还能发挥裂解效应，因此，将能明显提高油的品质。因此，亚/超临界水催化加氢将能成为油升级的重要手段与方式。

6.1.2　C—C 键加成

在 C—C 加成中，最重要的反应为烷基化反应。由于炼油工业清洁燃料的日趋重要，也使得烷基化油在清洁汽油中的比重越来越多。仅 2002 年，全世界烷基化产量为 82.12Mt/a，其中美国 50.31Mt/a。

甲烷化的典型反应为甲醇与甲苯的选择性加成反应。生成物对二甲苯是重要的化工中间体，是聚酯纤维、农药、染料、医药及溶剂等的重要产品。典型工艺如 GCT 技术公司以高硅分子筛为催化剂，采用固定床的 GT-TolAlk 工艺；Mobil Oil 公司采用经磷氧化物改性和蒸汽处理 ZSM-5 分子筛催化剂的烷基化工艺；Ghosh A K 公司采用磷改性 ZSM-5 分子筛制备了烷基化催化剂的催化工艺[11]。

亚/超临界水能用于 C—C 键的加成反应，如 Friedel-Crafts 甲烷化反应能在亚/超临界水体中无催化剂使用的条件下有效实现。在过程中，由于超临界水的溶剂效应，加速了反应速率，使得通常需要使用路易斯酸如 $AlCl_3$、BF_3 或者强酸如 H_2SO_4，HF 及 H_3PO_4 才能实现的反应得以实现。

1997 年，Chandler 等人[12] 系统地分析了在亚/超临界水中典型物质的烷基化反应。如苯酚与叔丁醇（tert-butyl alcohol）的烷基化反应，其反应原理如图 6-4 所示[12]。

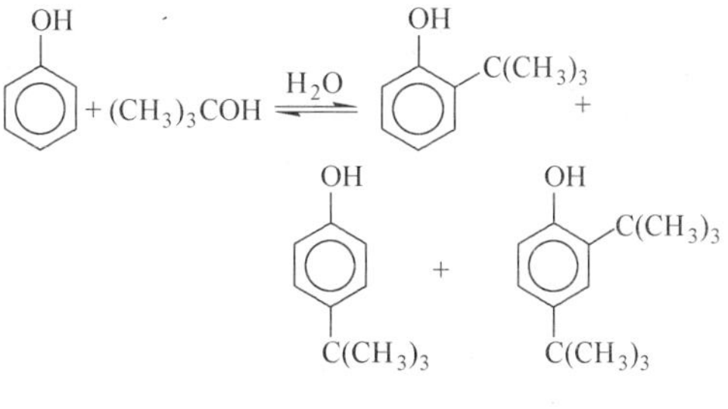

在温度 275℃ 时，该反应为可逆反应。在反应生成物中，最主要的生成物为二叔基苯酚（2-tert-butyl-phenol）。在没有催化剂的条件下，甲烷化反应依然是个困难的反应，

图 6-4　苯酚与叔丁醇（tert-butyl alcohol）的烷基化反应机理

通常反应在 60h 时才能促进进入平衡状态，并且，苯酚的转化率仅为 30% 左右。将时间延长到 100h 左右，反应的转化率也仅仅只有 35% 左右。

Sears 等人[13] 曾经报道过在非亚/超临界水中酸催化苯酚与叔丁醇甲烷化反应，其主要生成物与在超临界水中非催化过程的主要产物相似。在 1h 时，温度为 60℃，苯酚的转化率约 50%，但过程中，强酸 $HClO_4$ 的使用量为苯酚摩尔量的 4 倍。

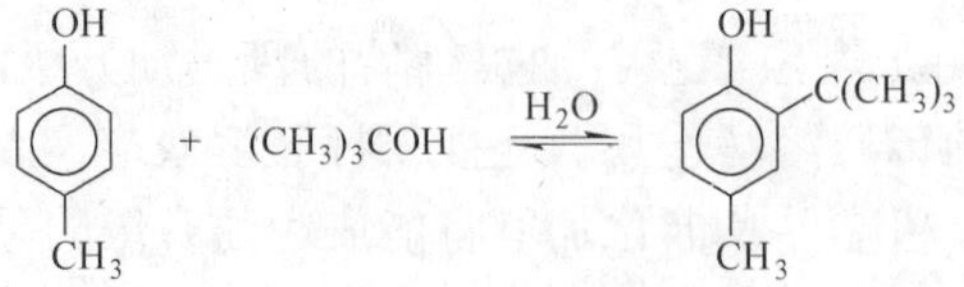

图 6-5　甲基苯酚与叔丁醇的烷基化反应机理

甲基苯酚与叔丁醇甲烷化反应相对效率更高，且生成物较为单一，反应原理如图 6-5 所示[12]。

反应生成的最主要产物是 2-叔基-4-甲基苯酚（2-tert-butyl-4-methylphenol）。在反应时间为 24h 时，2-叔基-4-甲基苯酚的生产率约 20% 左右。主要原因是由于存在甲基的缘故，影响了甲烷化反应，为使得分子架构甲基平衡，使得甲烷化反应易于对称加成，因此，主要产物为 2-叔基-4-甲基苯酚。

当然，能与苯酚发生甲烷化反应的醇类不只是叔丁醇。丙醇及异丙醇均能与苯酚发生甲烷化反应。在苯酚与异丙醇甲烷化的过程中，除生成主要产物 2-异丙基苯酚（2-isopropylphenol）外，还将生成主要产物 2,6-异丙基苯酚（2,6-diisopropylphenol），即实现两个异丙醇被反应甲烷化在苯酚的两侧。通常，2-异丙基苯酚 120h 的生成率为 25% 左右，而 2,6-异丙基苯酚的生成率约 12% 左右。与丙醇甲烷化反应的主要产物是 2-异丙基苯酚（2-isopropylphenol），但该甲烷化反应的效率非常低，在 144h 反应后，产物的生成率也少于 5%。

C—C 键加成的酰基化反应也能在超临界水中实现。如 benzoylbenzoic acid 在亚临界水中能发生自酰基反应，其原理如图 6-6 所示。

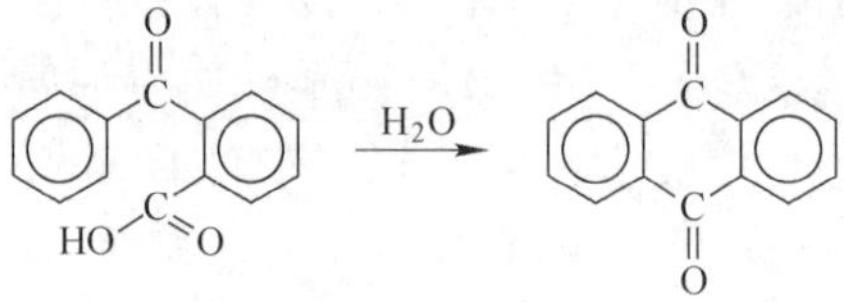

但酰基化反应通常在酸存在的条件下进行，24h 的生成率仅为 5% 左右。

图 6-6　苯甲酰苯甲酸（benzoylbenzoic acid）的酰基化反应机理

即使是在 C—C 键加成的过程中，水密度对过程的影响依然显著。当反应器中的水从 0.5mL 增加到 2mL 时，甲基苯酚与叔丁醇在 24h，275℃ 的条件下，苯酚的转化率从 18% 增加到 42% 左右。在该温度下，可能原因为在低温条件下，低水密度时水为气体与液体的混合状态，而当水密度升高时，水为单一的液态。在高水密度时，反应在液体中进行，使得反应在单一状态下进行，因此效率较高。而在低水密度时，由于水存在气态及液态，使得传质存在障碍，减缓了反应的速率。

其他解释可能为由于水密度的增加使得对有机物的溶解能力增加，因此，在高水密度时，更有利于反应的进行。其他因素还可能是水密度的增加，使得反应体系中电离出更多的 H^+，因此，加速了催化效率，也使得过程反应加速，因此，更高效地加快了甲烷化反应。

催化剂如 $PdCl_2$，Pd（OAC）$_2$，Pd（acac）$_2$，Pd（dba）$_2$，30% Pd/C 及

（PPh$_3$）$_2$PdCl$_2$ 能显著加速 C-C 键的加成反应。最初的研究发现，Pd（OAC）$_2$ 能促进卤化苯与烯类化合物的加成反应，其原理如图 6-7 所示[14]。

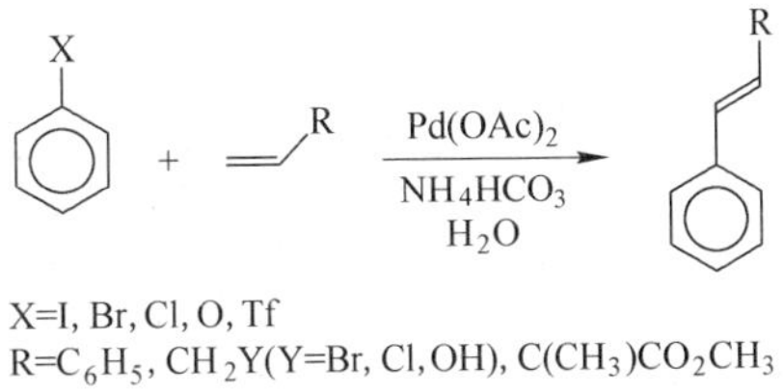

X=I, Br, Cl, O, Tf

R=C$_6$H$_5$, CH$_2$Y(Y=Br, Cl, OH), C(CH$_3$)CO$_2$CH$_3$

图 6-7　卤化苯与烯类化合物的加成反应原理

其他催化过程还包括 PdCl$_2$ 催化苯乙烯的相关反应过程，如图 6-8 所示[14]。

催化反应的温度为 260℃，反应时间仅为 20～40min，催化的效率可达到 58%。相对苯酚的非催化甲烷化反应来看，效率高出了 2 个数量级，也使得 C-C 键加成在超临界水中能得以快速、高效实现。

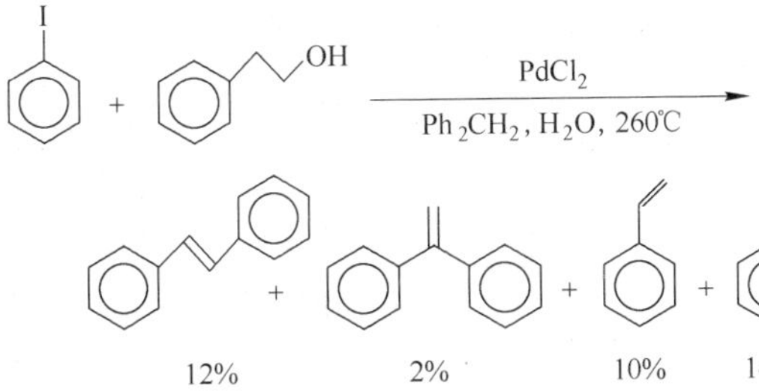

图 6-8　PdCl$_2$ 催化苯乙烯反应

Reardon 及其合作者们[15]在亚/超临界水中对 Pd 化合物的催化做了诸多工作。通常，这类过程被归纳为 Heck 芳香化反应。对催化剂的工作原理，研究归纳的催化循环过程如图 6-9 所示，催化的循环过程主要是以钯为核心的吸附、促

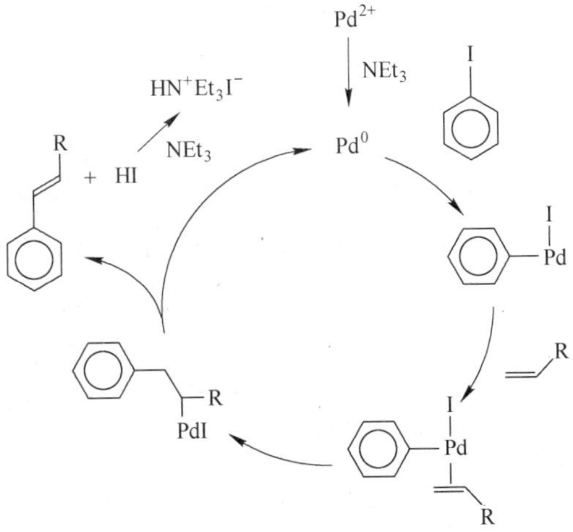

图 6-9　Heck 芳香化反应催化机理[15]

进苯与烯类的加成过程。

在亚/超临界水体系下的催化原理,与在传统溶剂中的催化原理相似。但反应对烯类的原子结构特征更敏锐。并且,由于催化剂的存在,醇类在反应中将快速地发生脱水反应,产生的烯类可实现高效的烷基化反应。

另外,Diels-Alder 环化反应也能在亚/超临界水中实现。如二烯类化合物在亚/超临界水中能实现环化反应,合成环烃类化合物。其他反应如 Aldol 聚合反应也能在高温高压的水中实现,典型反应如 2,5-己二酮(2,5-Hexanedione)在碱 NaOH 的催化作用下,将生成聚合生成大分子结构的化合物 3-甲基-2-环戊烯-1-酮(3-methylcyclopent-2-enone),其聚合率在 81% 以上。

6.1.3 脱水/加水

脱水反应通常是指醇类脱水之后制得烯类的反应过程。最早对脱水的研究为乙醇脱水,即通过乙醇的脱水反应,生产乙烯的化学过程,其最早可追溯到 1797 年,目前乙醇脱水制乙烯已经工业化生产。并且,在 1945 以前,乙烯的最重要来源之一即为乙醇脱水。但随着石油化工技术的发展,特别是石油裂解技术的发展,也使得乙醇脱水制乙烯的运用受到了限制。但由于石油为不可再生能源,随着绿色化工的需要及世界可再生技术的要求,脱水制乙烯的需要也再次受到世界范围的广泛重视,并开展了相应研究。

乙醇的脱水反应,通常是通过氧化型催化剂来实现的,最早使用的催化剂为 SiO_2 及 Al_2O_3,远在 1797 年,便运用乙醇进行脱水,实现了乙醇在高温下的催化制乙烯的反应[16]。能有效催化脱水的催化剂品种繁多,广泛涉及如白土、活性氧化铝、氧化硅、氧化钛、氧化锆、磷酸钙、分子筛、铝酸锌、Al_2O_3-SiO_2、Al_2O_3-Cr_2O_3、Al_2O_3-MgO 等等。另外,贵金属催化剂也有用于催化脱水反应的。目前,活性氧化铝是最基本的也是最常用的脱水催化剂。另外,分子筛催化剂也被广泛用于催化脱水反应中,如 A 型分子筛,Y 型和 ZSM-5 型分子筛。

在亚/超临界水中,Xu 等人[17]分析了叔丁醇(tert-Butyl alcohol)的催化脱水过程、机理及动力学。在温度 225~320℃ 间,由于亚临界水本身呈现酸性,因此,对反应过程具有催化作用。研究表明,尽管如 H_2SO_4 等的添加能有效进行催化反应,即使未添加酸,反应同样能实现叔丁醇的有效脱水,其机理如图 6-10 所示[17]。

部分研究还报道了环己醇等的催化脱水过程[7]。固体酸在过程中存在有效的催化作用,NH_4OH 也是过程中的有效催化剂,能加快脱水的过程,但系统研究依然有待深入。

由于脱水过程为可逆的化学反应过程,因此,在亚临界水中,既存在乙醇的脱水过程,也存在烯烃类的加水过程。如 Crittendon and Parsons 发现[7],在超临

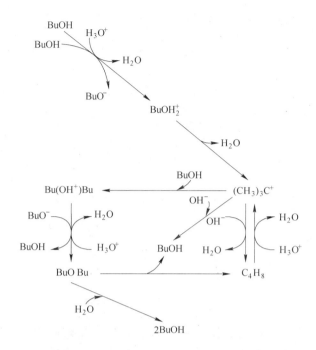

图6-10 叔丁醇在亚临界水中脱水反应机理

界脱氢过程中，环己烷等在催化剂 PtO_2 的作用下进行脱氢反应的同时，主要产物为环己醇、环己烯、环己烷等，而环己醇主要是由于加水反应生成的。

An 等人[18]在研究过程中发现，石蜡在250℃亚临界水中进行无催化剂的脱水反应，在反应过程中，石蜡不仅将有效脱水生成烯烃类，同时，这些烯烃将会与水发生反应，生成酮类及部分醇类。因此，加水与脱水过程为可逆反应，在低温时，将更有利于加水反应的进行。

6.1.4 水解

部分有机物易在亚/超临界水中发生水解反应，其中酯类、含氮化合物等最为显著，如羧酸酯类、呋喃类、酰胺类在亚/超临界水中能有效发生水解，机理如式（6-2）所示[19]。对于乙酸乙酯，发生水解反应后主要生成乙酸及乙醇，在350℃以上，还将生成部分气体如乙烯、CO 及 CO_2 等。乙酸乙酯的水解过程非常迅速，在150s 左右，水解几乎完全完成。不同官能团对脂类的水解影响显著，对于乙酸甲酯类，水解率88%左右，乙酸乙酯水解率98%左右，而丁酯类，水解率60%左右，苯基酸酯类的水解率仅有44%左右。

$$CH_3COOR + H_2O \longrightarrow CH_3COOH + ROH \tag{6-2}$$

聚合酯类同样在水中也将发生水解反应。如聚合二醋酸四氢呋喃（tetrahydrofuran diacetate）在 350 ~ 400℃将完成水解，生成部分环烃类及烯烃类，机理如图 6-11 所示[20]。

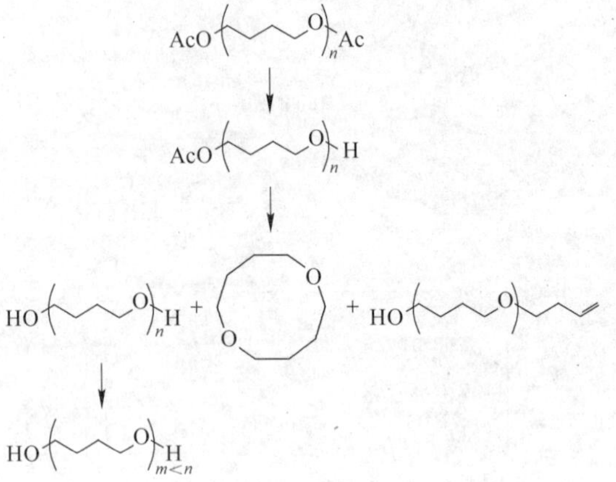

图 6-11   聚合二醋酸四氢呋喃水解机理

丙酮氰醇为典型含氮化合物，在亚/超临界水中水解主要生成丙酮，氢氰酸，甲酰胺，甲酸等。氮类有机物在亚/超临界水的反应过程中，不仅存在水解反应，部分含氮化合物还同时存在脱水反应，因此，过程为可逆式反应。如腈类在超临界水中的反应如式（6-3）和式（6-4）所示[21]：

$$RCN + H_2O \underset{k_{-1}}{\overset{k_1}{\rightleftharpoons}} RCONH_2 \tag{6-3}$$

$$RCONH_2 + H_2O \underset{k_{-2}}{\overset{k_2}{\rightleftharpoons}} RCOO—NH^{4+} \tag{6-4}$$

在 300 ~ 450℃及 23 ~ 32MPa，10 ~ 250s 停留时间，对乙酰胺及苯甲酰胺的拟合活化能分别为 47kJ/mol 及 111kJ/mol。其拟合参数如表 6-2 所示。

表 6-2   超临界水中乙酰胺及苯甲酰胺 400℃及 25MPa 水解反应速率常数

速率常数	乙酰胺	苯甲酰胺	速率常数	乙酰胺	苯甲酰胺
k_1	4.5×10^{-3}	4.9×10^{-3}	k_2	1.3×10^{-2}	6.8×10^{-3}
k_{-1}	6.0×10^{-3}	≈ 0	k_{-2}	1.0×10^{-8}	≈ 0

Oka 等人[22]深入分析了水解的机理，并以 2-苯丙酸甲酯（methyl 2-phenyl-propionate）为模型化合物，探讨了酯类物质在亚/超临界水中酸催化的可能机理。研究构建了反应的动力学模型，主要假设的化学过程如图 6-12 所示，反应动力学途径如图 6-13 所示。利用动力学模型，在分析反应过程中，水密度、性质等对水解反应的影响，从而用于确定整个反应过程中，是否存在亚/超临界水酸的催化作用。

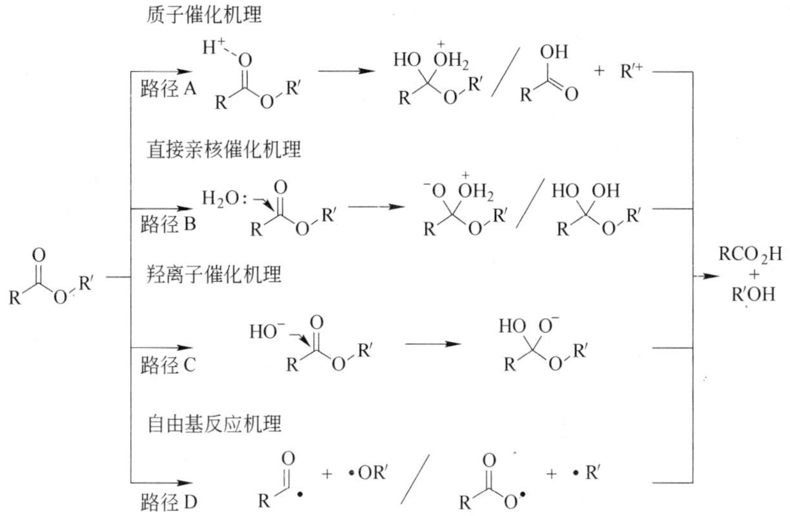

图 6-12　脂水解的亚/超临界水催化可能机理[22]

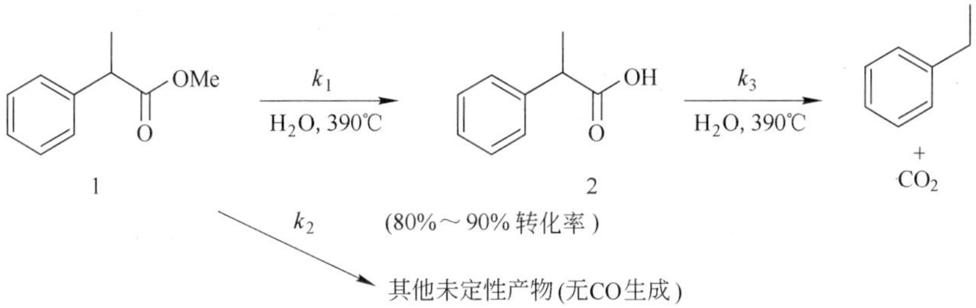

图 6-13　2-苯丙酸甲酯水解的亚/超临界水动力学反应途径

根据过程的反应动力学的途径，建立动力学方程如下，拟合动力学参数如表6-3 所示。

$$\frac{d[1]}{dt} = -(k_1 + k_2)[1]$$

$$\frac{d[2]}{dt} = -k_1[1] - k_3[2]$$

表 6-3　2-苯丙酸甲酯水解超临界水解反应速率常数

序　号	p/MPa	ρ/g·cm^{-3}	$k_1 + k_2$	k_1	k_2	$k_3^{①}$	$k_1'^{②}$
1	25. 7	0. 260	2. 23	0. 58	1. 65	3. 77	56. 7
2	26. 7	0. 344	2. 94	1. 21	1. 73	2. 32	12. 6

续表6-3

序　号	p/MPa	$\rho/g \cdot cm^{-3}$	$k_1 + k_2$	k_1	k_2	$k_3^{①}$	$k_1'^{②}$
3	28.3	0.427	4.34	2.53	1.80	2.28	4.68
4	33.0	0.510	6.99	6.61	0.39	2.57	2.95
5	41.1	0.568	11.0	10.3	0.71	2.47	1.95
6	28.3	0.427	3.57	1.78	1.79	2.28	—
7	28.3	0.427	3.91	2.12	1.79	2.28	—

① $k_{1\sim3} \times 10^{-3}$；

② $\times 10^{-4}$。

从机理分析来看，由于水解速度随水的介电常数的增加而线性减小，因此，存在显著的亚临界水酸催化效率，可知，反应机理吻合酸离子催化，同时，由于反应过程中将产生部分酸类，因此，也存在自催化效应。可知，在反应的初始阶段水电离的氢离子起主要的催化作用，而随着反应的进行，溶液中反应酸的浓度也会升高，使得自质子催化效应显著。

氮元素的最终产物，总结来看，氮在水中的水解过程中，易生成氨氮。Krammer 等分析丙酮氰醇的水解过程途径，如图6-14 所示[19]。

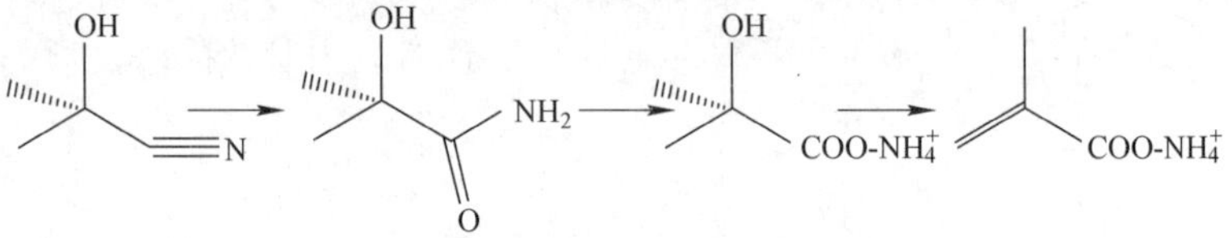

图6-14　丙酮氰醇水解化学途径

氮化物在水解的过程中，氮参与加氢反应，被转化为氨氮化合物。这与超临界水氧化过程的氮转化途径存在差异。但在超临界水气化过程中，N 的转化相似，在无氧的条件下，被逐步转化为氨氮类，进一步转化为 N_2 的较为困难，可知，主要为水解过程主导，以氨氮形式稳定存在。

水解反应已用于合成化工原料，如己内酰胺是生产尼龙的重要原料，可通过水解的方式获得。在亚/超临界水中，可有效合成己内酰胺。Ikushima 等人[23]在超临界水中，无催化剂的条件下，利用环己酮肟（cyclohexanone oxime）在超临界水中，高效获得了 E-己内酰胺。该法与传统的己内酰胺合成方法不同，不需要硫酸氨，低污染，为己内酰胺的生产提供新型途径。该项技术与传统技术相比，效率更高，在 40MPa 的超临界水里，环己酮肟转化得到 E-己内酰胺的反应时间仅为 1s，且选择性和转化率都几乎达到 100%[24]。因此，亚/超临界水解具有良好的工业运行前景。

6.1.5 解聚

在亚/超临界水中，解聚过程是一个复杂的物理、化学过程。一方面，亚/超临界水具有良好的溶解性，对聚合物具有溶解性；另外，在过程中，发生复杂的化学发生，包括水解等。与传统技术相比，亚/超临界水中解聚能有效回收聚合物单体，如在塑料回收中，可以废旧塑料为原料，回收烃类。另外，很多聚合物在亚/超临界水解聚，直接获得小分子单体。目前，该领域的研究较多，广泛涉及尼龙[25]、聚苯乙烯[26]、聚乙烯[27]等聚合物。在一定条件下，它们可以完全转化相应解聚单体，回收用于化工原料。

Smith 等人[25]研究了尼龙66 在近临界和超临界水中的解聚过程。在高温、高压水中，直观解聚反应如图6-15 所示。可见，尼龙66 在超临界水中将迅速被完全溶解，相比，红宝石矿物质能稳定存在于超临界水中。当解聚后，温度逐步降低，液体产物逐渐析出，并产生部分气体。分析可知，在超临界条件下，尼龙66 解聚生成部分单体类液体，并由于气化作用，产生少量气体，并有结焦。随压力、稳定性的升高，尼龙66 转化率将相应提高，在高温、高压下，尼龙66 最终分解，并由于水解的作用，还有部分水溶性产物如酮类、醇类的产生。

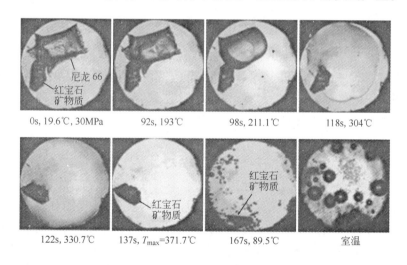

图 6-15　超临界水中尼龙66 的解聚过程[25]

Fang 等人分析了聚苯乙烯的超临界水解聚过程[28]。研究利用金刚石微型反应釜，结合原位红外光谱分析了聚苯乙烯在超临界水中的解聚过程，如图6-16 所示。在11.8% ~22.6%（质量分数）聚苯乙烯与水的混合体系中，聚苯乙烯在温度279.8 ~320.2℃间逐步溶解。当温度在409.3 ~452.5℃时，溶解为液体球状。而当温度增加到496.1℃时，变为黄状液体，并在570.3℃时，达到最高值

91.5%。分析液体产物结果表明，液体主要为苯乙烯。因此，温度在400℃，以溶解反应为主，当温度在400～450℃时，将发生复杂的解聚化学反应。

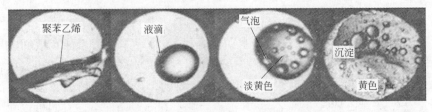

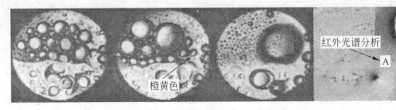

图6-16　超临界水中聚苯乙烯解聚过程[28]

Suzuki 等人[29]研究了酚醛树脂聚合物在亚/超临界水中的解聚过程与反应。发现在温度523～703K，酚醛树脂聚合物被解聚，其中主要分解物为单体，如苯酚、苯甲酚、p-异丙基苯酚等。不同的酚醛树脂聚合物的形态产率存在差异，在703K，半小时的反应时间可达到最大产物得率78%。主要反应的路径如图6-17所示[29]。当然，催化剂能有效加快反应的进程。如在解聚反应过程中，加入催化剂 Na_2CO_3，不仅能有效加快解聚反应的进行，并且能提高解聚的得率，结构表明，催化过程得到单体的产率超过90%。

除加入催化剂能加快解聚反应外，通过部分氧化手段，也能有效提高解聚的效率，并有效减少结焦。如 Watanabe 等人[27]研究分析了部分氧化技术在超临界水中降解聚乙烯的过程。在加入氧气的条件下，在超临界水中，聚乙烯能被快速降解。其主要产物包括正烯烃、正烷烃等，另外，氧气的加入也使得产物中存在 CO 和 CO_2 等气体。如第4章中部分氧化技术中的研究结果所示，少量的氧气加入，反应过程中，依然为水解及气化过程显著。同时，因为氧化反应为高效、快速的反应过程，氧气的加入，加快了水解的过程。之后，随着氧气逐渐被消耗，氧化过程将停止，发生部分水解气化作用。因此，部分氧化能促进解聚过程。

相似，Lilac 等人[26]也在超临界水中运用部分氧化技术，进行了降解聚苯乙烯的研究。结果表明，主要产物为苯乙烯、苯乙烯的低聚物和苯、甲苯、二甲苯

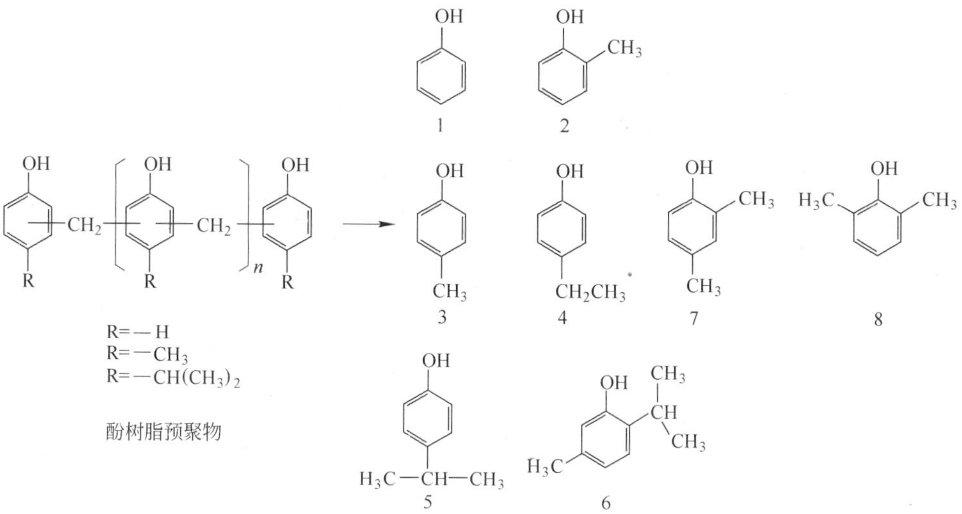

图 6-17 超临界水中酚醛树脂聚合物路径机理

等一些的碳氢化合物,并有少量的气体。在温度 382℃、压力 24MPa 的超临界水中,研究通过控制聚合物与氧气的比率,用于控制苯乙烯的选择性,从而使得苯乙烯的选择性最高可达 71%,但部分氧化过程中甲苯、二甲苯等的选择性较低。

解聚过程为复杂的物理化学过程,不仅与反应体系相关,也与反应物本身的特性相关。如一些缩聚聚合物在近临界水中就可以完全溶解,但部分物质解聚相对困难。其主要原因为解聚过程存在水解与溶解两个过程,不同物质的稳定性及溶解性不同,也使得过程存在差异。

橡胶是相对稳定、难解聚的物质。由于其本身为交叉的铰链态聚合物,使得其分子稳定,难于溶解。Park 等人[30]分析了橡胶在 300~450℃ 的亚/超临界水中的部分氧化降解过程。结果表明,在添加 1% 氧气氛围的亚/超临界水中,SBR 可被高效氧化分解,其主要产物为一系列低分子量的有机化合物,如苯、甲苯、乙苯、苯乙烯、苯酚、苯酮、苯甲酸、苯甲醛等,而气体产物主要为 CO、CO_2。

可知,聚合物在亚/超临界水中,结合催化及部分氧化等技术,能实现有效降解,并能资源化回收单体。在目前白色污染严重的形势下,亚/超临界水聚合物解聚为污染物的资源化利用提供了一条高效途径。

6.2 超临界水热合成

自 20 世纪 70 年代水热法制备超细粉体及纳米催化材料兴起后,很快受到世界各国科学家的重视。水热合成法是在特殊的密闭容器中,采用水溶液为反应介质,在高温高压的条件下,使难溶或不溶于水的物质溶解并发生晶化或转晶反应，进而生成目标产物，再经过分离和热处理得到所需制备的材料。水热合成法具有原料易得、制备的材料纯度高、分散性好、晶形大小可控和成本相对较低等优点，并在催化材料和纳米材料的制备中得到了广泛的应用。尽管水热法优势显著，也得到了广泛的应用，但其长的反应周期极大的延长了生产周期和生产成本，制约了水热法的应用范围。随着人们对超细无机纳米粒子在生物、微电子、信息和催化等领域具有巨大应用潜力的认识逐渐深入，开发新型高效的无机纳米材料制备技术成为当前各国科学家科研工作的重点之一。而水热法作为制备无机纳米材料和催化材料最常用的方法之一，其存在的问题也日益突出。因此通过研究开发相应的辅助技术（如声场、热场和力场等）来缩短水热合成的周期和降低生产成本成为当前无机纳米材料和催化材料制备研究的重要方向之一，目前大量的研究集中于诸如超临界水热合成，微波水热合成和等离子液体水热合成等新型的水热合成技术。

超临界水热法因其制备的材料具有分散性好、晶型大小可控、成本相对较低、原材料易得和合成时间大大缩短等优点受到了广泛的关注。尽管超临界水热合成法因高温高压导致了反应的能耗增加，但该过程制备的材料大多不需要经干燥和煅烧处理，因而总的制备过程和工艺相比于传统的水热合成法更简单高效，且能耗增加并不明显，而对一些需要高温煅烧处理的无机材料反而达到了节能的效果。基于超临界水热法的诸多优势和特点，它已逐渐成为纳米材料和催化材料制备研究的热点，并很有希望在未来得到大范围的应用和推广。

水的临界点为：$T_c = 374.2℃$，$P_c = 22.1 MPa$，当水的温度和压力高于或临近其临界温度和临界压力时，水的物理、化学性质发生了很大变化。超临界水热法制备纳米材料和催化材料的本质是以超临界水作为反应介质，通过改变相行为、扩散速率和溶剂化效应，将传统溶剂条件下的多相反应变为均相反应，进而增大扩散系数，降低传质与传热阻力，从而控制相分离过程，缩短反应时间，合成金属氧化物纳米材料或催化材料。在临界条件附近，水的相对介电常数很低，它具有极高的等温压缩性，它能与非极性物质完全互溶，而无机物在超临界水中几乎是不溶的。利用这一特性，在水的临界点附近，通过改变反应的温度和压力调节水的溶剂密度和介电常数，从而改变反应的速率及动态平衡，可以得到形貌、结构和尺寸可控的目标产物。超临界水的这些独特的性质为无机纳米材料和催化材料的制备提供了新的方向和思路。

在超临界水中，由于金属氧化物较低的溶解度和产物较高的成核率，从而有效地保证了产物纳米粒子的连续快速生成。超临界水热合成具有以下优势：工艺简单，操作易行；反应速率快，反应时间短，得到的产物纯净、结晶性好、均匀性好，几乎没有团聚现象；整个反应过程无有机溶剂的参与，环保无污染，是一种可持续性的绿色合成方法；适于合成一些常规方法难以合成的多元氧化物；所得产物不仅物相单一，而且形貌可控；产物的尺寸、结构和形貌可通过调节温度和压力简单地进行调控。而合成尺寸、结构和形貌均一可控的纳米材料和催化材料一直是材料制备科学的热点和难点。而实际过程中，这类尺寸、结构和形貌均一的材料在电子、特种材料和催化等领域却具有独特的优势和良好的应用前景。因此，开发与之相适应的新型制备技术是这类纳米材料和催化材料应用范围拓展的关键，而超临界水热合成为这一领域的发展提供了可能和契机。超临界水热合成过程通常可以分为水解和脱水两个步骤：

第一步： $M(NO_3)_x(aq) + xH_2O \longrightarrow M(OH)_x(s) + xHNO_3$

第二步： $M(OH)_x(s) \longrightarrow MO_{x/2}(s) + (x/2)H_2O$

在超临界水条件下，这两步反应是同步进行的，水热反应生成的氢氧化物随即在超临界水中脱水，反应速度快、金属氧化物的溶解度低，因此该过程成核率较高。在超临界水热反应中，水既是反应介质，又是反应物。超临界水热合成主要有两种制备形式，即间歇式反应和连续式反应。由 Hakuta 等研究的两种超临界水热合成工艺为 HTSSB 和 HTSSF 两个过程。HTSSB 工艺属于间歇式反应过程，该过程完成反应需要 1h。HTSSF 工艺属于连续性的反应过程，该过程完成反应只需要1min，生产速度快。两种工艺路线各具特色，间歇式反应工艺可以制备单一形貌的纳米材料，而连续式反应工艺可以制备具有多种形貌的晶体。但在应用前景上，连续式反应工艺因其具有连续性而有更好的应用潜力和更大的发展空间。

国外较早开始采用超临界水热法合成超细粉体无机材料，并成功合成了 ZrO_2、ZnO、SnO_2、$LiMn_2O_4$、CeO_2 和炭基负载型纳米材料，并将超临界水热法用于光学材料、电极材料、磁性材料和催化材料等的制备研究。由于在超临界水里没有表面能和气液相界面，因此可以通过调节反应的温度和压力，使超临界水的性质与液体水相似或气态水相似，进而通过温度和压力的调变来实现对材料的可控合成。而在实际应用过程中，即使同一种材料且组成相同，但其在不同的应用环境中对材料的物化性能、形貌、结构、粒子尺寸均有不同的要求，因此针对不同的材料及其应用环境需要实现对材料形貌、物相和粒子尺寸的可控制备。目前针对采用超临界水热法通过反应条件的调变实现对材料的形貌、物相和粒子尺寸的控制合成的研究报道较多，表6-4简要列出了几种采用超临界水热法合成的材料的形貌、物相和粒子尺寸。

表6-4　超临界水热合成金属氧化物的研究成果

原　料	产　物	形　貌	粒径/nm
$Fe(NO_3)_3$，$FeCl_2$	$\alpha\text{-}Fe_2O_3$	球形	50
$CO(NO_3)_2$	Co_3O_4	八面体	100
$Ti(SO_4)_2$，$TiCl_4$	TiO_2	球形	20

原　料	产　物	形　貌	粒径/nm
$Ce(NO_3)_3$	CeO_2	八面体	$20 \sim 300$
$Fe(NO_3)_3, Ba(NO_3)_2$	$Ba_{0.6}Fe_2O_3$	六面体	$20 \sim 1000$
$Al(NO_3)_3, Y(NO_3)_3, TbCl_3$	$Al(Y+Tb)_3O_{12}$	十二面体	$20 \sim 600$
$Al(NO_3)_3, Y(NO_3)_3, Tb(NO_3)_3$	$(Y_{2.7}Tb_{0.3})Al_5O_{12}$	十二面体	20
$Pb(Ac)_2 \cdot 3H_2O$	PbO	椭球形	200
Nb_2O_5, KOH	$KNbO_3$	斜方六面体	$> 1\mu m$
TiO_2 溶胶, $Ba(OH)_2$	$BaTiO_3$	立方、四方体	$30 \sim 100$
$FeSO_4, o\text{-}H_3PO_4, LiOH$	$LiFePO_4$	球形	$30 \sim 200$
$Fe(NO_3)_3, Co(NO_3)_2, (Na,Li,K)OH$	$CoFe_2O_4$	八面体	3-15

Adschiri 和 Hakuta 等研究发现在近临界水中反应温度和水热反应时间对材料的形貌有明显的影响。在由 $Ce(NO_3)_3$ 水热合成 CeO_2 的过程中，在温度 300℃ 和压力 30MPa 的反应条件下，在 0.7s 的反应时间内，即得到云状 CeO_2 颗粒。而随着水热反应时间的延长，云状 CeO_2 粒子消失，CeO_2 颗粒尺寸明显增大；而在温度 400℃，压力 30MPa 的水热条件下，即使在很短的反应时间内，也没有出现云状 CeO_2 颗粒，粒子形貌基本没有明显的变化。他们认为在水的临界点附近，颗粒形貌的显著变化是由超临界水的性质变化引起的。在水的临界点附近，温度和压力的微小变化会导致水的介电常数和离子积发生较大的变化，从而导致不同的反应过程，得到不同形貌的粒子。因此可以通过改变温度和压力条件控制产物形貌。而在超临界水热合成过程中通入氧气或氢气，可以得到复合的金属氧化物。他们以 LiOH 和 $Co(NO_3)_2$ 的混合溶液为初始原料，在温度 400℃、压力 30MPa 的超临界水中进行氧化反应，得到了均相的 $LiCoO_2$ 复合物晶体，而在温度 300℃、350℃，压力 30MPa 的亚临界水中只能得到 Co_3O_4。Otsu 等以氧化铝球做载体，采用超临界水热法在载体表面合成了氧化锰、氧化银和氧化铅的超细纳米粒子。研究发现产物的结晶度和结构可以通过调节超临界水的压力和温度来控制，反应时间的延长可以使氧化锰进入载体孔道更深一些，但水热反应时间过长，载体氧化铝球就会出现裂纹。Xu 等采用超临界水热法合成了活性炭负载的氧化铁纳米复合材料，结果表明纳米氧化铁的负载量会随着前驱体溶液浓度的增大和反应时间的延长而增大，但反应温度对活性组分的负载量无明显影响。而酸侵蚀会引起材料孔结构的破坏，并使纳米复合材料的比表面积和孔容随纳米氧化铁负载量的增加而减小。郑庆新等在超临界水体系下合成了多元氧化物 YVO_4、$Y_3Al_5O_{12}$ 和 $BaTeMo_2O_9$ 微纳米材料。他们成功地在超临界水中合成了单一物相、高结晶性、高分散性的 YVO_4 和稀土掺杂的 YVO_4 纳米粉体，并考察了稀土掺杂、KOH 加入量、反应温度、反应时间对产物结构、形貌及粒子尺寸的影响。此外，

他们还将沉淀法的前驱体制备与超临界水反应法进行结合，并在超临界水体系中成功合成出了具有单一物相、高结晶性、高分散性的 $Y_3Al_5O_{12}$ 纳米和微米粉体，并详细考察了前驱体、反应温度、反应时间、沉淀剂加入量对产物物相结构和形貌尺寸的影响。他们还在超临界水中制备出了物相单一和形貌均一的 $BaTeMo_2O_9$ 板状材料，所合成的 $BaTeMo_2O_9$ 材料颗粒具有均一的板状形貌，长与宽的尺寸约为 $10\mu m$，厚度为 $0.5\sim1.0\mu m$。研究还发现超临界水中反应物加入顺序、反应物加入量、KOH 加入量、反应温度、反应时间和冷却时间对产物的物相结构和形貌尺寸有明显的影响，并能较好地调控其形貌和颗粒尺寸。Lee 等用间歇式水热合成装置分别在近临界和超临界条件下，考察了反应温度、反应的 pH 值、反应时间和反应物浓度等对产物粒子形貌和尺寸的影响。结果表明产物颗粒只能在中性和弱碱性条件下得到，但 pH 值对粒子的大小和形貌无明显影响。而在近临界条件只能得到微米级粒子，而超临界水热条件下可以得到纳米粒子。较低的反应物浓度可以得到更加均匀的粒子分布，对粒子大小影响则不明显。更短的反应时间可以控制颗粒的增大及团聚而使颗粒更小。Sawai 等分别以活性炭和 α 氧化铝为载体在超临界水中合成了粒径小于 20 纳米的金属银粒子，研究发现延长反应时间可以得到粒径更小、分布更均匀的银纳米粒子，并使纳米粒子能够进入到载体的更深层，且催化材料的粒子不会发生聚集现象。Li 等用 Nb_2O_5 与 KOH 间歇式超临界水热合成成功地制备了 $KNbO_3$ 超细微粒。结果指出在超临界水热条件下合成所需的 KOH 浓度明显低于一般的水热合成。此外，碱的浓度决定了 $KNbO_3$ 的斜六面体和斜方晶结构。Hakuta 在超临界水体系下制备了 $BaTiO_3$ 材料，并考察了温度和压力对 $BaTiO_3$ 晶型的影响。结果表明反应温度大于 350℃时可以得到纯的 $BaTiO_3$ 材料，粒径在 30nm 左右。而当反应温度超过 400℃则得到四方体结构的 $BaTiO_3$ 材料，粒径为 $50\sim100nm$。而在反应温度为 400℃，反应压力为 40MPa 时则得到立方体的 $BaTiO_3$ 材料。高凤玲等以乙酸锌、乙酸钴、氧氯化锆和乙酸锰为前驱体，在超临界水热条件下合成了金属氧化物粒子。结果表明反应温度、压力和反应物浓度对影响产物材料的影响较为明显。采用金属乙酸盐和氧氯化物分别制备 ZnO、CoO、ZrO_2 和 Mn_3O_4 材料的过程中，产物颗粒粒径随着反应温度的升高而减小，产物的粒径随着反应压力的升高而不断增大，且反应的压力对金属氧化物微粒粒径的影响较为显著。产物的粒径随着反应物浓度增加而增大，但进水速率对制备微粒粒径的影响不明显，且随进水速率的增大粒径略有减小。实验制备的 ZnO 粒子的最小平均粒径为 9.55nm，CoO 六面体微粒的最小平均粒径为 138nm，ZrO_2 球形微粒的最小平均粒径为 170nm，Mn_3O_4 球形微粒的最小平均粒径为 305nm，且粒径分布范围均较窄。毛志强等在超临界水体系下合成了 ZnO 纳米粉体，详细研究了超临界水法合成纳米氧化锌的工艺参数。研究表明反应温度对纳米氧化锌的形貌有很大的影响，在低温如 80℃反应时生成了 300nm

星形的氧化锌颗粒。而当反应温度升高到 160～240℃ 时，则生成了直径为 20nm 的球形纳米氧化锌。当反应温度升高到亚临界状态 300℃ 时，生成了针形纳米氧化锌。当温度升高到超临界状态时，则生成了棒状纳米氧化锌粉体。反应的压力影响纳米粒子的分散性，当压力较低时，较多的粒子团聚在一起，因此低压下不易得到纳米氧化锌粒子。而当增加时，产物粒子的大小会先减小后增大。而随着反应时间的延长，纳米氧化锌的粒子微弱增大。Xu 等采用超临界水热合成了高纯度的 $LiFePO_4$ 纳米微粒，他们在 $FeSO4 : o\text{-}H_3PO_4 : LiOH$ 用量比为 1:1:3，pH 值约为 7 的条件下进行超临界水热反应。结果表明，反应温度和反应物浓度的增大都会导致产物微粒粒径增大，并使粒子形貌更均匀，分布范围变窄。而进水速率的增大则使粒子的粒径减小，形貌更均匀，团聚现象更少。Zhao 等采用超临界水热法合成了 $CoFe_2O_4$ 的纳米微粒，研究表明反应的 pH 值、温度、反应时间、Co^{2+} 和 Fe^{3+} 的摩尔比和共存的阳离子（Li、Na 和 K）会对产物的形貌、结构、粒子分布和磁性等造成不同程度的影响。Ding 等采用超临界水热法合成了优质的纳米氢氧化镁、氧化镁和水合硫酸氢氧化镁晶须。闫鹏飞等以 $TiCl_4$ 为前驱体，采用超临界水热法制备了铁离子掺杂的 TiO_2 纳米粒子。杨华等采用超临界水热法制备了 Fe_3O_4 磁流体。所得产物为均匀分散的单一相的 Fe_3O_4，粒径为 35nm，平均粒径为 55nm。部凡等以水软胶体为前驱物，通过引入晶种和添加剂，在超临水热条件下反应 3～7h，可以得到纳米级的氧化铝粒子。进一步提高反应温度和延长反应时间，可制得较纯的刚玉微粉。

　　以上研究表明，超临界水热合成技术已在实验室被广泛用于制备金属氧化物及其复合物纳米材料，并制得了多种优质的材料，表现出了较好的应用前景，同时对超临界水热合成微纳米材料的反应机理有了一定的认识，对于材料制备过程中的调变规律也积累了一定的经验，但是离工业化应用还有一段距离，理论和技术上存在的问题都有待解决。例如，反应设备的放大及安全问题、实验的重复性问题、反应过程参数对产物粒子大小及分布的定量控制、反应热力学与动力学理论和工业化的工艺条件等。这些问题在后续不断深入的研究中解决后，超临界水热合成技术将会拥有广阔的应用前景。

参 考 文 献

[1] Phillip E Savage. Organic Chemical Reactions in Supercritical Water[J]. Chem. Rev. 99(1999): 603～621.

[2] 刘家琏. CATOFIN 异丁烷脱氢生产 MTBE 工艺进展[J]. 石油炼制与化工. 11(1992):20.

[3] 李立权. 加氢技术的最新进展及分类探讨[J]. 石油与天然气化工. 31(2002):116～120.

[4] 黎元生，马艳秋. 重馏分油加氢裂化工艺和催化剂的新进展[J]. 工业催化. 12(2004):

1~7.

［5］ 刘东，韩彬，崔文龙. 重油加氢分散型催化剂的研究现状与进展［J］. 石油学报（石油加工）. 24（2010）：124~129.

［6］ 齐航. 乙苯脱氢催化剂的开发及应用［J］. 齐鲁石油化工，27（1）（1999）：57~62.

［7］ Crittendon R C, Parsons E J. Transformations of Cyclohexane Derivatives in Supercritical Water ［J］. Organometallics. 13（1994）：2587~2591.

［8］ Tadafumi Adschiri, Ryuji Shibata, Takafumi Sato, et al. Catalytic Hydrodesulfurization of Dibenzothiophene through Partial Oxidation and a Water-Gas Shift Reaction in Supercritical Water ［J］. Ind. Eng. Chem. Res. 37（1998）：2634~2638.

［9］ Huizhen Liu, Tao Jiang, Buxing Han, et al. Selective Phenol Hydrogenation to Cyclohexanone Over a Dual Supported Pd-Lewis Acid Catalyst［J］. SCIENCE, 326（2009）：1250~1252.

［10］ Shin-ichiro Fujita Takuya Yamada, Yoshinari Akiyama, Haiyang Cheng, et al. Hydrogenation of phenol with supported Rh catalysts in the presence of compressed CO_2: Its effects on reaction rate, product selectivity and catalyst life［J］. J. of Supercritical Fluids. 54（2010）：190~201.

［11］ 范景新，于海斌，臧甲忠，等. 甲苯甲醇选择性烷基化技术研究进展［J］. 工业催化，21 （2013）：1~4.

［12］ Karen Chandler, Fenghua Deng, Angela K Dillow, et al. Alkylation Reactions in Near-Critical Water in the Absence of Acid Catalysts［J］. Ind. Eng. Chem. Res. 36（1997）：5175~5179.

［13］ Sears C A. Alkylation of Phenol with t-Butyl Alcohol in the Presence of Perchloric Acid［J］. J. Org. Chem. 13（1948）：120~122.

［14］ Jon Diminnie, Sean Metts, Edith J Parsons. In Situ Generation and Heck Coupling of Alkenes in Superheated Water［J］. Organometallics. 14（1995）：4023~4025.

［15］ Preshious Reardon, Sean Metts, Chad Crittendon, et al. Palladium-Catalyzed Coupling Reactions in Superheated Water［J］. Organometallics, 14（1995）：3810~3816.

［16］ 潘履让. 乙醇脱水制乙烯催化剂发展综述［J］. 精细石油化工. 4（1986）：41~46.

［17］ Xiaodong Xu, Michael Jerry Antal, Donald G M Anderson. Mechanism and Temperature-Dependent Kinetics of the Dehydration of tert-Butyl Alcohol in Hot Compressed Liquid Water［J］. Ind. Eng. Chem. Res. 36（1997）：23~41.

［18］ Jingyi An, Laurence Bagnell, Teresa Cablewski, et al. Applications of High-Temperature Aqueous Media for Synthetic Organic Reactions［J］. J. Org. Chem. 62（1997）：2505~2511.

［19］ Petra Krammer, Sabine Mittelstädt, Herbert Vogel. Investigating the Synthesis Potential in Supercritical Water［J］. Chem. Eng. Technol. 22（1999）：2.

［20］ Dirk Bröll, Claudia Kaul, Alexander Krämer, et al. Chemistry in Supercritical Water. An gew. Chem. Int. Ed. 38（1999）：2998~3014.

［21］ Alexander Krämer, Sabine Mittelstädt, Herbert Vogel. Hydrolysis of Nitriles in Supercritical Water［J］. Chem. Eng. Technol. 21（1998）：6.

［22］ Hiroyuki Oka, Shigeru Yamago, Junichi Yoshida, et al. Evidence for a Hydroxide Ion Catalyzed Pathway in Ester Hydrolysis in Supercritical Water ［J］. Angew. Chem. Int. Ed. 4 （2002）：41.

[23] Yutaka Ikushima, Kiyotaka Hatakeda, Osamu Sato, et al. Acceleration of Synthetic Organic Reactions Using Supercritical Water: Noncatalytic Beckmann and Pinacol Rearrangements[J]. J. Am. Chem. Soc. 122(9)(2000):190 ~ 1918.

[24] Ikushima Y, Saito N, Hatakeda K, et al. Promotion of a lipase-catalyzed esterification in supercritical carbon dioxide in the near-critical region[J]. Chemical Engineering Science. 51 (1996):2817 ~ 2822.

[25] Smith Jr R L, Fang Z, Inomata H, et al. Phase Behavior and Reaction of Nylon 6/6 in Water at High Temperatures and Pressures[J]. Journal of Applied Polymer Science. 76(2000):1062 ~ 1073.

[26] Douglas Lilac W, Sunggyu Lee. Kinetics and mechanisms of styrene monomer recovery from waste polystyrene by supercritical water partial oxidation[J]. Advances in Environmental Research. 6,(2001):9 ~ 16.

[27] Masaru Watanabe, Makoto Mochiduki, Shuhei Sawamoto, et al. Partial oxidation of n-hexadecane and polyethylene in supercritical water[J]. The Journal of Supercritical Fluids. 20(2001): 257 ~ 266.

[28] Zhen Fang, Janusz A Kozinski. A Comparative Study of Polystyrene Decomposition in Supercritical Water and Air Environments Using Diamond Anvil Cell[J]. Journal of Applied Polymer Science. 81(2001):3565 ~ 3577.

[29] Yu-ichi Suzuki, Hideyuki Tagaya, Tetsuo Asou, et al. Decomposition of Prepolymers and Molding Materials of Phenol Resin in Subcritical and Supercritical Water under an Ar Atmosphere[J]. Ind. Eng. Chem. Res. 38(1999):1391 ~ 1395.

[30] Yoonkook Park, James N Hool, Christine W Curtis, et al. Depolymerization of Styrene-Butadiene Copolymer in Near-Critical and Supercritical Water [J]. Ind. Eng. Chem. Res. 40 (2001):756 ~ 767.

[31] Hakuta Y, Hayashi H, Arai K. Fine particle formation using supercritical fluids[J]. Material Science, 2003. 7: 341 ~ 351.

[32] Ding Y, Zhang G T, Zhang S Y, et al. Preparation and Characterization of Magnesium Hydroxide Sulfate Hydrate Whiskers[J]. Chem Mater 2000,(12):2845 ~ 2854.

[33] 钟永科, 唐国凤, 朱万强, 等. 水热法合成锐钛型纳米 TiO_2 的研究[J]. 功能材料, 2003, 34(1):86 ~ 88.

[34] 李配, 蔡菊芳, 桑商斌, 等. 水热法制备锰锌铁氧体纳米晶[J]. 陶瓷科学与艺术, 2003, 32(5):29 ~ 32.

[35] 杨华, 黄可龙, 刘素琴, 等. 水热法制备的 Fe_3O_4 磁流体[J]. 磁性材料及仪器, 2003, 34(2):4 ~ 8.

[36] 部凡, 蒋蒙宁. 水热法合成 Al_2O_3 粉体的制备工艺[J]. 材料导报, 2000, 14: 25 ~ 26.

[37] 刘晶冰, 叶晓月, 汪浩. 水热法合成羟基磷灰石的结构和形貌[J]. 应用化学, 2003, 20 (3):299 ~ 301.

[38] Adschiri T, Kanazawa K, Arai K. Rapid and continuous hydrothermal crytallization of metal oxide particles in supercritical waste[J]. J. Am. Ceram. Soc. , 1992, 75: 1019 ~ 1023.

[39] Hakuta Y, Terayama H, Onai S, et al. Production of ultra-fine ceria particles by hydrothermal synthesis under supercritical conditions[J]. J. Mater. Sc. Lett. , 1998, 17: 1211~1213.

[40] Hakuta Y, Onais, Adschiri T, et al. Hydrothermal synthesis of CeO_2 fine particles in supercritical water[J]. Proc. Int. Symp. Supercrit Fluids B, 1997: 255~259.

[41] Hakuta Y, Adschiri T, Suzrki T, et al. Flow method for rapidly producing barium hexaferrite particles in supercritical water[J]. J. Am Ceram Soc, 1998, 81(9):2461~2465.

[42] Hakuta Y, Seino K, Ura H, et al. Production of phosphor (YAG: Tb) fine paticles by hydrothermal synthesis in supercritical water[J]. J. Mater. Chem. , 1999, 9(10):2671~2675.

[43] Hakuta Y, Haganuma T, Sue K, et al. Continuous production of phosphor YAG: Tb nanoparticles by hydrothermal synthesis in supercritical water[J]. Materials Research Bulletin, 2003, 38: 1257~1265.

[44] Junichi Otsu, Yoshito Oshima. New approaches to the preparation of metal or metal oxide particles on the surface of porous materials using supercritical water: Development of supercritical water impregnation method[J]. J of Supercritical Fluids, 2005, 33: 61~67.

[45] Jaewon Lee, Alnyn S Teja. Characteristics of lithium iron phosphate (LiFePO$_4$ particles synthesized in subcritical and supercritical water[J]. J of Supercritical Fluids, 2005(35):83~90.

[46] Bo Liu, Yukiya Hakuta, Hiromiehi Hayashi. Hydrothermal synthesis of $KNbO_3$ powders in supercritical water and its nonlinear optical properties[J]. J of Supercritical Fluids, 2005(35): 254~259.

[47] Yukiya Hakuta, Haruo Ura, Hiromiehi Hayashi, et al. Effect of water density on polymorph of $BaTiO_3$ nanoparticles synthesized under sub and supercritical water conditions[J]. Materials Letters, 2005(59):1387~1390.

[48] Zhao D, Wu X, Guan H, et al. Study on supercritical hydrothermal synthesis of $CoFe_2O_4$ nanoparticles[J]. J of Supercritical Fluids, 2007, 42: 226~233.

7 设备与中试

7.1 超临界相关设备

设备是进行亚/超临界水实验研究及进行商业运行的基础。由于存在亚/超临界水氧化过程、超临界水气化及液化相关过程等,因此,也使得设备存在部分差异。对于反应器,按不同类型,一般可认为分为连续式反应器及间歇式反应器等,也使得反应器存在较大的差异。目前,典型亚/超临界水氧化过程、超临界水气化及液化连续式反应器如图 7-1 及图 7-2 所示[1,2]。

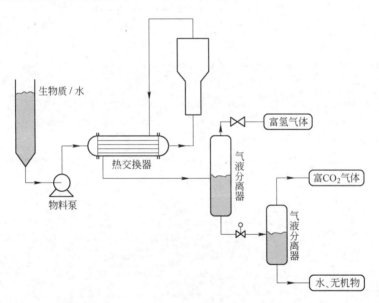

图 7-1　BTG 公司为 Twente 大学建造的连续式超临界水气化生物质反应器简图

从典型的设备简图可知,超临界水气化及液化连续式反应器与亚/超临界水氧化反应器的最主要差别在于反应的进料系统及气体分离存在显著的差异。当然,由于氧化过程对反应器的腐蚀更高,因此,设备的材质也要求更高。

华南理工大学曾与美国 MIT 合作,由美国超临界流体技术公司 (Supercritical Fluid Technologies Inc.) 加工制造。该装置的设备如图 7-3 所示,实物图如

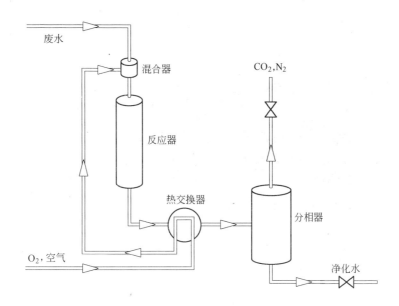

图 7-2 典型连续式亚/超临界水氧化反应器简图

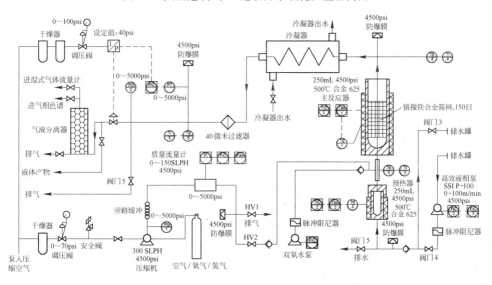

图 7-3 超临界水氧化/气化反应装置工艺流程图

图 7-4 所示[3]。

该装置主要由进料系统、预热系统、反应系统、冷却降压系统和控制系统组成，设备流程如下：

（1）进料系统：主要由两台高效液相色谱泵（HPLC）和气体增压泵组成；其中两台高压泵的参数为 HPLC 最大流量分别为 100mL/min 和 24mL/min，精度

图7-4 超临界水氧化/气化装置实物照片

均为1%，100mL/min HPLC用于泵入有机废水，24mL/min HPLC进行SCWO反应时泵入H_2O_2。另外，气体增压泵分别用于注入氧气或空气。

（2）预热系统：为系统预热，最高能达到400℃，具体性能参数见表7-2；Inconel 625合金材质，5.5kW电炉，预热器的体积参数为内径51mm，长度154mm，体积300mL。

（3）反应系统：主要为开启式空心柱反应器，由HIP公司加工；填充柱、不锈钢网篮主要为催化剂使用提供支撑；3.5kW电炉提供加热。反应器材质为Inconel 625合金，内径31.8mm，长度334mm，体积260mL；反应器配有两根空心填充柱，材质均为Inconel 625合金。

（4）冷却降压系统：包括冷凝器和背压阀，背压阀出口设置液体取样阀。

（5）控制系统：由温控表、K型热电偶、背压阀、压力控制表、气体质量流量计、防爆片和单向阀等组成。由于该类设备均为耐高压设备，因此由HIP提供。温控表为可编程式自动/手动温控表，可通过调节电炉输出功率将反应温度精度稳定控制在±1K，背压阀和气体质量流量计的控制精度均为1%。其中自动控压是设备的核心问题之一，控压阀门为BadgerMeter公司提供，由气体驱动，自动控制系统由Eurotherm提供，实现了高效控制。另外，相关信号检测系统由著名的omega公司提供。

表7-1和表7-2分别为该装置操作参数表与设备性能参数表。

表7-1 超临界水氧化/气化装置参数

参数名称	最高反应温度/K	最高反应压力/MPa	流量/mL·min^{-1}	停留时间/s
数值	773	31	100	10~300

表 7-2 设备参数与生产商

设备名称	型 号	量 程	生产厂家
进料泵 1	Prep-100	0 ~ 100mL/min	Scientific Systems Inc. (SSI)
进料泵 2	Prep-24	0 ~ 24mL/min	SSI
预热器	83 × 51 × 221	体积 300mL	High Pressure Equipment Company (HIP)
反应器	63.5mm × 31.8mm × 496mm	体积 260mL	(HIP)
冷凝器	—	—	HIP
背压阀	807/752	0 ~ 33MPa	BadgerMeter, Inc.
气体增压泵	AG-75	0 ~ 50MPa	Haskel Intenational, Inc.
温控表	2416	0 ~ 773K	Eurotherm
压力表	2416	0 ~ 5000psi	Eurotherm
气体质量流量计	Models 0151E, Models 5850TR	0 ~ 300L/h	Emerson
填充柱 1	31.5mm × 20.0mm × 317.5mm	—	HIP
填充柱 2	31.5mm × 12mm × 317.5mm	—	HIP
空气压缩机	5T2NLM	6MPa	Ingersoll Rand

在该设备的基础上，昆明理工大学结合了国内新奥集团的相关中试与生产经验，进行了放大的中试研究及对部分设备进行了改良及国产化。由于高效液相色谱泵（HPLC）不能直接泵入生物质等固体物质，设备采用了德国菲鲁瓦的泥浆泵，实现了高效进水煤浆，用于褐煤的液化过程。另外反应器采用了国内的生产厂家，管线标准化设计，从而大大减少了设备的成本，使得其仅为完全进口设备的价格的 50% 左右。目前，中试设备进料量达到每天 200L 左右。

事实上，目前亚/超临界水氧化已商业化运行，对反应器不同国家、公司也进行了部分改进。如管状反应器（Tubular Reactor），冷却壁式反应器（Cool-wall Reactor），MODAR 罐状反应器及外溢式壁状反应器（Transpiring Wall-type Reactor）等，如图 7-5 所示[4]。对于 MODAR 罐状反应器，由于反应器中存在冷却的上部，因此能有效溶解过程中的盐，减少设备的堵塞。而外溢式壁状反应器由于内部存在空隙管，也能有效吸收盐，减少设备的堵塞问题。

管状反应器系统采用了多点进料，因此可减少物质反应起始段的浓度，该反应技术较为成熟，因此部分公司采用该系统处理工业废物。典型的公司如 AquaCat 及 AquaCritox 公司的相关技术。反应器实物如图 7-6 所示，该设备已商业

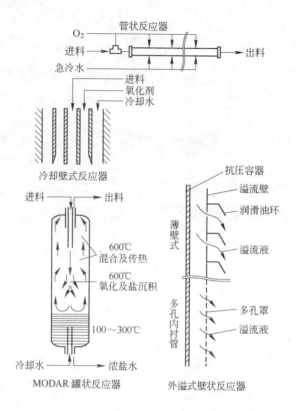

图 7-5 亚/超临界水氧化新式反应器

运用多年[4]。

冷却壁式反应器进行了相关中试,用于处理工业金属切割的油类废料,其规模为 30kg/h。在 2001 年,冷却壁式反应器被首次放大,其处理能力为 200kg/h,其开发公司为西班牙的 CE-TRANSA 公司[5,6]。反应的实物如图 7-7 所示。

Cohen 等人[7]报道了改良型 MODAR 罐状反应器处理海军相关危险废料的相关研究。其设备工艺简图及实物如图 7-8 所示。设备不仅体现了 MODAR 罐状反应器的处理优势,并且由于相关设备被高度集成,因此使得设备结构紧凑,可进行必要的运输使用。

图 7-6 AquaCat 公司管状反应器

图 7-7 冷却壁式反应器商业运用实物图

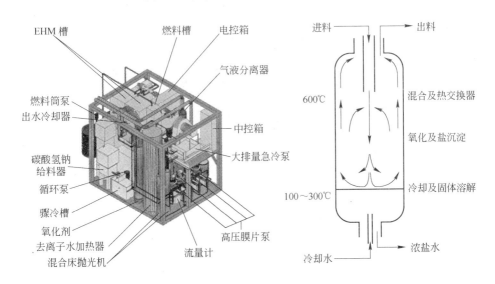

图 7-8 海军废料 Hydrothermal oxidation 处理设备图

Bermejo 等人[8]还曾报道了外溢式壁状反应器处理相关工业废水及相关污泥的研究报道，该设备最高处理量能达到稳定处理 20kg/h 的相关废物。其反应器设计方法及反应器实物如图 7-9 所示。对于外溢式壁状反应器，最核心的设计为内部空隙墙壁，其基本原理如图 7-10 所示。

此外，Calzavara 等人[9]还报道了冷却一体的搅动床反应器，其典型结构如图 7-11 所示。该设备的特点在于能有效减少设备的盐析堵塞问题。Casal 等人报道了研究的 SUWOX 处理设备[10]。另外该设备还存在相应的改进，如 3.8 小节所述。

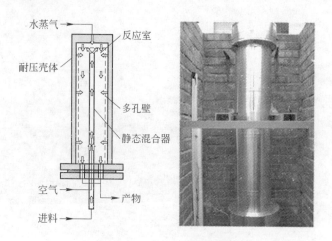

图 7-9 外溢式壁状反应器内部工艺原理及实物图

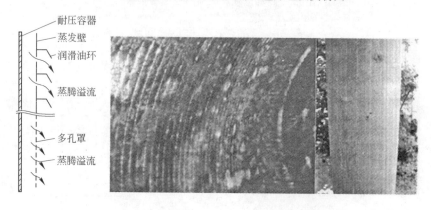

图 7-10 外溢式壁状反应器内部空隙墙壁

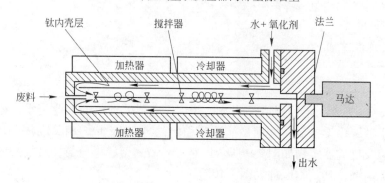

图 7-11 搅动床反应器

当然，亚/超临界水氧化还存在其他类的反应。但总体上来看，其结构与原理与上述几种反应器存在相似之处，或在上述反应上做一些细微调整。

Antal 等人及 Matsumura 等人[11,12]也对亚/超临界水气化过程的反应器设备进行了相关的研究。典型进料方式与设备原理如图 7-12 所示。SCWG 气化过程中进料有机物往往是以水溶液的方式由高压泵泵入反应体系，通常必须对进料进行预处理。

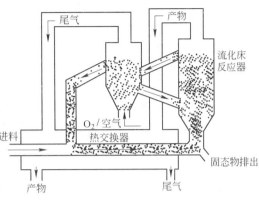

与 SCWO 技术相比，SCWG 技术目前在世界范围内运用较少，但随着能源的需求，已得到了快速发展。早期文献报道了一套由 FK 设计制造，最大处理能力 100L/h；另一套由荷兰 Twente 大学设计制造，最大处理能力 30L/h[1]。

图 7-12　SCWG 过程反应器/换热器系统结构

图 7-13 所示为 FK 设计制造的 SCWG 系统 "VERANE" 的工艺流程及实物图。该装置设计最高反应温度 973K、反应压力 35MPa，最大处理能力 100kg/h

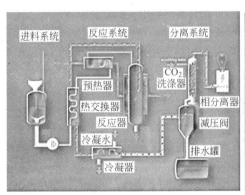

图 7-13　FK 设计制造的 SCWG 系统 "VERANE" 的工艺流程及实物图

（最高含20%干生物质），是世界上第一套连续式 SCWG 生物质产氢中试设备。"VERANE" 主要包括三个部分，即进料系统、反应系统和分离系统。进料系统主要负责预处理进料物，一定量的进料物首先放入配有搅拌机的准备罐（1.5m³）中，将进料物搅拌成可以泵送的均相体系，准备好的进料物再转入搅拌罐（3m³）中，最后由高压质量流量计量泵泵入反应系统。进料物进入反应器前，首先经过逆流套管式换热器由反应器出水预热，再进入由反应产物气加热的反应器。该反应器由两部分组成，第一部分为一管式反应器，第二部分为一细长管以保证至少1min 的反应停留时间。超临界条件下气体产物溶解在水中以均相进入换热器和冷却器，经冷却后，产物中气与水分离，气体产物经过配有 CO_2 净化器的分离器，使得产物气中可燃性气体（H_2、CO 和 CH_4）的含量升高，最后气体产物根据需要释压以利于下一步处理。产物气可以用来产生能量或用于化学反应。

当然，实验过程的反应器与中试、商业运用原理上有相似之处，但也存在明显差别。由于实验研究对设备要求精度高，特别是在加温方式上，存在明显差异。另外，反应器的体积较小，如图 7-14 所示，如毛细管石英反应器，其反应内径仅几十微米[13]。另外，反应器加热可分离，使用砂浴或油浴等方式，这样与连体式间歇反应器相比，其升温时间将大大减少，使得实验相关数据更准确可靠[14]。

图7-14　毛细管石英反应器与 1EURO 硬币

7.2　设备腐蚀与盐析

在亚/超临界水过程中，设备的腐蚀与盐析是其面临的两个重要难题。在由于设备腐蚀及盐析问题涉及材料学等相关问题，因此本章节中，仅对上述两个问题作简单介绍。

对设备盐析问题，原 MIT 的 Tester 教授做过深入研究[15,16]，代表了该领域世界最高水准。由于在亚/超临界水中，水的离子级及水密度的变化，使得水中无机盐无法在水中溶解，从而被析出。Tester 教授曾建立水与 NaCl 的分子模型[17]，从量子化学层面解析了无机盐析出的原理，模型表明，盐析出主要是水分子结构变化，使得氢键变化及极性变化，另外，分子键键距变化等，最终使得 NaCl 无法电离从而析出。典型三项图如图 7-15 所示。

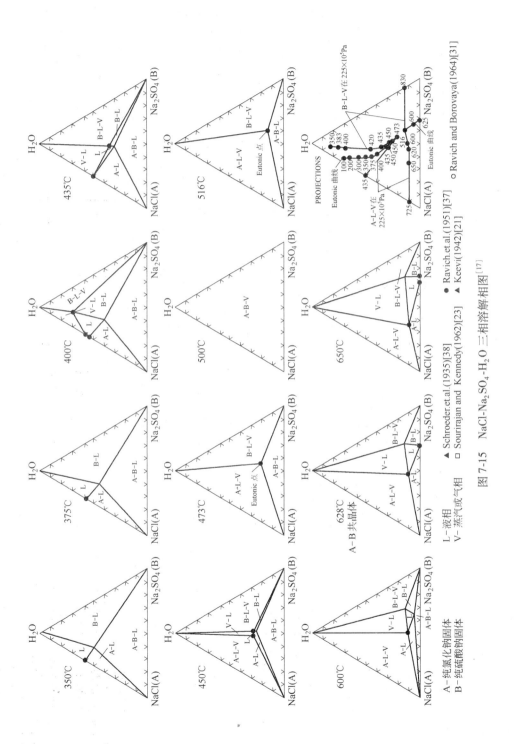

图 7-15 NaCl-Na₂SO₄-H₂O 三相溶解相图[17]

在亚/超临界水过程中，盐析现象与设备的热传递及物质传质等因素相关。在进料浓度高的情况下，事实上很难通过控制传热或物质传质等方法来消除盐析对放大反应的影响。如当盐的比重占总比重的4%（质量分数）左右时，在时间15min，温度为356℃，机压力为25MPa时，盐析现象如图7-16[15]所示。因此，对设备的盐析问题，通常通过预处理进行，减少设备的进盐量。另外，改进部分设备的结构当然也能部分改善盐析对设备的影响。

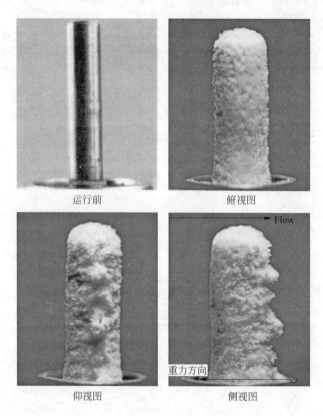

图7-16 亚/超临界水过程中的盐析现象

亚/超临界水化学过程对设备的腐蚀问题，是相关材料学等的难点问题。在高温、高压的状态下，过程对设备具有强的腐蚀性。Delville等人[18,19]曾研究与利用了电化学手段，检测了典型金属材料，在超临界水氧化过程中的氧化速率，其结果如图7-17及表7-3所示。可知，水对不锈钢材、镍合金及钛合金均具有较强的腐蚀性，高温、高压及强酸性将加强水对不锈钢材、镍合金及钛合金的腐蚀。此外，在对比的材质中，价格高昂的钛合金具有最好的稳定性。

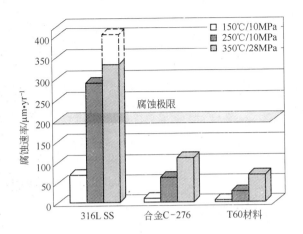

图 7-17　不锈钢、镍合金及钛合金在亚/超临界水中的稳定性对比

表 7-3　不同条件下不同合金在亚/超临界水中的腐蚀速率　　（μm/year）

媒　　介		温度/℃/压力/MPa			
		150/10	250/10	350/28	400/28
（pH5.1）	T60	10	25	55	28
	C-276	13	58	94	77
	316SS				
（pH4.77）	T60	11	29	72	45
	C-276	15	66	115	98
	316SS	74	293	55	28
（pH1.77）	T60	20	50	190	163
	C-276	90	500	1365	690
	316SS				
（pH1.69）	T60			197	168
	C-276			329	226
	316SS				

　　由于不锈钢反应器的价格仅为镍合金反应器价格的 1/2～1/7 左右，因此是目前运用最为广泛的反应器材料。Betova 等人[20]曾细致分析了不锈钢 S31600 在超临界水中的腐蚀情况。在氧化过程中，金属合金表面被氧化腐蚀而形成了金属氧化膜，从 SEM 的形态上来看（如图 7-18 所示），反应器表面渐渐由平滑变得不规则，氧化颗粒变细，并部分开始脱落，腐蚀逐步渗透深入，向内部加深腐蚀。

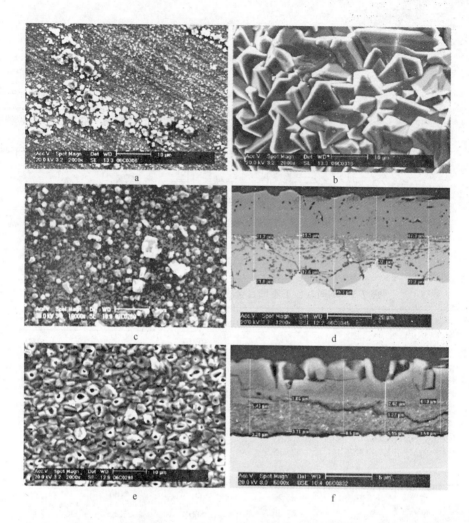

图 7-18　温度 500℃(a),700℃(b,d),273℃(c)表面形态及 500℃(e,f)纵向腐蚀形态

减少设备的手段有多种，如由于水呈现酸性对设备的腐蚀更大，部分反应过程中将产生酸（氯化物的氧化过程），因此采用加入碱性物质 Na_2CO_3 等中和酸性来减少过程的腐蚀[21]。当然，强碱性 NaOH 等由于 OH 将在超临界水中产生自由基对设备也有强的腐蚀性，因此控制水在中性条件下有利于保持设备的稳定性。气体 SO_2，HCl，Cl_2 及盐类 NaCl 及 Na_2SO_4 等[22]，在水中将产生酸性物质而破坏形成的表面氧化物的稳定性，加速对设备的腐蚀，因此对上述气体、盐进行相关控制、预处理将改善设备腐蚀。此外，水在高温、高压的状态下，将增强对物质的溶解力及传质性，因此，也将增强对设备的腐蚀性。在亚临界条件下，更温和的操作条件下进行反应，有助于保持设备更长的使用寿命。2004 年 Kritzer

等人[22]曾综述不同条件下亚/超临界水过程的腐蚀问题，甚至认为："完全避免过程的腐蚀问题是困难的，无论是现在及未来，几乎没有有可能完全避免过程的腐蚀问题。"

当然，如 Marrone 等人[23]在 2009 年的综述所述，改进设备及材料等是有效减少设备腐蚀剂，增加设备使用寿命的有效手段。Lee 等人[24]的研究发现，尽管由于外溢式壁状反应器（Transpiring Wall-type Reactor）需要使用泡沫型陶瓷型材料而很难形成稳定的保护，但对浮流式超临界设备通过对金属材料表面进行镀陶瓷膜的手段，有效减少了处理氯化物过程中的酸性腐蚀问题。设备在使用镀陶瓷的酸性材料情况下，操作 5 个月依然未出现设备的腐蚀性问题，设备使用后的状况如图 7-19 所示。相对使用价格昂贵的 Ti 合金材料，镀膜手段有效降低了设备的成本。

图 7-19 使用镀陶瓷膜材料保护有效减少了处理氯化物过程中产生的设备腐蚀
A—抗腐蚀超临界水氧化系统出水；B—普通超临界水氧化系统出水

总之，尽管亚/超临界水过程面临着诸多挑战，但随着技术的发展与进步及能源需求的推动，亚/超临界水技术与设备将会有更多的使用。而亚/超临界水技术与设备的技术发展，也将为环境与能源等相关技术提供新的途径。

参 考 文 献

［1］ Yukihiko Matsumura，Tomoaki Minowa，Biljana Potic，et al. Biomass gasification in near-and super-critical water：Status and prospects［J］. Biomass and Bioenergy 29（2005）:269～292.

[2] Helmut Schmieder, Johannes Abeln. Supercritical Water Oxidation: State of the Art [J]. Chem. Eng. Technol. 22(1999):903~911.

[3] Bo Yan, Junzhang Wu, Cheng Xie, et al. Supercritical water gasification with Ni/ZrO$_2$. catalyst for hydrogen production from model wastewater of polyethylene glycol[J]. J. of Supercritical Fluids. 50(2009):155~161.

[4] Bermejo M D, Cocero M J. Supercritical Water Oxidation: A Technical. Review[J]. AIChE Journal. 52(2006):3933~3951.

[5] Gloyna E F, Li L, Mc Brayer R N. Engineering aspects of supercritical water oxidation, Wat [J]. Sci. Tech. 30(1994):1~10.

[6] Calzavara Y, Joussot-Dubien C, Turc H-A, et al. A new reactor concept for hydrothermal oxidation[J]. J. of Supercritical Fluids. 31(2004):195~206.

[7] Larry S Cohen, Dan Jensen, Gary Lee, et al. Hydrothermal oxidation of Navy excess hazardous materials[J]. Waste Management. 18(1998):539~546.

[8] Bermejo M D, Fdez-Polanco F, Cocero M J. Experimental study of the operational parameters of a transpiring wall reactor for supercritical water oxidation [J]. J. of Supercritical Fluids. 39 (2006):70~79.

[9] Calzavara Y, Joussot-Dubien C, Turc H-A, et al. A new reactor concept for hydrothermal oxidation[J]. J. of Supercritical Fluids. 31(2004):195~206.

[10] Casal V, Schmidt H. SUWOX—a facility for the destruction of chlorinated hydrocarbons[J]. Journal of Supercritical Fluids. 13(1998):269~276.

[11] Matsumura Y, Poti B, et al. Biomass gasification in near-and super-critical water: Status and prospects[J]. Biomass and Bioenergy. 2005 29(4):269~292.

[12] Antal Jr M J, Schulman D, et al. Biomass Gasification in Supercritical Water[J]. Ind. Eng. Chem. Res. , 2000 39(11):4040~4053.

[13] Potic B, Kersten S R A, Prins W, et al. A high-throughput screening technique for conversion in hot compressed water[J]. Indusrial and Engineering Chemistry Research. 2004(43):4580~4584.

[14] 关清卿. 藻与苯酚的超临界水气化过程与机理[J]. 华南理工大学博士论文, 2012.

[15] Marc Hodes, Philip A Marrone, Glenn T Hong, et al. Salt precipitation and scale control in supercritical water oxidation—Part A: fundamentals and research [J]. J. of Supercritical Fluids. 29(2004):265~288.

[16] Philip A Marrone, Marc Hodes, Kenneth A Smith, et al. Salt precipitation and scale control in supercritical water oxidation—part B: commercial/full-scale applications[J]. J. of Supercritical Fluids. 29(2004):289~312.

[17] Matthew T Reagan, Jonathan G Harris, Jefferson W Tester. Molecular Simulations of Dense Hydrothermal NaCl-H$_2$O Solutions from Subcritical to Supercritical Conditions[J]. J. Phys. Chem. B. 103(1999):7935~7941.

[18] Delville M H, Botella Ph, Jaszay Th, et al. Electrochemical study of corrosion in aqueous high pressure, high temperature media and measurements of materials corrosion rates: applications to the hydrothermal treatments of organic wastes by SCWO[J]. J. of Supercritical Fluids. 26

(2003):169 ~ 179.

[19] Botella Ph, Cansell F, Jaszay Th, et al. Experimental set-up for electrochemical measurements in hydrothermal sub-and supercritical oxidation: polarization curves, determination of corrosion rates and evaluation of the degradability of reactors during hydrothermal treatments of aqueous wastes[J]. J. of Supercritical Fluids. 26(2003):157 ~ 167.

[20] Iva Betova, Martin Bojinov, Petri Kinnunen, et al. Surface film electrochemistry of austenitic stainless steel and its main constituents in supercritical water[J]. J. of Supercritical Fluids. 43 (2007):333 ~ 340.

[21] Sang-Ha Son, Jae-Hyuk Lee, Chang-Ha Lee. Corrosion phenomena of alloys by subcritical and supercritical water oxidation of 2-chlorophenol [J]. J. of Supercritical Fluids. 44 (2008): 370 ~ 378.

[22] Peter Kritzer. Corrosion in high-temperature and supercritical water and aqueous solutions: a review[J]. J. of Supercritical Fluids. 29(2004):1 ~ 29.

[23] Philip A Marrone, Glenn T Hong. Corrosion control methods in supercritical water oxidation and gasification processes[J]. J. of Supercritical Fluids. 51(2009):83 ~ 103.

[24] Hyeon-Cheol Lee, Jung-Hyun In, Sang-Young Lee, et al. An anti-corrosive reactor for the decomposition of halogenated hydrocarbons with supercritical water oxidation[J]. J. of Supercritical Fluids. 36(2005):59 ~ 69.

冶金工业出版社部分图书推荐

书　名	作　者			定价(元)
氮氧化物减排技术与烟气脱硝工程	杨　飏　编著			29.00
分析化学	张跃春　主编			28.00
钢铁冶金的环保与节能	李克强　等编著			39.00
高硫煤还原分解磷石膏的技术基础	马林转　等编著			25.00
合成氨弛放气变压吸附提浓技术	宁　平　陈玉保　陈云华			22.00
	杨　皓　著			
化工安全分析中的过程故障诊断	田文德　等编著			27.00
环境工程微生物学	林　海　主编			45.00
环境污染控制工程	王守信　等编著			49.00
环境污染物毒害及防护	李广科　云　洋			36.00
	赵由才　主编			
环境影响评价	王罗春　主编			49.00
黄磷尾气催化氧化净化技术	王学谦　宁　平　著			28.00
矿山环境工程(第2版)	蒋仲安　主编			39.00
矿山重大危险源辨识、评价及预警技术	景国勋　杨玉中　著			42.00
复杂地形条件下重气扩散数值模拟	宁　平　孙　嵩			29.00
	侯明明　著			
能源利用与环境保护	刘　涛　顾莹莹			33.00
	赵由才　主编			
能源与环境	冯俊小　李君慧　主编			35.00
燃煤汞污染及其控制	王立刚　刘柏谦　著			19.00
日常生活中的环境保护	孙晓杰　赵由才　主编			28.00
生活垃圾处理与资源化技术手册	赵由才　宋　玉　主编			180.00
冶金过程废水处理与利用	钱小青　葛丽英			30.00
	赵由才　主编			
医疗废物焚烧技术基础	王　华　等著			18.00
有机化学(第2版)	聂麦茜　主编			36.00
噪声与电磁辐射	王罗春　周　振			29.00
	赵由才　主编			
大气环境容量核定方法与案例	宁　平　主编			29.00
西南地区砷富集植物筛选及应用	宁　平　王海娟　著			25.00